基础代数

（第一卷）

（修订版）

席南华　编著

本书被评为 2020 年北京高校优质本科教材

科学出版社
北京

内 容 简 介

本书是作者为中国科学院大学一年级本科生讲授线性代数课程时，根据作者本人授课的课堂录音和学生的课堂笔记整理修订完善而成的. 作者吸收借鉴了柯斯特利金《代数学引论》的优点和框架，在内容的选取和组织，贯穿内容的观点等方面都有特色. 本书分为三卷，本册为第一卷，主要内容包括：线性方程组，集合与映射，矩阵，行列式，群、环、域，复数和多项式以及多项式的根等，每章节附有适当的习题，可供读者巩固练习使用.

本书可供数学类各专业及相关专业的本科生、研究生和教师使用，也可作为数学爱好者的参考读物.

图书在版编目(CIP)数据

基础代数. 第一卷（修订版）/席南华编著. —北京：科学出版社, 2016.9

ISBN 978-7-03-049843-4

Ⅰ. ①基… Ⅱ. ①席… Ⅲ. ①代数 Ⅳ. ①O15

中国版本图书馆 CIP 数据核字 (2016) 第 206301 号

责任编辑：张中兴　周金权／责任校对：彭　涛
责任印制：赵　博／封面设计：迷底书装

科 学 出 版 社 出版
北京东黄城根北街 16 号
邮政编码: 100717
http://www.sciencep.com

北京富资园科技发展有限公司印刷
科学出版社发行　各地新华书店经销
*
2016 年 9 月第　一　版　开本: 720 × 1000　1/16
2024 年11月第八次印刷　印张: 15 1/2
字数: 283 000

定价: 49.00 元

(如有印装质量问题, 我社负责调换)

修订版序言

这一版主要是更正一些错误, 另外增加一个附录 “简说代数”. 在此谢谢助教高剑伟、陈攀、中国科学院大学 2016 级线性代数 I-A1 班的同学们, 他们指出了本书第一版中的若干错误 (有笔误、印刷错误等) 并提出有益的建议.

前　　言

过去两年, 作者在中国科学院大学为一年级本科生讲授线性代数, 使用的教材是柯斯特利金写的《代数学引论》第一、二卷. 这是一本出色的教材, 其内容的选取与组织, 贯穿其中的代数思想都独具特色. 在教学的过程中, 由于语言习惯的原因, 学生在阅读教材中有些不太习惯. 这让作者感到有一本更符合汉语读者的书对学生的学习是有益的, 因此, 萌生了写一本教材的想法.

本书基本上沿用了《代数学引论》的框架和内容, 只是在表述和细节上 (希望) 更符合汉语读者的习惯, 有些地方的处理也和原教材不一样, 同时, 贯穿内容的观点也时有不同的地方, 习题的安排上也有较大的差别. 在本书的写作过程中, 主要还参考了 Vinberg E B 写的*A course in Algebra*, Artin M 写的*Algebra*(有中译本), Jacobson N 写的*Basic Algebra*第一卷, Hungerford T W 写的*Algebra*, Lax P D 写的*Linear Algebra*等, 也参考了许以超编著的《线性代数与矩阵论》, 丘维声编著的《高等代数》, 李尚志编著的《线性代数》, 姚慕生, 吴泉水, 谢启鸿三人编著的《高等代数学》等. 习题则选自上述教材和参考书, 以及柯斯特利金编的习题集等, 还有自己加上的习题.

本书根据作者本人课堂录音稿和学生的课堂笔记 (主要是杨昊天、陈冰露、胡博洋等同学的笔记) 整理修订而成. 在整理的过程, 原科学出版社编辑周金权先生给予了很多的帮助, 助教申立勇、陈亦飞参与了第 1 章和第 2 章的整理, 助教陈晓煜和董俊斌指出了初稿中很多的错误. 我的同事余建明认为能把柯斯特利金、Vinberg E、Artin M 三人的书的长处合在一起的教材会是上佳的教材. 这是很有见地的话. 对以上各位的帮助在此一并致谢.

席南华

2016 年 6 月于玉泉路

目　　录

第 1 章　线性方程组

在代数的发展历程中, 解方程起了十分突出的作用. 通过解方程发展出来的数学分支包括矩阵理论、线性代数、群论、代数几何、多项式理论、数论的一部分内容等.

先从线性方程组开始. 不论是在数学理论还是在实际应用中, 线性方程组都是经常出现的, 所以对线性方程组的研究和探讨无论是理论上还是实际应用都是十分重要的. 我们将会看到对线性方程组的研究会自然引出线性代数一些最重要的概念如矩阵, 向量空间、行列式、线性变换等.

1.1　线性方程组初步

一　具有如下形式的方程称为线性方程

$$a_1x_1 + a_2x_2 + \cdots + a_nx_n = b,$$

其中 $x_1, x_2, \cdots, x_n$ 是**未知元**(也称为**未知数**), $a_1, a_2, \cdots, a_n$ 是方程的**系数**, b 是**常数项**.

一般的线性方程组有如下的形式:

$$\left\{\begin{array}{lllllllll} a_{11}x_1 & + & a_{12}x_2 & + & \cdots & + & a_{1n}x_n & = & b_1, \\ a_{21}x_1 & + & a_{22}x_2 & + & \cdots & + & a_{2n}x_n & = & b_2, \\ & \cdots\cdots & & & & & & & \\ a_{m1}x_1 & + & a_{m2}x_2 & + & \cdots & + & a_{mn}x_n & = & b_m. \end{array}\right. \tag{1.1}$$

这里, m, n 是任意的正整数, a_{ij} 和 b_i 都是数, x_i 是未知元. 对每个未知元 x_i, 要求某个系数 a_{ki} 不为 0, 不然 x_i 与方程组 (1.1) 和求解这个方程组都无关. 注意系数 a_{ij} 的下标中 i 是这个系数所在方程的编号, j 是这个系数所乘的未知元的编号. **为明确起见, 系数、常数项和未知元等的取值范围是实数**, 虽然把取值范围定为有理数或复数, 或其他的有加减乘除运算的集合也是可以的.

称一组数 $s_1, \cdots, s_n$ 为方程组 (1.1) 的**(一个) 解**, 如果 $x_1, \cdots, x_n$ 被 $s_1, \cdots, s_n$ 分别替代后, 方程组 (1.1) 中的所有方程成为恒等式.

注记 对方程组的解所用的量词我们将使用“个”而非“组”. 也就是说, 当数组 $s_1, \cdots, s_n$ 为方程组 (1.1) 的解时, 我们把这组数看做一个整体, 从而说这组数是方程组的一个解. 一个原因是在这儿量词“组”似乎容易给人带来困惑, 另一个原因是日常用语的习惯, 如我们会说甲、乙、丙三人是一个家庭而不会说是一组家庭 (需要说明的是很多书对方程组的解用的量词是“组”, 即说这组数是方程组的一组解).

例 1.1 数组 2, −1, 5 是下列方程组的一个解,

$$\begin{cases} 3x_1 + x_2 + x_3 = 10, \\ 2x_1 - 2x_2 - 6x_3 = -24, \\ 5x_1 + 7x_2 + x_3 = 8. \end{cases}$$

我们的目的是求出方程组 (1.1) 的解. 在求解之前, 希望先判断方程组是否有解, 如果有解, 有多少解. 如果方程组有较简单的形式, 那么回答这些问题是比较容易的.

例 1.2 容易看出下面的三个阶梯形方程组分别有唯一解、有无数解、没有解,

$$\begin{cases} 3x_1 + 4x_2 + 2x_3 = 7, \\ \qquad - 3x_2 - 5x_3 = 12, \\ \qquad\qquad 4x_3 = 8. \end{cases}$$

$$\begin{cases} 3x_1 + 4x_2 + 2x_3 = 7, \\ \qquad - 3x_2 - 5x_3 = 12. \end{cases}$$

$$\begin{cases} 3x_1 + 4x_2 + 2x_3 = 7, \\ \qquad - 3x_2 - 5x_3 = 12, \\ \qquad\qquad 0x_3 = 8. \end{cases}$$

于是我们想把一般的线性方程组 (1.1) 化成较为简单的方程组. 上面的例子启示我们如果能把方程组化成阶梯形, 那么方程组是否有解就容易判断了. 中学学过的消元法 (有时也称高斯消元法, 其实在我国古书《九章算术》中已经运用此法解线性方程组) 是把线性方程组化成阶梯形方程组很有效的方法. 现在用这一方法把方程组 (1.1) 化成阶梯形.

二 如果在方程组 (1.1) 中, $a_{i1} \neq 0$, 把第 i 个方程乘以 $-a_{j1}/a_{i1}$, 然后加到第 j $(j \neq i)$ 个方程, 这样得到 $m-1$ 个新方程, 它们都不含未知元 (亦称未知数) x_1. 原来的第 i 个方程和这 $m-1$ 个新方程构成一个新的方程组. 如果把原来的第 i 个方程放在新方程组的第一个, 那么新方程组有如下的形式:

$$\begin{cases} c_{11}x_1 + \cdots + \cdots + c_{1n}x_n = d_1, \\ \qquad c_{2k}x_k + \cdots + c_{2n}x_n = d_2, \\ \qquad \cdots\cdots \\ \qquad c_{mk}x_k + \cdots + c_{mn}x_n = d_m. \end{cases}$$

其中, $c_{11} = a_{i1} \neq 0$, k 是出现在那 $m-1$ 个新方程中的未知元的下标中的最小者. 我们有 $k > 1$. 常常安排新方程的排序以使 $c_{2k} \neq 0$.

对这个新方程组的第 2, 3, $\cdots$, m 个方程采取同样的方法, 可以把 $m-2$ 个方程中的未知元 x_k 消去, 上述方程组就变成如下形式:

$$\begin{cases} e_{11}x_1 + \cdots + \cdots + e_{1n}x_n = f_1, \\ \qquad e_{2k}x_k + \cdots + \cdots + e_{2n}x_n = f_2, \\ \qquad\qquad e_{3l}x_l + \cdots + e_{3n}x_n = f_3, \\ \qquad\qquad \cdots\cdots \\ \qquad\qquad e_{ml}x_l + \cdots + e_{mn}x_n = f_m, \end{cases}$$

其中, $l > k > 1$, $e_{11} \neq 0$, $e_{2k} \neq 0$. 我们安排方程的顺序以使 $e_{3l} \neq 0$.

重复这个过程, 最后方程组变成如下形式 (比较例 1.2) :

$$\begin{cases} g_{11}x_1 + \cdots + \cdots + g_{1n}x_n = h_1, \\ \qquad g_{2k}x_k + \cdots + \cdots + g_{2n}x_n = h_2, \\ \qquad\qquad g_{3l}x_l + \cdots + g_{3n}x_n = h_3, \\ \qquad\qquad\qquad \cdots\cdots \\ \qquad\qquad\qquad g_{rs}x_s + \cdots + g_{rn}x_n = h_r, \\ \qquad\qquad\qquad\qquad 0 = h_{r+1}, \\ \qquad\qquad\qquad\qquad \cdots\cdots \\ \qquad\qquad\qquad\qquad 0 = h_m, \end{cases} \tag{1.2}$$

其中, g_{11}, g_{2k}, g_{3l}, $\cdots$, g_{rs} 均不为 0, $1 < k < l < \cdots < s \leqslant n$, $r \leqslant m$. 如果 $r = m$, 则方程 $0 = h_i$ 不会出现. 这个方程组的形状是**阶梯形的**, 前面 r 个方程的首个系数不为 0 的未知元 x_1, x_k, x_l, $\cdots$, x_s 称为方程组的**主未知元**, 其余的未知元称为**自由变量**. 很容易得到如下的结论.

命题 1.3　(1) 方程组 (1.2) 有解当且仅当 $h_{r+1}=\cdots=h_m=0$ (注意如果 $r=m$, 这一条件是自动满足的).

(2) 该方程组有唯一解当且仅当 $r=n$, 且 $h_{r+1}=\cdots=h_m=0$.

(3) 该方程组有很多 (其实是无数多) 解当且仅当 $r<n$ 且 $h_{r+1}=\cdots=h_m=0$.

证明　假设 $h_{r+1}=\cdots=h_m=0$. 对每个自由变量任意取定一个值, 并代入方程组 (1.2) . 这时第 r 个方程具有形式 $g_{rs}x_s+h'_r=h_r$, 从而可以解得 $x_s=\xi_s$. 将 $x_s=\xi_s$ 代入前 $r-1$ 个方程, 从第 $r-1$ 个方程可以解得另一个主未知元, 并把这个主未知元的值代入前 $r-2$ 个方程. 如此自下而上求解, 代入, 求解, 可以解出所有的主未知元的值, 这些值都是唯一的. 于是方程组有解.

如果 $h_{r+1},\cdots,h_m$ 中有某个 h_i 不为 0, 则方程组 (1.2) 含有矛盾的等式 $0=h_i$. 这时未知元 $x_1,\cdots,x_n$ 取任意值方程组 (1.2) 中都含有不成立的等式 $0=h_i$. 所以方程组 (1.2) 此时无解.

当 $r=n$, 且 $h_{r+1}=\cdots=h_m=0$, 方程组没有自由变量而且有解. 前面的讨论表明方程组有唯一的解.

当 $r<n$ 且 $h_{r+1}=\cdots=h_m=0$, 方程组有自由变量而且有解. 前面的讨论表明方程组的解的数量和自由变量的取值组数量一致, 故有很多解. 由于自由变量的取值范围是实数, 故此时方程组有无数多解. □

三　不过, 要对原来的方程组回答是否有解的问题需要说明方程组 (1.2) 的解和方程组 (1.1) 的解之间的联系：两个方程组的解应是一样的. 下面对这一结论给出证明.

方程组 (1.2) 是方程组 (1.1) 通过一系列变换而得到的, 这些变换可以分成两类.

I 型初等变换　把方程组中某两个方程交换位置, 其余方程位置不变.

II 型初等变换　把方程组中的某一个方程 (姑且说是第 k 个方程) 的某个倍数加到另一个方程 (不妨说是第 i 个方程), 即把第 i 个方程变成

$$(a_{i1}+ca_{k1})x_1+\cdots+(a_{in}+ca_{kn})x_n=b_i+cb_k,$$

而其余的方程不变.

定理 1.4　初等变换不改变方程组的解.

证明 如果对一个方程组实施的是 I 型初等变换, 那么变换后得到方程组中所含的方程与原来的方程组所含的方程一样, 只是其中有两个方程的位置不一样. 无疑, 如果数组 $c_1, \cdots, c_n$ 是原方程组的解, 那么这个数组也是变换后得到的方程组的解, 反之亦然.

如果对一个方程组实施的是 II 型初等变换, 比如说把方程组 (1.1) 中第 k 个方程的 c 倍加到第 i 个方程, 即把第 i 个方程变成

$$(a_{i1} + ca_{k1})x_1 + \cdots + (a_{in} + ca_{kn})x_n = b_i + cb_k,$$

而其余的方程不变. 假设数组 $c_1, \cdots, c_n$ 是原方程组的解. 于是有

$$a_{i1}c_1 + \cdots + a_{in}c_n = b_i,$$

$$a_{k1}c_1 + \cdots + a_{kn}c_n = b_k.$$

把第二个等式乘以 c, 然后加到第一个等式, 得

$$(a_{i1} + ca_{k1})c_1 + \cdots + (a_{in} + ca_{kn})c_n = b_i + cb_k.$$

所以数组 $c_1, \cdots, c_n$ 满足变换后得到的方程组 (称为第二个方程组) 中的第 i 个方程. 由于第二个方程组与原方程组仅在第 i 个方程有差别, 所以这组数是第二个方程组的解.

对第二个方程组进行如下 II 型初等变换: 第 k 个方程的 $-c$ 倍加到第 i 个方程. 那么第二个方程组的第 i 个方程就变成原来方程组的第 i 个方程: $a_{i1}x_1 + \cdots + a_{in}x_n = b_i$. 由此可见, 如果数组 $c_1, \cdots, c_n$ 是第二个方程组的解, 那么该数组也是原方程组的解. □

四 称两个方程组**等价**, 如果它们有相同的解或都无解. 由于每个方程组都可以经过有限次 I 型和 II 型初等变换 (即高斯消元法) 化成阶梯型, 由上面的定理 1.4 和命题 1.3 得到如下两个结论.

推论 1.5 每一个线性方程组都与一个阶梯型方程组等价.

定理 1.6 一个线性方程组有解当且仅当它通过初等变换化成阶梯形后如果出现形如 $0 = h_t$ 的方程, 则那些 h_t 全为 0.

称一个线性方程组是**相容的**如果这个方程组有解, 否则称为**不相容的**. 如果方程组的解是唯一的, 则称该方程组是**确定的**. 由命题 1.3 和推论 1.5 我们得到如下结果.

定理 1.7　方程组 (1.1) 是确定的 (即有唯一解) 当且仅当由它经过初等变换得到的阶梯形方程组 (1.2) 满足条件 $r = n$ 且 $h_{r+1} = \cdots = h_m = 0$.

练习 1.8　证明: 如果一个线性方程组中的未知元数量大于方程的数量, 那么这个方程组不能是确定的. 举例说明方程的数量大于或等于未知元的数量时, 方程组可以是无解, 有很多解, 或只有唯一解.

1.2　齐次线性方程组

一　如果一个线性方程的常数项为 0, 那么称它为**齐次线性方程**, 例如

$$2x_1 + 5x_2 - 3x_3 + x_4 - 10x_5 = 0$$

是齐次线性方程. 由齐次线性方程构成的线性方程组称为齐次线性方程组. 与线性方程组 (1.1) 相伴的齐次线性方程组是

$$\begin{cases} a_{11}x_1 + a_{12}x_2 + \cdots + a_{1n}x_n = 0, \\ a_{21}x_1 + a_{22}x_2 + \cdots + a_{2n}x_n = 0, \\ \cdots\cdots \\ a_{m1}x_1 + a_{m2}x_2 + \cdots + a_{mn}x_n = 0. \end{cases} \tag{1.3}$$

二　齐次线性方程组总是相容的: 至少有零解, 即所有未知元取 0 值构成齐次方程组的一个解. 例如, $x_1 = x_2 = \cdots = x_n = 0$ 就是方程组 (1.3) 的解.

齐次线性方程组看上去是很特殊的线性方程组, 但在线性代数中有着特殊的地位, 很多问题其实与齐次线性方程组的解集及是否有非零解密切相关, 如向量组的线性相关性、线性映射的核等. 下面的定理表明齐次线性方程组的解有一些独特的性质, 而且一个线性方程组的解与相伴的齐次线性方程组的解也是紧密相连的.

定理 1.9　(1) 如果 $\xi_1, \cdots, \xi_n$ 和 $\eta_1, \cdots, \eta_n$ 是方程组 (1.3) 的两个解, 那么对于任意的数 a, b, 数组 $a\xi_1 + b\eta_1, \cdots, a\xi_n + b\eta_n$ 也是方程组 (1.3) 的解.

(2) 如果 $s_1, \cdots, s_n$ 和 $t_1, \cdots, t_n$ 是方程组 (1.1) 的两个解, 那么 $s_1 - t_1, \cdots, s_n - t_n$ 是方程组 (1.3) 的解.

(3) 假设 $s_1, \cdots, s_n$ 是方程组 (1.1) 的一个解, $\xi_1, \cdots, \xi_n$ 是方程组 (1.3) 的一个解, 那么 $s_1 + \xi_1, \cdots, s_n + \xi_n$ 是方程组 (1.1) 的一个解.

(4) 如果 $m < n$, 那么方程组 (1.3) 有非零解.

证明　(1) 因为 $\xi_1, \cdots, \xi_n$ 和 $\eta_1, \cdots, \eta_n$ 是方程组 (1.3) 的两个解, 所以对任意的下标 i, 有

$$a_{i1}\xi_1 + \cdots + a_{in}\xi_n = a_{i1}\eta_1 + \cdots + a_{in}\eta_n = 0.$$

因此, 对任意的数 a, b 和下标 i, 有

$$a_{i1}(a\xi_1 + b\eta_1) + \cdots + a_{in}(a\xi_n + b\eta_n) = a(a_{i1}\xi_1 + \cdots + a_{in}\xi_n) + b(a_{i1}\eta_1 + \cdots + a_{in}\eta_n) = 0.$$

由方程解的定义知, $a\xi_1 + b\eta_1, \cdots, a\xi_n + b\eta_n$ 是方程组 (1.3) 的解.

(2) 由假设, $s_1, \cdots, s_n$ 和 $t_1, \cdots, t_n$ 是方程组 (1.1) 的两个解, 故对任意的下标 i, 有

$$a_{i1}s_1 + \cdots + a_{in}s_n = a_{i1}t_1 + \cdots + a_{in}t_n = b_i.$$

所以, 对任意的下标 i 有

$$a_{i1}(s_1 - t_1) + \cdots + a_{in}(s_n - t_n) = (a_{i1}s_1 + \cdots + a_{in}s_n) - (a_{i1}t_1 + \cdots + a_{in}t_n) = b_i - b_i = 0.$$

即 $s_1 - t_1, \cdots, s_n - t_n$ 是方程组 (1.3) 的解.

(3) 由假设知, 对于任意的下标 i, 有 $a_{i1}s_1 + \cdots + a_{in}s_n = b_i$ 且 $a_{i1}\xi_1 + \cdots + a_{in}\xi_n = 0$. 所以, 对于任意的下标 i, 有

$$a_{i1}(s_1 + \xi_1) + \cdots + a_{in}(s_n + \xi_n) = (a_{i1}s_1 + \cdots + a_{in}s_n) + (a_{i1}\xi_1 + \cdots + a_{in}\xi_n) = b_i.$$

即 $s_1 + \xi_1, \cdots, s_n + \xi_n$ 是方程组 (1.1) 的一个解.

(4) 由命题 1.3 和定理 1.4 推出. □

练习 1.10　如果方程组 (1.1) 是确定的, 证明它相伴的齐次线性方程组 (1.3) 只有零解. 举例说明反之不对.

练习 1.11　假设 $m = n$. 证明方程组 (1.1) 是确定的当且仅当它相伴的齐次线性方程组 (1.3) 只有零解.

1.3 矩　阵

一　在把一个线性方程组通过初等变换化成阶梯形方程组的过程中, 实际上是在对方程的系数和常数做一系列的运算. 于是有必要把这些系数和常数按原来的顺

序组织起来, 看做一个整体. 结果是两个矩阵: **系数矩阵** (也称**基本矩阵**) 和**增广矩阵**

$$\begin{pmatrix} a_{11} & a_{12} & \cdots & a_{1n} \\ a_{21} & a_{22} & \cdots & a_{2n} \\ \vdots & \vdots & & \vdots \\ a_{m1} & a_{m2} & \cdots & a_{mn} \end{pmatrix}, \quad \begin{pmatrix} a_{11} & a_{12} & \cdots & a_{1n} & b_1 \\ a_{21} & a_{22} & \cdots & a_{2n} & b_2 \\ \vdots & \vdots & & \vdots & \vdots \\ a_{m1} & a_{m2} & \cdots & a_{mn} & b_m \end{pmatrix}.$$

通过这两个矩阵, 显然我们很容易得到线性方程组 (1.1) . 所以, **这两个矩阵含有线性方程组 (1.1) 的所有信息.** 这是矩阵在线性代数中起突出作用的一个原因.

第一个矩阵常常简单写成 (a_{ij}) 或用一个字母比如 A 表示. 自然, 数 a_{ij} 称为矩阵 (a_{ij})**在** (i,j) **处的值或系数**, 数组 $(a_{i1},\cdots,a_{in})$ 称为矩阵 (a_{ij}) 的**第** i **行**. 矩阵 (a_{ij}) 的**第** j **列**是

$$\begin{pmatrix} a_{1j} \\ a_{2j} \\ \vdots \\ a_{mj} \end{pmatrix}.$$

它常被写成带方括号的行数组 $[a_{1j},a_{2j},\cdots,a_{mj}]$ 以节省空间. 如果一个矩阵的行数是 m, 列数是 n, 则称这个矩阵是 $m\times n$ 矩阵. 如果 $m=n$, 这个矩阵常称为 n 阶**方阵**.

第二个矩阵由第一个矩阵添加常数项的列 $[b_1,b_2,\cdots,b_m]$ 而得到, 可以简单记作 $(a_{ij}|b_i)$, 其中的竖线用于区分常数列和系数.

二　方程组的初等变换带来系数矩阵和增广矩阵的行变换. 一般而言, 对一个矩阵, I 型初等行变换就是把矩阵中某两行交换位置, 其余行位置不变; II 型初等行变换就是把矩阵中的某行 (姑且说是 A 的第 k 行) 的某个倍数加到另一行 (不妨说是第 i 行), 即把第 i 行变成

$$(a_{i1}+ca_{k1},a_{i2}+ca_{k2},\ \cdots,\ a_{in}+ca_{kn}),$$

而其余的行不变.

一个 $m\times n$ 矩阵 (a_{ij}) 称为**阶梯形的**如果 (1) 矩阵中第二行的第一个数为 0, (2) 矩阵中任何一行某个数的左边的数都是 0, 那么这个数的下方的数及左下方的数都是 0, 即如果第 k 行的数 a_{kl} 的左边的数 $a_{k1},a_{k2},\cdots,a_{k,l-1}$ 都是 0, 那么 $a_{r,s}=0$, 只要 $k<r\leqslant m$, $1\leqslant s\leqslant l$. 前面把线性方程组化成阶梯形的过程也给出了下面的定理.

定理 1.12 通过初等行变换矩阵可以化成阶梯形.

在用高斯消元法解线性方程组的过程中, 对方程组的增广矩阵做初等行变换是更方便有效的做法, 因为增广矩阵与线性方程组是对应的. 我们举例说明这一点.

例 1.13 a, b 取什么值时, 线性方程组

$$\begin{cases} x_1 + ax_2 + x_3 = 2, \\ x_1 + 2ax_2 + 2x_3 = 3, \\ x_1 + x_2 + bx_3 = 4 \end{cases} \tag{1.4}$$

有唯一解、无穷多解和无解, 且在无穷多解时求出解.

这个方程组的增广矩阵是

$$\begin{pmatrix} 1 & a & 1 & 2 \\ 1 & 2a & 2 & 3 \\ 1 & 1 & b & 4 \end{pmatrix},$$

把第一行的 (-1) 倍加到第二行和第三行, 得到

$$\begin{pmatrix} 1 & a & 1 & 2 \\ 0 & a & 1 & 1 \\ 0 & 1-a & b-1 & 2 \end{pmatrix}.$$

把第二行的 (-1) 倍加到第一行, 然后把第二行加到第三行, 得到

$$\begin{pmatrix} 1 & 0 & 0 & 1 \\ 0 & a & 1 & 1 \\ 0 & 1 & b & 3 \end{pmatrix}.$$

再把第三行的 $(-a)$ 倍加到第二行, 得到

$$\begin{pmatrix} 1 & 0 & 0 & 1 \\ 0 & 0 & 1-ab & 1-3a \\ 0 & 1 & b & 3 \end{pmatrix}.$$

把第二行和第三行交换, 得到

$$\begin{pmatrix} 1 & 0 & 0 & 1 \\ 0 & 1 & b & 3 \\ 0 & 0 & 1-ab & 1-3a \end{pmatrix}.$$

这是一个阶梯形的矩阵, 是如下阶梯形线性方程组的增广矩阵

$$\begin{cases} x_1 & & = 1, \\ x_2 + & bx_3 & = 3, \\ & (1-ab)x_3 & = 1-3a. \end{cases} \tag{1.5}$$

显然, 前面矩阵的初等行变换对应到线性方程组的初等变换, 根据定理 1.6, 方程组 (1.4) 有解当且仅当 $1-ab \neq 0$ 或 $1-ab=1-3a=0$. 根据命题 1.3、定理 1.4 和定理 1.6, 方程组 (1.4) 是确定的 (即有唯一解) 当且仅当 $1-ab \neq 0$, 有无穷多解当且仅当 $1-ab=1-3a=0$, 无解当且仅当 $1-ab=0$ 但 $1-3a \neq 0$.

如果方程组 (1.4) 有无穷多解, 则有 $1-ab=1-3a=0$, 即 $a=1/3$, $b=3$. 这时 x_3 是自由变量, 所以可以取任意值 c, 从而方程组 (1.4) 的解是

$$x_1=1, x_2=3-3c, x_3=c, \quad \text{其中 } c \text{ 是任意实数}.$$

以后我们会看到矩阵的价值远远超出解线性方程组的范畴.

练习 1.14 判断下列线性方程组是否有解, 在有解时求出它的解:

(1)

$$\begin{cases} x_1 + x_2 - 3x_3 = -1, \\ 2x_1 + x_2 - 2x_3 = 1, \\ x_1 + x_2 + x_3 = 3, \\ x_1 + 2x_2 - 3x_3 = 1. \end{cases}$$

(2)

$$\begin{cases} \lambda x_1 + x_2 + x_3 = 1, \\ x_1 + \lambda x_2 + x_3 = 1, \\ x_1 + x_2 + \lambda x_3 = 1. \end{cases}$$

练习 1.15 在平面上引进直角坐标系, 求:

(1) 直线 $a_1x+b_1y+c_1=0$ 和 $a_2x+b_2y+c_2=0$ 的交点;

(2) 求四点 $(x_i, y_i), i=1,2,3,4$ 共圆的充分必要条件.

1.4 低阶行列式

一 我们已经看到, 线性方程组的矩阵包含了方程组的所有信息. 也就是说, 线性方程组的系数和常数项以及它们的位置决定了线性方程组. 自然, 我们希望可以通过这些矩阵或者说矩阵中的数以适当的方式直接给出方程组的公式解. 前面三节的讨论表明, 这个问题不会有简单的一般答案. 现在对具有很少未知元的一些线性方程组做一些讨论. 只有一个未知元的线性方程组是不需要讨论的. 考虑如下只有两个未知元的线性方程组, 还是用消元法,

$$\begin{cases} a_{11}x_1 + a_{12}x_2 = b_1, \\ a_{21}x_1 + a_{22}x_2 = b_2. \end{cases} \tag{1.6}$$

为消去未知元 x_2, 把第一个方程乘以 a_{22}, 第二个方程乘以 a_{12}, 得到

$$\begin{cases} a_{11}a_{22}x_1 + a_{12}a_{22}x_2 = b_1a_{22}, \\ a_{12}a_{21}x_1 + a_{12}a_{22}x_2 = b_2a_{12}. \end{cases}$$

这两个方程相减, 得到

$$(a_{11}a_{22} - a_{12}a_{21})x_1 = b_1a_{22} - b_2a_{12}.$$

类似地, 通过消去 x_1, 可以得到

$$(a_{11}a_{22} - a_{12}a_{21})x_2 = b_2a_{11} - b_1a_{21}.$$

如果 $a_{11}a_{22} - a_{12}a_{21} \neq 0$, 就能解出 x_1 和 x_2:

$$x_1 = \frac{b_1a_{22} - b_2a_{12}}{a_{11}a_{22} - a_{12}a_{21}}, \quad x_2 = \frac{b_2a_{11} - b_1a_{21}}{a_{11}a_{22} - a_{12}a_{21}}.$$

对于四个数 a, b, c, d, 可以认为 $ad - bc$ 是属于矩阵 $\begin{pmatrix} a & b \\ c & d \end{pmatrix}$ 的一个值, 称为**矩阵的行列式**, 记作 $\begin{vmatrix} a & b \\ c & d \end{vmatrix}$. 即矩阵 $\begin{pmatrix} a & b \\ c & d \end{pmatrix}$ 的行列式定义为

$$\begin{vmatrix} a & b \\ c & d \end{vmatrix} = ad - bc. \tag{1.7}$$

于是有.

命题 1.16　如果 $a_{11}a_{22}-a_{12}a_{21}\neq 0$, 那么方程组 (1.6) 的解由如下公式给出:

$$x_1=\frac{\begin{vmatrix} b_1 & a_{12} \\ b_2 & a_{22} \end{vmatrix}}{\begin{vmatrix} a_{11} & a_{12} \\ a_{21} & a_{22} \end{vmatrix}},\quad x_2=\frac{\begin{vmatrix} a_{11} & b_1 \\ a_{21} & b_2 \end{vmatrix}}{\begin{vmatrix} a_{11} & a_{12} \\ a_{21} & b_{22} \end{vmatrix}}. \tag{1.8}$$

注意这个命题中的解公式整齐且容易记忆. 接下来考虑求解如下的三元线性方程组, 仍用消元法,

$$\begin{cases} a_{11}x_1+a_{12}x_2+a_{13}x_3=b_1, \\ a_{21}x_1+a_{22}x_2+a_{23}x_3=b_2, \\ a_{31}x_1+a_{32}x_2+a_{33}x_3=b_3. \end{cases} \tag{1.9}$$

为求出 x_1, 需要同时消去未知元 x_2 和 x_3. 为此把第一个方程乘以 c_1, 第二个方程乘以 c_2, 第三个方程乘以 c_3, 然后相加, 得到

$$\begin{aligned}&(a_{11}c_1+a_{21}c_2+a_{31}c_3)x_1+(a_{12}c_1+a_{22}c_2+a_{32}c_3)x_2+(a_{13}c_1+a_{23}c_2+a_{33}c_3)x_3\\ &=b_1c_1+b_2c_2+b_3c_3.\end{aligned} \tag{1.10}$$

要求 x_2 和 x_3 的系数为 0, 则有

$$\begin{cases} a_{12}c_1+a_{22}c_2+a_{32}c_3=0, \\ a_{13}c_1+a_{23}c_2+a_{33}c_3=0. \end{cases} \tag{1.11}$$

要找出满足上述等式的 c_1,c_2,c_3. 无疑, c_1,c_2,c_3 全为 0 对于求解方程组毫无意义. 假设 $c_3\neq 0$, 令 $y_1=\dfrac{c_1}{c_3}$, $y_2=\dfrac{c_2}{c_3}$, 则有

$$\begin{cases} a_{12}y_1+a_{22}y_2=-a_{32}, \\ a_{13}y_1+a_{23}y_2=-a_{33}. \end{cases}$$

如果 $\begin{vmatrix} a_{12} & a_{22} \\ a_{13} & a_{23} \end{vmatrix}\neq 0$, 由命题 1.16 得

$$y_1=\frac{\begin{vmatrix} -a_{32} & a_{22} \\ -a_{33} & a_{23} \end{vmatrix}}{\begin{vmatrix} a_{12} & a_{22} \\ a_{13} & a_{23} \end{vmatrix}}=\frac{c_1}{c_3},\quad y_2=\frac{\begin{vmatrix} a_{12} & -a_{32} \\ a_{13} & -a_{33} \end{vmatrix}}{\begin{vmatrix} a_{12} & a_{22} \\ a_{13} & a_{23} \end{vmatrix}}=\frac{c_2}{c_3}.$$

取

$$c_1 = \begin{vmatrix} -a_{32} & a_{22} \\ -a_{33} & a_{23} \end{vmatrix} = a_{22}a_{33} - a_{23}a_{32} = \begin{vmatrix} a_{22} & a_{23} \\ a_{32} & a_{33} \end{vmatrix},$$

$$c_2 = \begin{vmatrix} a_{12} & -a_{32} \\ a_{13} & -a_{33} \end{vmatrix} = -\begin{vmatrix} a_{12} & a_{13} \\ a_{32} & a_{33} \end{vmatrix}, \quad c_3 = \begin{vmatrix} a_{12} & a_{13} \\ a_{22} & a_{23} \end{vmatrix}.$$

那么 (1.11) 中的两个等式成立, 于是方程 (1.10) 有如下形式

$$\left(a_{11}\begin{vmatrix} a_{22} & a_{23} \\ a_{32} & a_{33} \end{vmatrix} - a_{21}\begin{vmatrix} a_{12} & a_{13} \\ a_{32} & a_{33} \end{vmatrix} + a_{31}\begin{vmatrix} a_{12} & a_{13} \\ a_{22} & a_{23} \end{vmatrix}\right) x_1$$
$$= b_1\begin{vmatrix} a_{22} & a_{23} \\ a_{32} & a_{33} \end{vmatrix} - b_2\begin{vmatrix} a_{12} & a_{13} \\ a_{32} & a_{33} \end{vmatrix} + b_3\begin{vmatrix} a_{12} & a_{13} \\ a_{22} & a_{23} \end{vmatrix}. \tag{1.12}$$

如同前面求解二元线性方程组的情形, 定义矩阵 $\begin{pmatrix} a_{11} & a_{12} & a_{13} \\ a_{21} & a_{22} & a_{23} \\ a_{31} & a_{32} & a_{33} \end{pmatrix}$ 的行列式为

$$\begin{vmatrix} a_{11} & a_{12} & a_{13} \\ a_{21} & a_{22} & a_{23} \\ a_{31} & a_{32} & a_{33} \end{vmatrix} = a_{11}\begin{vmatrix} a_{22} & a_{23} \\ a_{32} & a_{33} \end{vmatrix} - a_{21}\begin{vmatrix} a_{12} & a_{13} \\ a_{32} & a_{33} \end{vmatrix} + a_{31}\begin{vmatrix} a_{12} & a_{13} \\ a_{22} & a_{23} \end{vmatrix}$$

$$= a_{11}a_{22}a_{33} + a_{12}a_{23}a_{31} + a_{13}a_{21}a_{32} - a_{31}a_{22}a_{13}$$
$$- a_{32}a_{23}a_{11} - a_{33}a_{21}a_{12}. \tag{1.13}$$

命题 1.17 假设方程组 (1.9) 的系数矩阵的行列式不为 0, 那么该方程组的解由如下公式给出:

$$x_1 = \frac{\begin{vmatrix} b_1 & a_{12} & a_{13} \\ b_2 & a_{22} & a_{23} \\ b_3 & a_{32} & a_{33} \end{vmatrix}}{\begin{vmatrix} a_{11} & a_{12} & a_{13} \\ a_{21} & a_{22} & a_{23} \\ a_{31} & a_{32} & a_{33} \end{vmatrix}}, \quad x_2 = \frac{\begin{vmatrix} a_{11} & b_1 & a_{13} \\ a_{21} & b_2 & a_{23} \\ a_{31} & b_3 & a_{33} \end{vmatrix}}{\begin{vmatrix} a_{11} & a_{12} & a_{13} \\ a_{21} & a_{22} & a_{23} \\ a_{31} & a_{32} & a_{33} \end{vmatrix}}, \quad x_3 = \frac{\begin{vmatrix} a_{11} & a_{12} & b_1 \\ a_{21} & a_{22} & b_2 \\ a_{31} & a_{32} & b_3 \end{vmatrix}}{\begin{vmatrix} a_{11} & a_{12} & a_{13} \\ a_{21} & a_{22} & a_{23} \\ a_{31} & a_{32} & a_{33} \end{vmatrix}}.$$

证明 从方程 (1.12) 解得 x_1 的公式. 其余公式可类似地得到. □

对更多元的线性方程组可以做类似的讨论, 但结果显然有复杂的形式. 我们将在后面对这一问题做进一步的讨论.

练习 1.18 证明

(1) $\begin{vmatrix} a & b \\ c & d \end{vmatrix} = \begin{vmatrix} a & c \\ b & d \end{vmatrix} = -\begin{vmatrix} b & a \\ d & c \end{vmatrix} = -\begin{vmatrix} c & d \\ a & b \end{vmatrix}$.

(2) $\begin{vmatrix} a+a' & b \\ c+c' & d \end{vmatrix} = \begin{vmatrix} a & b \\ c & d \end{vmatrix} + \begin{vmatrix} a' & b \\ c' & d \end{vmatrix}$.

(3) $\begin{vmatrix} a & b+b' \\ c & d+d' \end{vmatrix} = \begin{vmatrix} a & b \\ c & d \end{vmatrix} + \begin{vmatrix} a & b' \\ c & d' \end{vmatrix}$.

(4) 利用命题 (1.16), 从二元一次方程组 (1.6) 的解的角度解释 (2) 和 (3) 中的等式.

练习 1.19 对三阶方阵的行列式给出类似于练习 1.18 中的等式和问题并证明或回答它们.

练习 1.20 观察并计算如下矩阵的行列式: $\begin{pmatrix} 0 & a \\ -a & 0 \end{pmatrix}, \begin{pmatrix} 0 & a & b \\ -a & 0 & c \\ -b & -c & 0 \end{pmatrix}$.

1.5 小　　结

利用消元法, 可以求解线性方程组, 借助于矩阵, 这一方法变得更简便. 看上去求解线性方程组的问题已经解决, 但事情不是这样的: 当未知元的数量很大时, 用消元法求解线性方程组是非常耗时的, 甚至判断方程组是否有解都很不容易. 即便知道有解, 对一些看上去简单的方程, 当未知元个数很多时, 也是很难求解的, 下面就是一个例子.

例 1.21 **斐波那契数列**以递归的方法定义:

$$\begin{cases} x_0 = 0, \\ x_1 = 1, \\ x_n = x_{n-1} + x_{n-2} \quad (n \geqslant 2). \end{cases}$$

递归方程给出如下线性方程组

$$\begin{cases} x_1 & & & & & & = & 1, \\ -x_1 & +x_2 & & & & & = & 0, \\ -x_1 & -x_2 & +x_3 & & & & = & 0, \\ & & \cdots\cdots & & & & & \\ & & & -x_{n-2} & -x_{n-1} & +x_n & = & 0. \end{cases} \tag{1.14}$$

这个方程组已是很简单的阶梯型方程, 自上而下代入就能求解方程, 但要用这个过程直接写出 x_n 是很困难的.

前面几节的讨论引出了很多的问题, 如方程组 (1.2) 的那个 r 如何通过方程组的系数矩阵确定、一般方阵的行列式的定义与性质. 在对方程组 (1.1) 做初等变换时, 方程的系数和常数项是一起变动的, I 型初等变换并不改变系数和常数项, 但II 型初等变换本质上是在对方程的系数和常数项形成的有序数组 $(a_{i1}, a_{i2}, \cdots, a_{in}, b_i)$, $i = 1, \cdots, m$, 做如下的运算及其复合.

数乘 数 λ 乘有序数组, 即 $\lambda(a_{i1}, a_{i2}, \cdots, a_{in}, b_i) = (\lambda a_{i1}, \lambda a_{i2}, \cdots, \lambda a_{in}, \lambda b_i)$.

相加 两个有序数组相加, 即 $(a_{i1}, a_{i2}, \cdots, a_{in}, b_i) + (a_{j1}, a_{j2}, \cdots, a_{jn}, b_j) = (a_{i1} + a_{j1}, a_{i2} + a_{j2}, \cdots, a_{in} + a_{jn}, b_i + b_j)$.

矩阵的II 型初等行变换亦是同样特点. 对有序数组的这些运算做进一步的研究应是有助于矩阵和求解线性方程组的探讨. 这将把我们带到向量空间的世界.

为了探讨这些问题, 需要引进一些概念如集合与映射、置换等, 这些是第 2 章的内容. 有了这些准备工作后我们就可以定义向量空间, 对线性方程组、矩阵与行列式做进一步的研究.

习 题 1.5

1. 求实系数二次多项式 $f(x)$, 使得 $f(1) = 8$, $f(-1) = 2$, $f(2) = 14$.

2. 求实系数三次多项式 $f(x)$, 使得 $f(-2) = 1$, $f(-1) = 3$, $f(1) = 13$, $f(2) = 33$.

3. 计算行列式.

(1) $\begin{vmatrix} 3 & -4 \\ 4 & 3 \end{vmatrix}$; (2) $\begin{vmatrix} \cos\alpha & -\sin\alpha \\ \sin\alpha & \cos\alpha \end{vmatrix}$; (3) $\begin{vmatrix} \log_b a & 1 \\ 1 & \log_a b \end{vmatrix}$;

(4) $\begin{vmatrix} 3 & 2 & 1 \\ 4 & 5 & 6 \\ -2 & 1 & 5 \end{vmatrix}$;　(5) $\begin{vmatrix} a & b & c \\ b & c & a \\ c & a & b \end{vmatrix}$;　(6) $\begin{vmatrix} 1 & 0 & 1+\mathrm{i} \\ 0 & 1 & \mathrm{i} \\ 1-\mathrm{i} & -\mathrm{i} & 1 \end{vmatrix}$ (i 为虚数单位，即 $\mathrm{i}^2=-1$).

第 2 章　集合与映射

集合与映射是数学理论的基本概念. 有专门研究集合的理论, 称为集合论, 由康托尔[①]于 19 世纪建立. 集合论的语言和一些概念已成为现代数学的基础. 本章讨论集合与映射的一些基本性质和相关的概念. 如第 1 章 1.5 节所指出, 这些概念和性质对进一步探讨解线性方程组是必要的.

2.1　集　　合

一　我们其实已经遇到过很多的集合, 如自然数集合、整数集合、方程的解构成的集合等. 一般的定义如下.

定义 2.1　某些对象的汇集称为**集合**, 这些对象称为集合的**元素**.

集合的描述通常有两种方法. 一种是列出集合中所有的元素, 并用大括号把这些元素围住, 如

$$\{1, 2, \cdots, n\}$$

表示从 1 到 n 的自然数的集合;

$$\{甲, 乙, 丙\}$$

表示甲、乙、丙三个文字构成的集合.

另一种方法是通过性质描述, 如 {正整数}是正整数全体构成的集合;

$$\{(x, y) \in \mathbb{R}^2 \mid x^2 + y^2 = 4\}$$

是平面上以原点为圆心半径为 2 的圆的点全体形成的集合.

自然数、整数、有理数、实数和复数是数学中最经常用到的对象, 它们的集合有标准的记号:

$\mathbb{N}$　自然数全体 $0, 1, 2, \cdots, n$ 构成的集合 (注意我们把 0 看做自然数),

① George Cantor(1845—1918): 德国数学家, 集合论的创建者.

$\mathbb{Z}$　整数全体构成的集合,

$\mathbb{Q}$　有理数全体构成的集合,

$\mathbb{R}$　实数全体构成的集合,

$\mathbb{C}$　复数全体构成的集合.

二　如果 x 是一个集合 X 中的元素, 则称 x**属于**X, 也说 X**包含**x, 记作 $x \in X$, 或 $X \ni x$. 我们用记号 $\notin$ 和 $\not\ni$ 分别表示**不属于**和**不包含**的含义, 即 $x \notin S$ 或 $S \not\ni x$ 表示 x 不属于 S 或 S 不包含 x.

设 n 是正整数. 由 n 个实数构成的有序数组 $(a_1, \cdots, a_n)$ 称为一个**行向量**. 所有这种行向量形成的集合记作 $\mathbb{R}^n$, 即

$$\mathbb{R}^n = \{(a_1, \cdots, a_n) \mid a_i \in \mathbb{R},\ i = 1, 2, \cdots, n\}.$$

这是数学中经常用到的一个集合.

如果集合 X 的每一个元素都是集合 Y 的元素, 则称 X 是 Y 的**子集**, 记作 $X \subset Y$. 如果两个集合 X 和 Y 包含同样的元素, 则称它们**相等**, 记作 $X = Y$. 例如,

$$\{方程x^2 = 1的解\} = \{\pm 1\}.$$

显然如果 $X \subset Y$, $Y \subset X$, 则 $X = Y$. 这个简单的结论是证明两个集合相等必须用的结论.

如果存在 $y \in Y$ 使得 $y \notin X$, 且 $X \subset Y$, 则称 X 是 Y 的**真子集.** 不含任何元素的集合称为**空集**, 记作 $\varnothing$. 约定: **空集是任何集合的子集**.

集合之间可以定义两个很有用的运算: 并和交. 集合 X 与 Y 的**并**, 记作 $X \cup Y$, 是由 X 的全体元素与 Y 的全体元素合在一起形成的集合, 即

$$X \cup Y = \{x \mid x \in X \text{ 或 } x \in Y\}.$$

例 2.2　如果 $X = \{1, 2, 3, 4\}, Y = \{甲, 乙\}$, 则 $X \cup Y = \{1, 2, 3, 4, 甲, 乙\}$.

集合 X 与 Y 的**交**, 记作 $X \cap Y$, 是同在 X 和 Y 中的元素形成的集合, 即

$$X \cap Y = \{x \mid x \in X 且\ x \in Y\}.$$

如果 X 与 Y 的交集是空集, 则称 X 和 Y 为**不相交的集合**. 例 2.2 中的集合 X 与 Y 是不相交的, 即有 $X\cap Y=\varnothing$; 若 X 不变, 而 Y 变为 $\{1, 甲, 乙\}$, 则 $X\cap Y=\{1\}$. 运算并和交有如下的等式.

命题 2.3　设 X, Y, Z 是集合, 那么

$$X\cap(Y\cup Z)=(X\cap Y)\cup(X\cap Z). \tag{2.1}$$

$$X\cup(Y\cap Z)=(X\cup Y)\cap(X\cup Z). \tag{2.2}$$

证明　设 $x\in X\cap(Y\cup Z)$, 则 $x\in X$ 且 $x\in Y\cup Z$. 于是 $x\in X$, 且 $x\in Y$ 或 $x\in Z$. 如果 $x\in Y$, 则 $x\in X\cap Y$, 从而 $x\in(X\cap Y)\cup(X\cap Z)$. 如果 $x\in Z$, 则 $x\in X\cap Z$, 从而 $x\in(X\cap Y)\cup(X\cap Z)$. 这样我们得到 $X\cap(Y\cup Z)\subset(X\cap Y)\cup(X\cap Z)$.

类似可以得到 $(X\cap Y)\cup(X\cap Z)\subset X\cap(Y\cup Z)$. 所以 $X\cap(Y\cup Z)=(X\cap Y)\cup(X\cap Z)$.

第二个等式的证明留作练习. □

设 X, Y 是集合, 它们的**差集**, 记作 $X\backslash Y$ 或 $X-Y$, 是由在 X 中但不在 Y 中的元素形成的集合, 即

$$X\backslash Y=\{x|x\in X \text{ 但 } x\notin Y\}.$$

注意在差集的定义中, Y 不必是 X 的子集. 如果 $Y\subset X$, 则称 $X\backslash Y$ 为 Y 在 X 中的**补集**.

三　设 X, Y 是集合. 它们的**乘积** (也称为**笛卡儿积**) 是所有有序对 (x, y) 形成的集合, 其中 $x\in X, y\in Y$, 即

$$X\times Y=\{(x,y)\mid x\in X,\ y\in Y\}.$$

$X\times Y$ 中两个元素 (x, y) 和 (z, w) 相等当且仅当 $x=z$ 且 $y=w$.

一般地, n 个集合 X_1, X_2, $\cdots$, X_n 的**乘积**定义为所有有序元素列 $(x_1, x_2, \cdots, x_n)$ 形成的集合, 其中 $x_1\in X_1$, $x_2\in X_2, \cdots, x_n\in X_n$, 即

$$X_1\times X_2\times\cdots\times X_n=\{(x_1,x_2,\cdots,x_n)\mid x_1\in X_1,\ x_2\in X_2,\ \cdots,\ x_n\in X_n\}.$$

乘积中的两个元素相等当且仅当它们相应的分量都相等, 即 $(x_1, x_2, \cdots, x_n)$ 与 $(y_1, y_2, \cdots, y_n)$ 相等当且仅当 $x_1=y_1$, $x_2=y_2, \cdots, x_n=y_n$. 若 $X_1=X_2=\cdots=X_n=X$, 则 $\underbrace{X\times X\times\cdots\times X}_{n\text{个}X}$ 常简单记作 X^n, 称为 X 的 **n 次幂**.

例 2.4 设 $X=\mathbb{R}$, 则 $\mathbb{R}^2$ 就是平面, 而 $\mathbb{R}^n$ 在前面已经定义过.

例 2.5 设 $X=\{1,2,3\}, Y=\{1,2\}$, 则有

$$X\cup Y=X,\quad X\times Y=\{(1,1),(1,2),(2,1),(2,2),(3,1),(3,2)\}.$$

如果集合 X 只包含有限个元素, 则这些元素的个数称为 X 的**基数**, 记作 $|X|$ 或 $\mathrm{Card}X$. 例如 $|\{0,1\}|=2$. 下面的命题是容易证明的.

命题 2.6 设 X,Y 是有限集, 则 $X\cup Y$ 和 $X\times Y$ 都是有限集, 而且

(1) $|X\cup Y|=|X|+|Y|-|X\cap Y|$.

(2) $|X\times Y|=|X|\cdot|Y|$.

习 题 2.1

1. 设 $A_i\ (i\in I)$ 和 B 是集合 X 的子集, $\bar{A}$ 记为 A 在 X 中的补集. 证明:

(1) $\left(\bigcup\limits_{i\in I}A_i\right)\cap B=\bigcup\limits_{i\in I}(A_i\cap B)$;

(2) $\left(\bigcap\limits_{i\in I}A_i\right)\cup B=\bigcap\limits_{i\in I}(A_i\cup B)$;

(3) $\overline{\bigcup\limits_{i\in I}A_i}=\bigcap\limits_{i\in I}\overline{A_i}$;

(4) $\overline{\bigcap\limits_{i\in I}A_i}=\bigcup\limits_{i\in I}\overline{A_i}$.

2. 对有限集合 $A_1,\ A_2,\ \cdots,\ A_n$, 证明

$$\left|\bigcup_{i=1}^n A_i\right|=\sum_{i=1}^n|A_i|-\sum_{1\leqslant i<j\leqslant n}|A_i\cap A_j|+\cdots+(-1)^{k-1}\sum_{1\leqslant i_1<i_2<\cdots<i_k\leqslant n}|A_{i_1}\cap A_{i_2}\cap\cdots\cap A_{i_k}|$$
$$+\cdots+(-1)^{n-1}|A_1\cap A_2\cap\cdots\cap A_n|.$$

3. 记号 $S\Delta T$ 表示两个集合 S 和 T 的对称差: $S\Delta T=(S\backslash T)\cup(T\backslash S)$. 证明: $S\Delta T=(S\cup T)\backslash(S\cap T)$.

2.2 映　射

一　映射是数学中最重要的概念之一, 很多数学分支其实就是研究一些特殊的映射——函数, 如实分析、复分析等. 映射中间的数学内容是异常丰富的, 单是有限集合之间的映射的数学内容就令人惊异, 2.3 节会简单地讨论有限集的一类映射——置换.

定义 2.7　设 X, Y 是非空集合, 从 X 到 Y 的一个**映射**是指按某种方式 (或说规则) 对 X 中的每一个元素都指定 Y 中的一个元素与之对应. 如果用一个符号或字母, 例如 f, 表示映射遵循的方式, 那么这个映射一般记作

$$f:\ X\rightarrow Y.$$

对于 $x\in X$, 通过映射 f 所得到的 Y 中的元素 y 一般记作 $f(x)$, 也用记号 $x\rightarrow f(x)$ 表示这一点. 为明确给出映射规则, 一个映射也会写成如下形式, $f:\ X\rightarrow Y,\quad x\rightarrow f(x)$.

两个映射 $f:X\rightarrow Y$, $g:W\rightarrow Z$ 称为**相等的**如果 $X=W$, $Y=Z$, 且 $f(x)=g(x)$ 对任意的 $x\in X$.

例 2.8　(1) 中学所学的多项式函数、三角函数、指数函数都是从实数集到实数集的映射.

(2) 设 $X=\mathbb{R}$, $Y=\{-1,0,1\}$, 可以定义映射 $f:X\rightarrow Y$ 如下:

$$\text{正数}\rightarrow 1,\quad 0\rightarrow 0,\quad \text{负数}\rightarrow -1,$$

即

$$f(x)=\begin{cases}1, & \text{如果}x\text{为正},\\ 0, & \text{如果}x\text{为 }0,\\ -1, & \text{如果}x\text{为负}.\end{cases}$$

一个映射的像 (集) 和逆像 (集) 是经常用到的. 设 $f:X\rightarrow Y$ 为映射. 对 $x\in X$, 称 $f(x)$ 为 x 的**像**, x 为 $f(x)$ 的一个**原像**. 映射 f 的**像**是 Y 的子集, 记作 $\mathrm{Im}f$, 定义如下:

$$\begin{aligned}\mathrm{Im}f&=\{y\in Y\mid \text{存在 } x\in X \text{ 使得 } y=f(x)\}\\ &=\{f(x)\mid x\in X\}.\end{aligned}$$

更一般地, 对 X 的任何子集 X_0, 定义其像为

$$\begin{aligned} f(X_0) &= \{y \in Y \mid \text{存在 } x \in X_0 \text{ 使得 } y = f(x)\} \\ &= \{f(x) \mid x \in X_0\}. \end{aligned}$$

于是, $\mathrm{Im}\, f = f(X)$.

例 2.9 设 $f: \mathbb{R} \to \mathbb{R}$, $x \to x^2$. 那么 $\mathrm{Im} f = \{x \in \mathbb{R} \mid x \geqslant 0\}$.

定义 2.10 设 $f: X \to Y$ 是映射, $y \in Y$, 那么 y 在 f 下的**原像(集)** (也称**逆像(集)**) 是 X 的子集, 记作 $f^{-1}(y)$, 定义为

$$f^{-1}(y) = \{x \in X \mid f(x) = y\}.$$

更一般地, 对 $Y_0 \subset Y$, 那么 Y_0 在 f 下的**逆像**(也称**原像**) 是 X 的子集, 记作 $f^{-1}(Y_0)$, 定义为

$$f^{-1}(Y_0) = \{x \in X \mid f(x) \in Y_0\} = \bigcup_{y \in Y_0} f^{-1}(y).$$

例 2.11 (1) 设 $f: \mathbb{R}^3 \to \mathbb{R}^2$, $(a,b,c) \to (a,b)$. 那么

$$f^{-1}(0,0) = \{(0,0,c) \mid c \in \mathbb{R}\}.$$

(2) 设 $X = \{(a,b,c) \in \mathbb{R}^3 \mid a^2 - b^2 = c^2\}$, $f: X \to \mathbb{R}$, $(a,b,c) \to c$. 那么

$$f^{-1}(2) = \{(a,b,2) \in \mathbb{R}^3 \mid a^2 - b^2 = 4\}.$$

二 一个映射 $f: X \to Y$ 称为**单射**, 如果它把 X 中不同的元素映到不同的元素, 即对 $a, b \in X$, 如果 $a \neq b$, 则 $f(a) \neq f(b)$. 例如, 映射 $f: \mathbb{R} \to \mathbb{R}$, $a \to a^3$ 是单射.

称 $f: X \to Y$ 为**满射**, 如果对任意 $y \in Y$, 存在 $x \in X$ 使得 $f(x) = y$. 例 2.11 中的映射都是满射. 映射 $f: \mathbb{N} \to \mathbb{N}$, $n \to n+1$ 是单射, 但不是满射, 因为 $f^{-1}(0) = \varnothing$.

映射 $g: \mathbb{N} \to \mathbb{N}$, $a \to \dfrac{a + (-1)^a a}{4}$ 是满射但不是单射.

称 $f: X \to Y$ 为**双射** (也称**一一映射**), 如果 f 既是单射又是满射. **恒等映射** $e_X: X \to X$, $x \to x$ 显然是双射.

在一定的条件下, 两个映射可以合成一个新的映射. 设 $f: X \to Y$, $g: W \to Z$ 是两个映射. 若 $W = Y$, 那么规则 $x \xrightarrow{f} f(x) \xrightarrow{g} g(f(x))$ 给出了新映射

$$X \to Z, \quad x \to g(f(x)),$$

称为 f 与 g 的**乘积**(或**合成**), 记作 $g \circ f$ 或 gf. 恒等映射在映射合成中的性质是独特的: 对映射 $f: X \to Y$, 有

$$fe_X = f, \quad e_Y f = f. \tag{2.3}$$

映射合成的一个重要性质是结合律.

命题 2.12 (映射的结合律)　设 $f: X \to Y$, $g: Y \to Z$, $h: Z \to W$ 是三个映射, 那么

$$h(gf) = (hg)f.$$

证明　对 $x \in X$, 有

$$(h(gf))(x) = h(gf(x)) = h(g(f(x))),$$

$$((hg)f)(x) = hg(f(x)) = h(g(f(x))).$$

所以 $h(gf) = (hg)f$. □

设 A 是 X 的子集. 映射 $i_A: A \to X, x \to x$ 是单射，称为**嵌入映射**. 映射 $f: X \to Y$ 与映射 i_A 的合成 $fi_A: A \to Y$ 称为 f 在 A 上的**限制**, 常记作 $f|_A$. 显然, 对 $x \in A$, 有 $f|_A(x) = f(x)$.

三　设 $f: X \to Y, g: Y \to X$ 是两个映射. 如果 $gf = e_X$, 则称 g 为 f 的**左逆**, f 为 g 的**右逆**. 如果 $gf = e_X$, 且 $fg = e_Y$, 则称 g 为 f 的**逆**(**映射**) 并称 f 为**可逆映射**. 如果 f 有逆映射, 那么逆映射是唯一的. 事实上, 设 $g: Y \to X$ 和 $h: Y \to X$ 是 $f: X \to Y$ 的逆映射, 那么 $h = he_Y = h(fg) = (hf)g = e_X g = g$. 可逆映射 f 的逆常常记作 f^{-1}. 易见, 如果 g 是可逆映射 f 的逆, 那么 g 也是可逆的, 其逆映射为 f.

例 2.13　考虑映射 $f: \mathbb{N} \to \mathbb{N}, \ \ a \to a+1$ 和映射

$$g: \mathbb{N} \to \mathbb{N}, \quad a \to \begin{cases} a-1, & \text{如果} a \geqslant 1, \\ 0, & \text{如果} a = 0. \end{cases}$$

这时对任意的自然数 a 有 $gf(a)=g(f(a))=g(a+1)=(a+1)-1=a$, 即 $gf=e_{\mathbb{N}}$. 所以 g 是 f 的左逆. 虽然对正整数 a 有 $fg(a)=f(g(a))=f(a-1)=a=e_{\mathbb{N}}(a)$, 但是 $fg(0)=f(g(0))=f(0)=1\neq e_{\mathbb{N}}(0)$, 所以 g 不是 f 的右逆.

下面的引理建立了单射、满射与恒等映射的联系.

引理 2.14　设 $f:X\to Y$, $g:Y\to X$ 是映射, 如果 $gf=e_X$, 那么 f 是单射, g 是满射.

证明　对 $a,b\in X$, 如果 $a\neq b$, 那么 $gf(a)=g(f(a))=e_X(a)=a\neq b=g(f(b))=gf(b)$, 所以 $f(a)\neq f(b)$, 即 f 是单射.

对任意的 $a\in X$, 由于 $g(f(a))=a$, 所以 g 是满射. □

练习 2.15　设 $f:X\to Y$ 是映射, 那么

(1) f 是满射当且仅当 f 是某个映射 $g:Y\to X$ 的左逆, 即 f 是满射当且仅当对某个映射 $g:Y\to X$ 有 $fg=e_Y$.

(2) f 是单射当且仅当 f 是某个映射 $g:Y\to X$ 的右逆, 即 f 是单射当且仅当对某个映射 $g:Y\to X$ 有 $gf=e_X$.

定理 2.16　映射 $f:X\to Y$ 有逆映射, 当且仅当 f 是双射.

证明　如果 f 是双射, 则它是满射, 所以对于任意 $y\in Y$, 存在 $x\in X$, 使得 $f(x)=y$. 因为 f 是单射, 所以这个 x 由 y 唯一确定, 记作 $g(y)$. 这样就定义了映射 $g:Y\to X$. 这时 $gf(x)=g(f(x))=g(y)=x=e_X(x)$, 所以 $gf=e_X$. 类似地, 对 $y\in Y$, 有唯一的 $x\in X$ 使得 $f(x)=y$, $g(y)=x$. 这样, $fg(y)=f(x)=y=e_Y(y)$. 所以 $fg=e_Y$. 于是 f 有逆映射.

如果 f 有逆映射, 那么存在 $g:Y\to X$ 使得 $gf=e_X$ 且 $fg=e_Y$. 由引理 2.14 知 f 既是单射也是满射, 所以是双射. □

虽然对无限集, 单射可以不是满射, 满射可以不是单射 (见例 2.11 后面的例子), 但对有限集, 事情是不一样的.

命题 2.17　设 X 是有限集,

(1) 如果 $f:X\to X$ 是单射, 则 f 是满射.

(2) 如果 $f:X\to X$ 是满射, 则 f 是单射.

证明　(1) 如果 f 不是满射, 则 $\mathrm{Im}f$ 是 X 的真子集, 但两者所含元素的数量一样, 这是不可能的, 所以 f 是满射.

(2) 如果 f 不是单射, 那么存在 X 中不同的元素 a, b, 使得 $f(a) = f(b)$. 于是 $|\mathrm{Im}f| < |X|$. 这与 f 是满射 (即 $\mathrm{Im}f = X$) 矛盾. □

虽然映射的合成有结合律, 但交换律一般不成立. 实际上, fg 有定义不意味着 gf 有定义. 即便两者都有定义, 但下面很简单的情形都有 $fg \neq gf$. 设映射 $f, g : \{1,2\} \to \{1,2\}$ 定义如下: $f(1) = f(2) = 1$, $g(1) = g(2) = 2$. 那么 $fg(1) = 1 \neq 2 = gf(1)$, 所以 $fg \neq gf$.

习　题　2.2

1. 设 a 是大于 1 的整数, 定义映射 $f_a : \mathbb{N} \to \mathbb{N}$, $n \to n^a$. 证明 f 是单射但不是满射并找出 f 的两个左逆.

2. 设 $f : X \to Y$ 是映射, S 和 T 是 X 的子集. 证明:

$$f(S \cup T) = f(S) \cup f(T), \quad f(S \cap T) \subset f(S) \cap f(T).$$

举例说明后一个包含关系不能换成相等关系.

3.(1) 设 S 是 $\mathbb{N}$ 的有限子集. 证明: 存在从 $\mathbb{N}$ 到 $\mathbb{N}\backslash S$ 的一一映射.

(2) 设 S 是无限集 X 的有限子集. 证明: 存在从 $X\backslash S$ 到 X 的一一映射.

4. 集合 X 的所有子集形成的集合记作 $P(X)$, 所有从 X 到集合 $\{0, 1\}$ 的映射全体记作 T_X. 请构造一个从 T_X 到 $P(X)$ 的双射.

2.3　置　　换

一　本节讨论一类很特殊的映射, 有限集到自身的双射. 这些显然是很特别的映射, 在数学中很多地方都会用到. 例如, 这些映射的性质在行列式的定义和讨论中要用到, 在讨论高次方程的根式解要用到, 是代数和组合研究的重要对象. 由于这里我们并不关心集合中元素的特性, 所以不妨仅讨论集合

$$\Omega = \{1, 2, \cdots, n\}$$

到自身的一一映射. 从 Ω 到 Ω 的一一映射称为**置换**, 也称为**排列**. 这些置换全体记作 S_n, 其中的恒等映射记作 e.

映射的合成给出了置换间的乘法, 它对研究置换是非常重要的. 设 $\sigma, \tau \in S_n$, 其乘积 $\sigma\tau \in S_n$ 定义为 $(\sigma\tau)(i) = \sigma(\tau(i))$, $\forall i \in \Omega$. 由于置换是双射, 所以置换有逆, 其逆也是置换. 对置换 $\sigma \in S_n$ 与整数 m, 递归定义 σ 的 m 次幂如下,

$$\sigma^m = \begin{cases} \sigma\sigma^{m-1}, & \text{如果 } m \geqslant 2, \\ e, & \text{如果 } m = 0, \\ \sigma^{-1}\sigma^{m+1}, & \text{如果 } m \leqslant -1. \end{cases}$$

易见, 对任意的置换 σ 和整数 m, r, 有 $\sigma^m\sigma^r = \sigma^{m+r}$. 恒等映射 e 在置换的乘法中的性质是独特的: 对任意的置换 σ 有 $e\sigma = \sigma e = \sigma$.

二 如果 S_n 中的置换 σ 保持 Ω 中 $n-1$ 个元素不变, 那么它必是恒等变换. 除了恒等映射, 最简单的置换是那些只改变两个元素的置换. 先讨论这些置换. 为此, 需证明下面的结论.

引理 2.18 如果置换 σ 改变 i (即 $\sigma(i) \neq i$), 那么对于任意的整数 r, 置换 σ 改变 $\sigma^r(i)$.

证明 如果 $\sigma(\sigma^r(i)) = \sigma^r(i)$, 即 $\sigma^{r+1}(i) = \sigma^r(i)$, 那么 $\sigma^{-r}\sigma^{r+1}(i) = \sigma^{-r}\sigma^r(i)$. 因为 $\sigma^{-r}\sigma^{r+1} = \sigma$, $\sigma^{-r}\sigma^r = e$, 我们得 $\sigma(i) = i$. 这与引理的假设矛盾. 所以 σ 改变 $\sigma^r(i)$. □

命题 2.19 如果置换 $\sigma \in S_n$ 只改变 Ω 中的两个元素, 那么存在 Ω 中的两个元素 i, j 使得 $\sigma(i) = j$, $\sigma(j) = i$, 且 $\sigma(k) = k$ 如果 $k \neq i, j$.

证明 假设 σ 改变 i. 命 $j = \sigma(i)$, 那么 $i \neq j$. 引理 2.18 表明 σ 改变 j, 也改变 $\sigma(j)$. 于是 σ 改变 i, j 和 $\sigma(j)$. 因为 σ 仅改变两个元素, 而 $\sigma(j) \neq j$, $j \neq i$, 所以必须有 $\sigma(j) = i$. □

定义 2.20 只改变两个元素的置换称为**对换**. 如果对换改变的元素是 i, j, 这个对换则简单记作 (ij).

例 2.21 对换 $(3\ 5)$ 把 3 映到 5, 5 映到 3, 其他的元素映到自身.

其次简单的置换是循环.

定义 2.22 称 S_n 中的元素 σ 为**循环**, 如果存在 Ω 的子集 $Y = \{i_1, i_2, \cdots, i_k\}$ 使得

$$\sigma(i_1) = i_2, \sigma(i_2) = i_3, \cdots, \sigma(i_{k-1}) = i_k, \sigma(i_k) = i_1, \sigma(j) = j, \quad \text{对 } j \in \Omega \backslash Y.$$

这个置换常用记号 $(i_1i_2\cdots i_k)$ 表示, k 称为这个循环的**长度**. 注意长度为 1 的循环是恒等变换. 我们有 $(i_1i_2\cdots i_k)=(i_2i_3\cdots i_ki_1)$.

例 2.23　对换是循环, 长度为 2.

称两个循环 $(i_1i_2\cdots i_k)$, $(j_1j_2\cdots j_r)$ 是**不相交的**, 如果集合 $\{i_1,i_2,\cdots,i_k\}$ 与集合 $\{j_1,j_2,\cdots,j_r\}$ 是不相交的.

练习 2.24　不相交的循环对乘法是交换的.

引理 2.25　设 σ 和 τ 是 S_n 中的两个不相同的循环. 它们不相交的充要条件是 Ω 中的每一个元素至多被循环 σ,τ 中的一个改变.

证明　设 $\sigma=(i_1i_2\cdots i_k)$, $\tau=(j_1j_2\cdots,j_r)$. 那么 σ 仅改变 $i_1,\ i_2,\ \cdots,i_k$, 而 τ 仅改变 $j_1,\ j_2,\ \cdots,j_k$. 由此立见引理成立. □

三　对换和循环对于讨论一般的置换是很重要的. 要看到这一点, 需要利用置换间的乘法.

定理 2.26　如果置换不是恒等变换, 那么它是一些不相交的长度 $\geqslant 2$ 的循环的乘积. 如果不计较乘积中循环因子的顺序, 那么这个分解是唯一的.

证明　设 $\sigma\in S_n$ 不等于恒等变换. 先证明 σ 是一些不相交的长度 $\geqslant 2$ 的循环的乘积. 我们对集合 $\Omega^\sigma=\{i\in\Omega\mid\sigma(i)=i\}$ 的基数 $|\Omega^\sigma|$ 做归纳法, 证明 σ 是一些不相交的循环的乘积, 而且这些循环不改变 Ω^σ 中的元素. 因为 $\sigma\in S_n$ 不等于恒等变换, 所以 $|\Omega^\sigma|$ 至多是 $n-2$. 当 $|\Omega^\sigma|=n-2$ 时, 由命题 2.19 知 σ 是对换, 这时结论成立.

假设对置换 $\tau\in S_n$, 如果 $n-2\geqslant|\Omega^\tau|>|\Omega^\sigma|$, 则 τ 是一些不相交的长度 $\geqslant 2$ 的循环的乘积, 而且这些循环不改变 Ω^τ 中的元素. 取 $i\in\Omega$ 使得 $\sigma(i)\neq i$. 由于无限序列 $i,\ \sigma(i),\ \sigma^2(i),\ \cdots$ 中的元素均在有限集 Ω 内, 所以存在正整数 $a<b$ 使得 $\sigma^a(i)=\sigma^b(i)$. 于是 $\sigma^{b-a}(i)=i$. 从而存在正整数 $s\geqslant 2$ 使得 $\sigma^s(i)=i$ 但 $\sigma^t(i)\neq i$ 如果 $1\leqslant t<s$.

命 $i_1=i,\ i_2=\sigma(i_1),\ i_3=\sigma^2(i_1),\cdots,i_s=\sigma^{s-1}(i)$, 那么 $\sigma(i_1)=i_2,\ \sigma(i_2)=i_3,\cdots,\sigma(i_{s-1})=i_s,\ \sigma(i_s)=i_1$. 置 $\sigma_1=(i_1i_2\cdots i_s)$, $\tau=\sigma_1^{-1}\sigma$. 由引理 2.18, $i_1,\ \cdots,\ i_s$ 都不是 Ω^σ 中的元素, 所以 $\Omega^\sigma\subset\Omega^{\sigma_1}=\Omega\backslash Y$, 其中 $Y=\{i_1,i_2,\cdots,i_s\}$. 易见 $\Omega^\tau=\Omega^\sigma\cup Y$. 所以 $|\Omega^\tau|=|\Omega^\sigma|+|Y|>|\Omega^\sigma|$. 由归纳假设, τ 是恒等变换或是一些不相交的长度 $\geqslant 2$ 的循环 $\sigma_2,\ \cdots,\ \sigma_r$ 的乘积, 而且这些循环不改变 Ω^τ 中的元素. 所以循环 $\sigma_2,\ \cdots,\ \sigma_r$ 不改变 $Y\subset\Omega^\tau$ 中的元素. 由引理 2.25 知, 循

环 $\sigma_2, \cdots, \sigma_r$ 与循环 σ_1 不相交. 于是 $\sigma=\sigma_1\tau=\sigma_1\sigma_2\cdots\sigma_r$ 是一些不相交的长度 $\geqslant 2$ 的循环的乘积, 而且这些循环不改变 Ω^σ 中的元素.

下面证明这类循环分解的唯一性.

假设 $\sigma=\tau_1\tau_2\cdots\tau_m$ 是另一个不相交的长度 $\geqslant 2$ 的循环的分解. 对 m 做归纳法. 取 $i\in\Omega$ 使得 τ_1 改变 i. 由引理 2.25, 循环 $\tau_2, \tau_3, \cdots, \tau_m$ 均不改变 i; 在循环 $\sigma_1, \sigma_2, \cdots, \sigma_r$ 有唯一的一个改变 i, 设为 σ_a. 于是 $\sigma(i)=\sigma_a(i)=\tau_1(i)$. 由于 σ 与 σ_a 和 τ_1 交换, 我们得

$$\sigma^2(i)=\sigma_a\sigma(i)=\sigma_a^2(i)=\tau_1\sigma(i)=\tau_1^2(i).$$

重复下去, 可知对任意的正整数 h 有 $\sigma^h(i)=\sigma_a^h(i)=\tau_1^h(i)$. 设 c 是使得 $\sigma^c(i)=i$ 的最小正整数, 那么 $\sigma_a=\tau_1=(i\ \sigma(i)\ \sigma^2(i)\ \cdots\ \sigma^{c-1}(i))=\tau_1$. 于是 $\tau_1^{-1}\sigma=\sigma_a^{-1}\sigma$ 有两个分解式: $\sigma_1\sigma_2\cdots\sigma_{a-1}\sigma_{a+1}\cdots\sigma_r$, $\tau_2\tau_3\cdots\tau_m$. 后一分解式的循环因子是 $m-1$ 个. 如果 $m=1$, 那么 $\tau_1^{-1}\sigma=\sigma_a^{-1}\sigma=e$, 这时结论成立. 如果 $m>1$, 由归纳假设知 $m-1=r-1$, 且循环 $\sigma_1, \sigma_2, \cdots, \sigma_{a-1}, \sigma_{a+1}, \cdots, \sigma_r$ 中的每一个都与循环 $\tau_2, \tau_3, \cdots, \tau_m$ 中的某个相等. 结论得证. □

推论 2.27　置换是对换的乘积.

证明　对换的平方是恒等变换, 所以结论对恒等变换成立. 当然, 恒等变换也可以看做是 0 个对换的乘积. 由定理 2.26, 只要证明每个长度 $\geqslant 2$ 的循环是对换的乘积, 因为 $(i_1i_2\cdots i_k)=(i_1i_2)(i_2i_3)\cdots(i_{k-1}i_k)$, 所以结论成立. □

四　可以把置换 $\sigma\in S_n$ 与它的像按顺序排列起来的序列 $\sigma(1)\sigma(2)\cdots\sigma(n)$ 等同起来, 由此可见 S_n 的基数就是 n 的排列数 $n!$. 把 σ 表成如下直观的展开形式对计算置换的乘法和循环分解 (尤其是 n 不大时) 等是很方便的,

$$\sigma=\begin{pmatrix} 1 & 2 & \cdots & n \\ \sigma(1) & \sigma(2) & \cdots & \sigma(n) \end{pmatrix}.$$

例如, 对

$$\sigma=\begin{pmatrix} 1 & 2 & 3 & 4 \\ 3 & 2 & 4 & 1 \end{pmatrix},\quad \tau=\begin{pmatrix} 1 & 2 & 3 & 4 \\ 4 & 2 & 3 & 1 \end{pmatrix}$$

很容易看出

$$\sigma\tau=\begin{pmatrix} 1 & 2 & 3 & 4 \\ 1 & 2 & 4 & 3 \end{pmatrix}.$$

又如对

$$\pi=\begin{pmatrix}1&2&3&4&5&6&7&8&9\\3&5&9&8&4&6&1&2&7\end{pmatrix}$$

容易看出

$$\pi=(1\,3\,9\,7)(2\,5\,4\,8)(6)=(1\,3\,9\,7)(2\,5\,4\,8)=(1\,3)(3\,9)(9\,7)(2\,5)(5\,4)(4\,8).$$

五　置换的符号　推论 2.27 表明每个置换都是可以写成对换的乘积, 可是对换分解没有循环分解那样的唯一性, 一个简单的例子是

$$(1\,3)=(1\,2)(2\,3)(1\,2)=(2\,3)(1\,2)(2\,3).$$

虽然对换分解没有唯一性, 但有如下重要性质.

定理 2.28　一个置换的所有对换分解中对换的个数有相同的奇偶性, 即设 $\sigma=\sigma_1\sigma_2\cdots\sigma_k=\tau_1\tau_2\cdots\tau_m$ 是两个对换分解, 那么 k 和 m 有相同的奇偶性. 置换 σ 的**符号**定义为

$$\varepsilon_\sigma=(-1)^k.$$

置换的符号不依赖对换分解的选取, 而且对任意两个置换 σ, τ 有

$$\varepsilon_{\sigma\tau}=\varepsilon_\sigma\varepsilon_\tau.$$

证明　设 $\sigma_1\sigma_2\cdots\sigma_k=\tau_1\tau_2\cdots\tau_m$ 是 σ 的两个对换分解, 在等式两端依次乘以 τ_1, τ_2, $\cdots$, τ_m, 则得 $\tau_m\cdots\tau_2\tau_1\sigma_1\sigma_2\cdots\sigma_k=e$. 于是问题可以归结为对单位置换 e 的任何对换分解

$$e=\pi_1\pi_2\cdots\pi_h$$

要证明 h 是偶数. 如果 $h>2$, 我们证明 e 可以写成 $h-2$ 个对换的乘积. 如此下去, 如果 h 是奇数, 则 e 等于某个对换 π, 但这不可能, 所以 h 必须是偶数.

设整数 s 被某个 $\pi_i=(s\,t)$ 改变, 但对 $j=i+1,\cdots,h$, 有 $\pi_j(s)=s$.

(1) 如果 $\pi_{i-1}=(s\,t)$, 则 $e=\pi_1\pi_2\cdots\pi_{i-2}\pi_{i+1}\cdot\pi_h$ 是 $h-2$ 个对换的乘积.

(2) 如果 π_{i-1} 与 π_i 不相交, 则 π_{i-1} 不改变 s 且 $\pi_{i-1}\pi_i=\pi_i\pi_{i-1}$.

(3) 如果 $\pi_{i-1}=(s\,r)$, $r\neq s,t$, 则有

$$\pi_{i-1}\pi_i=(s\,r)(s\,t)=(s\,t)(r\,t).$$

(4) 如果 $\pi_{i-1}=(t\,r)$, $r\neq s,t$, 则有

$$\pi_{i-1}\pi_i=(t\,r)(s\,t)=(s\,r)(t\,r).$$

在情形 (2), (3), (4), 可以得到 e 的一个对换分解 $e=\pi_1'\pi_2'\cdots\pi_h'$, 其中的因子最后一个改变 s 的是 π_{i-1}'. 考虑乘积 $\pi_{i-2}'\pi_{i-1}'$, 上面的分析表明或者得到 e 的一个因子数为 $h-2$ 的对换分解, 或者得到一个对换分解, 有 h 个因子, 最后一个改变 s 的因子是第 $i-2$ 个因子. 在后一种情况, 继续上面的分析, 如此下去, 如果没有得到 e 的一个因子数为 $h-2$ 的对换分解, 就会得到一个因子数为 h 的对换分解 $\theta_1\cdots\theta_h$, 只有第一个因子改变 s, 从而 $s=e(s)=\theta_1(s)\neq s$. 这一矛盾表明上面的过程总可以得到 e 的一个因子数为 $h-2$ 的对换分解. 于是 h 必须为偶数.

如果 $\sigma_1\sigma_2\cdots\sigma_k$ 和 $\tau_1\tau_2\cdots\tau_m$ 分别是 σ 和 τ 的对换分解, 那么

$$\sigma_1\sigma_2\cdots\sigma_k\tau_1\tau_2\cdots\tau_m$$

是 $\sigma\tau$ 的对换分解. 于是 $\varepsilon_{\sigma\tau}=(-1)^{k+m}=(-1)^k(-1)^m=\varepsilon_\sigma\varepsilon_\tau$. □

循环的符号是容易计算的.

推论 2.29　(1) 长度为 k 的循环的符号是 $(-1)^{k-1}$.

(2) 如果置换 σ 可以写成长度分别为 $k_1, k_2, \cdots, k_m$ 的循环 $\sigma_1, \sigma_2, \cdots, \sigma_m$ 的乘积, 则

$$\varepsilon_\sigma=(-1)^{k_1-1+k_2-1+\cdots+k_m-1}.$$

证明　(1) 设 $\pi=(i_1i_2\cdots i_k)$ 是长度为 k 的循环. 因为 $\pi=(i_1i_2)(i_2i_3)\cdots(i_{k-1}i_k)$, 所以 $\varepsilon_\pi=(-1)^{k-1}$.

(2) 根据定理 2.28, 有

$$\varepsilon_\sigma=\varepsilon_{\sigma_1}\varepsilon_{\sigma_2}\cdots\varepsilon_{\sigma_m}.$$

再由 (1) 可知 $\varepsilon_\sigma=(-1)^{k_1-1+k_2-1+\cdots+k_m-1}$. □

例 2.30　对

$$\sigma=\begin{pmatrix}1&2&3&4&5&6&7&8&9&10\\3&5&10&8&4&9&1&2&7&6\end{pmatrix}$$

有 $\sigma=(1\ 3\ 10\ 6\ 9\ 7)(2\ 5\ 4\ 8)$, 所以 $\varepsilon_\sigma=(-1)^{5+3}=1$.

例 2.31　对 $\sigma: \Omega \to \Omega,\ i \to n-i+1$, 有

$$\sigma = (1\ n)(2\ n-1)\cdots([(n+1)/2]\ [n/2]+1),$$

其中 $[a]$ 表示 a 的整数部分, 即 $[a]$ 是整数且 $0 \leqslant a-[a] < 1$. 当 n 是偶数时, $[(n+1)/2]=[n/2]$, 当 n 是奇数时, $[(n+1)/2]=[n/2]+1$, 所以 $\varepsilon_\sigma = (-1)^{[n/2]}$.

六　偶置换与奇置换　置换的符号把置换分成两类: 偶置换与奇置换. 一个置换称为**偶置换**如果其符号是 1, 即这个置换可以写成偶数个对换的乘积; 一个置换称为**奇置换**如果其符号是 -1, 即这个置换可以写成奇数个对换的乘积. 记集合 S_n 中的偶置换全体为 A_n, 奇置换全体记为 $\bar{A}_n$. 于是 $S_n = A_n \cup \bar{A}_n$.

任取置换 $\sigma \in S_n$, 定义 S_n 到自身的两个映射 L_σ 和 R_σ 如下:

$$L_\sigma: \tau \to \sigma\tau.$$
$$R_\sigma: \tau \to \tau\sigma.$$

易见这两个映射都是一一映射, 这可以直接验证, 也可以从 $L_\sigma \circ L_{\sigma^{-1}}$, $L_{\sigma^{-1}} \circ L_\sigma$, $R_\sigma \circ R_{\sigma^{-1}}$, $R_{\sigma^{-1}} \circ R_\sigma$ 都是恒等映射看出. 注意对于任意的 σ, $\sigma' \in S_n$, 有 $L_\sigma \circ L_{\sigma'} = L_{\sigma\sigma'}$, $R_\sigma \circ R_{\sigma'} = R_{\sigma'\sigma}$, 而且 L_e 和 R_e 都是恒等变换.

显然有

(1) 如果 σ 是偶置换, 那么

$$L_\sigma(A_n) = R_\sigma(A_n) = A_n.$$
$$L_\sigma(\bar{A}_n) = R_\sigma(\bar{A}_n) = \bar{A}_n.$$

(2) 如果 σ 是奇置换, 那么

$$L_\sigma(A_n) = R_\sigma(A_n) = \bar{A}_n.$$
$$L_\sigma(\bar{A}_n) = R_\sigma(\bar{A}_n) = A_n.$$

于是, S_n 中的偶置换的数量等于奇置换的数量, 从而

$$|A_n| = |\bar{A}_n| = \frac{1}{2}|S_n| = \frac{n!}{2}.$$

七　置换的符号对于行列式的定义和计算都是很重要的. 置换不仅可以作用在集合 Ω 上, 还可以作用在 n 个变元的函数上. 利用置换在函数上的作用可以给定理 2.28 一个别出蹊径的证明.

定义 2.32　设 $\sigma \in S_n$, f 是 n 个自变量的函数, 令

$$(\sigma \circ f)(x_1, x_2, \cdots, x_n) = f(x_{\sigma(1)}, x_{\sigma(2)}, \cdots, x_{\sigma(n)}),$$

称函数 $\sigma \circ f$ 是由 σ 作用在 f 得到的.

这个作用的一个性质如下.

引理 2.33　设 $\sigma, \tau \in S_n$, 则

$$(\sigma\tau) \circ f = \sigma \circ (\tau \circ f).$$

证明　根据定义, 有

$$(\sigma \circ (\tau \circ f))(x_1, \cdots, x_n) = (\tau \circ f)(x_{\sigma(1)}, x_{\sigma(2)}, \cdots, x_{\sigma(n)}).$$

令 $y_k = x_{\sigma(k)}$, 那么 $y_{\tau(k)} = x_{\sigma(\tau(k))}$. 于是

$$\begin{aligned}
&(\sigma \circ (\tau \circ f))(x_1, \cdots, x_n)\\
=&(\tau \circ f)(y_1, y_2, \cdots, y_n)\\
=&f(y_{\tau(1)}, y_{\tau(2)}, \cdots, y_{\tau(n)}) = f(x_{\sigma(\tau(1))}, x_{\sigma(\tau(2))}, \cdots, x_{\sigma(\tau(n))})\\
=& f(x_{(\sigma\tau)(1)}, x_{(\sigma\tau)(2)}, \cdots, x_{(\sigma\tau)(n)}) = ((\sigma\tau) \circ f)(x_1, \cdots, x_n).
\end{aligned}$$ □

定义 2.34　一个 n 元函数 f 称为**斜对称的**如果

$$f(\cdots, x_k, x_{k+1}, \cdots) = -f(\cdots, x_{k+1}, x_k, \cdots),$$

即交换相邻两个变量的位置时, 函数值变号. 等价的说法是称 f 斜对称如果对 $k = 1, 2, \cdots, n-1$ 有

$$(k\ k+1) \circ f = -f.$$

例 2.35　一个经常用到的斜对称函数是

$$\Delta_n = \Delta_n(x_1, x_2, \cdots, x_n) = \prod_{1 \leqslant i < j \leqslant n} (x_j - x_i).$$

符号 $\prod$ 表示乘积. 要看出 Δ_n 是斜对称函数, 对任意两个相邻的变量 x_k, x_{k+1}, 注意 $\Delta_n = (x_{k+1} - x_k) \cdot A \cdot B \cdot C$, 其中

$$\begin{aligned}
A =&(x_{k+1} - x_{k-1}) \cdots (x_{k+1} - x_1)(x_k - x_{k-1}) \cdots (x_k - x_1),\\
B =& \prod_{1 \leqslant i < j < k} (x_j - x_i),\\
C =& \prod_{s=k+2}^{n} [(x_s - x_{s-1}) \cdots (x_s - x_{k+1})(x_s - x_k) \cdots (x_s - 1)].
\end{aligned}$$

当 x_k, x_{k+1} 交换位置时, A, B, C 均不变, 而 $x_{k+1} - x_k = -(x_{k+1} - x_k)$. 所以

$$\Delta_n(\cdots, x_k, x_{k+1}, \cdots) = -\Delta_n(\cdots, x_{k+1}, x_k, \cdots).$$

当 $x_1, \cdots, x_n$ 两两不同时, $\Delta_n(x_1, x_2, \cdots, x_n) \neq 0$.

引理 2.36 对换作用在斜对称函数上函数值变号, 即交换斜对称函数的任意两个自变量的位置, 斜对称函数值变号.

证明 设 $\pi = (ij) \in S_n$ 是对换, 不妨设 $i < j$. 命 $\pi_k = (k\ k+1)$. 那么

$$\pi = \pi_i \pi_{i+1} \cdots \pi_{j-2} \pi_{j-1} \pi_{j-2} \cdots \pi_{i+1} \pi_i.$$

由引理 2.30, π 作用在斜对称函数上等于对换 π_i, π_{i+1}, $\cdots$, π_{j-2}, π_{j-1}, π_{j-2}, π_{i+1}, π_i 依次作用在斜对称函数上. 根据定义诸 π_k 作用在斜对称函数仅改变函数值的符号. 现在是 $2(j-i)-1$ 个这样的对换依次作用, 所以得到的函数是原来的函数乘以 $(-1)^{2(j-i)-1} = -1$. □

我们利用这个引理证明定理 2.28. 设 $\sigma = \sigma_1 \cdots \sigma_k$ 是置换 σ 的对换分解, f 是 n 元斜对称函数, 那么

$$\sigma \circ f = (\sigma_1 \cdots \sigma_{k-1}) \circ (\sigma_k \circ f) = -(\sigma_1 \cdots \sigma_{k-1}) \circ (f) = \cdots = (-1)^k f = \varepsilon_\sigma f.$$

由于 σ 的作用不依赖其对换分解, 所以当 f 不是零函数 (如 Δ_n) 时, 可知 ε_σ 不依赖对换分解, 仅依赖 σ. □

八 群结构 我们看到 S_n 中的乘法对讨论其中的置换十分重要. 这个乘法满足结合律, 有一个单位元 e, 每个元素都有逆元. 一个集合如果有满足这些性质的运算则称为群. 于是集合 S_n 是一个群, 称为 **n个文字的对称群**, 其运算就是其中的乘法——置换的合成. 它在历史上是群论的起源, 对伽罗华理论和高次方程的可解性研究都十分重要. 直到今天关于这个群还有很多的研究.

习 题 2.3

1. 计算置换的乘积:

(1) $\begin{pmatrix} 1 & 2 & 3 & 4 & 5 & 6 \\ 3 & 5 & 4 & 6 & 1 & 2 \end{pmatrix} \times \begin{pmatrix} 1 & 2 & 3 & 4 & 5 & 6 \\ 2 & 4 & 5 & 6 & 3 & 1 \end{pmatrix}$;

(2) $\begin{pmatrix} 1 & 2 & 3 & 4 & 5 & 6 \\ 2 & 4 & 5 & 6 & 3 & 1 \end{pmatrix} \times \begin{pmatrix} 1 & 2 & 3 & 4 & 5 & 6 \\ 3 & 5 & 4 & 6 & 1 & 2 \end{pmatrix}$;

(3) $[(1\ 3\ 5)(2\ 4\ 6\ 7)]\cdot[(1\ 4\ 6\ 7)(2\ 3\ 5)]$.

2. 把下面的置换写成不相交的循环的乘积并确定这些置换的奇偶性.

(1) $\begin{pmatrix} 1 & 2 & 3 & 4 & 5 & 6 & 7 & 8 \\ 3 & 5 & 7 & 6 & 8 & 2 & 1 & 4 \end{pmatrix}$;

(2) $\begin{pmatrix} 1 & 2 & 3 & \cdots & \cdot & \cdot & \cdot & \cdots & n-1 & n \\ 2 & 4 & 6 & \cdots & 1 & 3 & 5 & \cdots & \cdot & \cdot \end{pmatrix}$;

(3) $\begin{pmatrix} 1 & 2 & 3 & \cdots & \cdot & \cdot & \cdot & \cdots & n-1 & n \\ 1 & 3 & 5 & \cdots & 2 & 4 & 6 & \cdots & \cdot & \cdot \end{pmatrix}$;

(4) $\begin{pmatrix} 1 & 2 & 3 & 4 & \cdots & n-1 & n \\ n & 1 & n-1 & 2 & \cdots & \cdot & \cdot \end{pmatrix}$.

3. 设 $\sigma \in S_n$ 是长度为 k 的循环, 证明: 对于任意的 $\tau \in S_n$, 置换 $\tau\sigma\tau^{-1}$ 仍是长度为 k 的循环.

4. 用记号 $\langle i,\ j\rangle$ 表示满足条件 $1 \leqslant i < j \leqslant n$ 的两个整数 i, j. 设 $\sigma \in S_n$. 称整数对 $\langle i,\ j\rangle$ 是 σ 的一个**反序**如果 $\sigma(i) > \sigma(j)$, 整数对 $\langle i,\ j\rangle$ 是 σ 的一个**顺序**如果 $\sigma(i) < \sigma(j)$. 显然没有反序的置换是单位变换 e. 假设 $\langle i,\ j\rangle$ 是 σ 的反序, 命 τ 和 τ' 分别为对换 $(\sigma(j)\ \sigma(i))$ 和对换 $(i\ j)$. 证明:

(1) 整数对 $\langle i,\ j\rangle$ 是 $\tau\sigma$ 的顺序, 也是 $\sigma\tau'$ 的顺序.

(2) 如果整数对 $\langle a,\ i\rangle$ 和 $\langle a,\ j\rangle$ 都是 σ 的反序, 那么它们也都是 $\tau\sigma$ 的反序.

(3) 如果整数对 $\langle a,\ j\rangle$ 和 $\langle a,\ i\rangle$ 中只有一个是 σ 的顺序, 则它们中也只有一个是 $\tau\sigma$ 的反序.

(4) 如果整数对 $\langle a,\ i\rangle$ 和 $\langle a,\ j\rangle$ 都是 σ 的顺序, 则它们也都是 $\tau\sigma$ 的顺序.

(5) 如果整数对 $\langle i,\ b\rangle$ 和 $\langle j,\ b\rangle$ 都是 σ 的顺序, 则它们也都是 $\tau\sigma$ 的顺序.

(6) 如果整数对 $\langle i,\ b\rangle$ 和 $\langle j,\ b\rangle$ 中只有一个是 σ 的反序, 则它们中也只有一个是 $\tau\sigma$ 的反序.

(7) 如果整数对 $\langle i,\ b\rangle$ 和 $\langle j,\ b\rangle$ 都是 σ 的反序, 则它们也都是 $\tau\sigma$ 的反序.

(8) 如果整数对 $\langle i,\ c\rangle$ 和 $\langle c,\ j\rangle$ 中只有一个是 σ 的反序, 则它们中也只有一个是 $\tau\sigma$ 的反序.

(9) 如果整数对 $\langle i,\ c\rangle$ 和 $\langle c,\ j\rangle$ 都是 σ 的反序, 则它们都是 $\tau\sigma$ 的顺序.

于是 $\tau\sigma$ 的反序总数比 σ 的反序总数少一个奇数. 由此可知, 存在对换 $\tau_m,\cdots,\tau_1$ 使得

$$\tau_m\cdots\tau_1\sigma=e,$$

其中 m 与 σ 的反序总数 k 有相同的奇偶性. 所以 σ 的符号 $\varepsilon_\sigma=(-1)^m=(-1)^k$ 也可以通过 σ 的反序数计算.

5. 计算第 2 题中的置换的反序数.

2.4　等价关系与商映射

一　等价关系　数学中对象之间的一类联系, 称为等价关系, 是经常遇到的, 例如初等数学中三角形相似是一种等价关系, 在解线性方程组时我们定义了方程组的等价等. 等价关系是二元关系的一种. 二元关系的定义如下.

定义 2.37　设 X,Y 是集合. 它们的笛卡儿积 $X\times Y$ 的任何子集 ω 都称为 X 与 Y 之间的一个**二元关系**, 如果 $X=Y$, 则简称为 X 上的二元关系. 常用记号 $x\omega y$ 表示有序对 (x,y) 属于 ω. 不过很多特殊的二元关系有特殊的记号, 如对实数上的二元关系 $R=\{(x,y)\in\mathbb{R}^2\,|\,y-x>0\}$, 一般用 $x<y$ 表示 xRy.

例 2.38　设 $X=\mathbb{Z}$ 是整数集, 集合

$$\omega=\{(x,y)\in\mathbb{Z}^2\,|\,\text{存在整数 } a \text{ 使得 } y=ax\}$$

定义了整数集上的整除关系. 通常用符号 $x\,|\,y$ 表示 $(x,y)\in\omega$.

定义 2.39　集合 X 上的一个二元关系 $\sim$ 称为**等价关系**如果以下条件满足:

(1) 对任意的 $x\in X$, 有 $x\sim x$ (自反性) ;

(2) 对 $x,y\in X$, 如果 $x\sim y$, 则 $y\sim x$ (对称性) ;

(3) 对 $x,y,z\in X$, 如果 $x\sim y, y\sim z$, 则 $x\sim z$ (传递性) .

在平面上的直线中, 平行关系是等价关系. 在平面的三角形中, 相似关系是等价关系, 全等关系也是等价关系. 这些都是熟知的例子.

对任意置换 $\sigma\in S_n$ 可以定义 $\Omega=\{1,2,\cdots,n\}$ 上的一个等价关系如下：表达式 $i\sim j$ 指存在整数 a 使得 $i=\sigma^a(j)$. 因为 $i=\sigma^0(i)$; 而 $i=\sigma^a(j)$ 意味着 $j=\sigma^{-a}(i)$; 又 $i=\sigma^a(j)$, $j=\sigma^b(k)$ 蕴涵 $i=\sigma^{a+b}(k)$, 所以二元关系 $\sim$ 满足自反性、对称性、传递性, 即为等价关系.

设 $f: X \to Y$ 是映射. 命 $\omega_f = \{(a,b) \in X^2 \mid f(a) = f(b)\}$. 易见 ω_f 给出 X 上的一个等价关系.

记号 $\not\sim$ 表示不等价, 所以表达式 $x \not\sim y$ 指 x 与 y 不等价. 对 $x \in X$, 所有与 x 等价的元素形成 X 的一个子集, 称为 x 所属的**等价类**, 也称为包含 x 的等价类, 记作 $\bar{x}$, 即 $\bar{x} = \{y \in X \mid y \sim x\}$. 如果 $y \in \bar{x}$, 则称 y 为等价类 $\bar{x}$ 的一个**代表元**, 即等价类中的任何元素都称为这个等价类的代表元.

命题 2.40　集合 X 的一个等价关系的等价类给出了 X 的一个**划分**, 即 X 是这些等价类的不交并.

证明　首先每个元素都属于它自己所在的等价类, 所以 X 是等价类的并, 即 $X = \bigcup\limits_{x\in X} \bar{x}$. 需要说明不同的等价类的交集是空的.

对 $x, y \in X$, 如果 $x \sim y$, 则 $\bar{x} = \bar{y}$. 如果 $x \not\sim y$, 则 $\bar{x} \cap \bar{y} = \varnothing$, 否则存在 $z \in \bar{x} \cap \bar{y}$. 于是 $x \sim z, z \sim y$, 从而 $x \sim y$, 与假设矛盾. □

命题之逆也成立.

命题 2.41　如果集合 X 是一些子集的不交并, 那么这些子集是某个等价关系的等价类全体.

证明　设 $X_i,\ i \in I$ 是这些子集. 定义 X 中的两个元素等价当且仅当它们属于同一个子集 X_i. 显然这个关系有自反性、对称性、传递性, 所以是等价关系. 而且这个等价关系的等价类正是这些集合 $X_i,\ i \in I$. □

二　商映射　设 $\sim$ 是 X 上的等价关系, X 的等价类形成一个集合, 常记作 $X/\sim$, 称为 X 关于等价关系 $\sim$ 的**商集**. 显然有一个自然的满映射:

$$p: X \to X/\sim, \quad x \to \bar{x}.$$

映射 p 称为等价关系 $\sim$ 的**商映射**.

映射 $f: X \to Y$ 给出了 X 上的等价关系 ω_f. 由于 $\bar{x} = \bar{x}'$ 当且仅当 $f(x) = f(x')$, 可以定义映射

$$\bar{f}: X/\omega_f \to Y, \quad \bar{f}(\bar{x}) = f(x).$$

映射 $\bar{f}$ 称为 f 的**商映射**. 易见 $\bar{f}$ 是单射. 我们有分解

$$f = \bar{f} \circ p,$$

其中 $p: X \to X/\omega_f$ 是等价关系 ω_f 的商映射. 这说明任一个映射都可以分解成满射与单射的乘积.

三　序关系　重要的二元关系除了等价关系还有序关系. 称 X 上的一个二元关系 $\leqslant$ 为一个**偏序**, 如果以下条件满足:

(1) $x \leqslant x$ (自反性) ;

(2) 如果 $x \leqslant y$ 且 $y \leqslant x$, 则 $x = y$ (反对称性) ;

(3) 如果 $x \leqslant y$ 且 $y \leqslant z$, 则 $x \leqslant z$ (传递性) .

如果对任意的 $x, y \in X$, 要么 $x \leqslant y$, 要么 $y \leqslant x$, 则称 $\leqslant$ 是 X 上的**全序或线性序**. 带有偏序或全序的集合称为**偏序集**或**全序集**.

例 2.42　(1) 集合 X 的子集的全体形成的集合记作 $P(X)$, 则包含关系 $\subset$ 是一个偏序.

(2) 在正整数集合 $\mathbb{N} - \{0\}$ 上, 记 $x \preccurlyeq y$, 如果 x 是 y 的因子. 易见二元关系 $\preccurlyeq$ 是偏序.

偏序集 X 中的元素 x 称为**极大元**(相应地: **极小元**) 如果 X 中除了 x 没有其他元素 y 使得 $x \leqslant y$ (相应地: $y \leqslant x$). 偏序集 X 中的元素 x 称为**最大元**(相应地: **最小元**) 如果对 X 中任意元素 y 都有 $y \leqslant x$ (相应地: $x \leqslant y$).

一个偏序集中的最大元和最小元如果存在, 则一定是唯一的. 但偏序集可以没有最大元和最小元, 如实数集, 也可以只有最小元但没有最大元, 如自然数集, 或只有最大元, 但没有最小元, 如负整数集. 有限偏序集必有极大元和极小元, 但未必是唯一的. 称一个集合 X 的子集为真子集如果这个子集不等于 X. 设 $X = \{1, 2, \cdots, n\}$. 命 P 为 X 的非空真子集全体形成的集合, 那么 P 有 n 个极大元和 n 个极小元, 其中一个极大元是 $\{2, 3, \cdots, n\}$, 一个极小元是 $\{1\}$, 但没有最大元, 也没有最小元.

有时, 图形可以很好地表示偏序集, 例如, 数轴直观地表示了实数集. 称偏序集 X 中的元素 y**覆盖**x 如果 $x < y$ 且不存在 $z \in X$ 使得 $x < z < y$. 显然, 在有限偏序集 X 中, $x < y$ 当且仅当在 X 中有元素列 $x_1 = x$, x_2, $\cdots$, $x_n = y$ 使得每个 x_{i+1} 覆盖 x_i. 覆盖的概念可以用于偏序集的图形表达. 用点表示集合 X 的元素. 如果 y 覆盖 x, 那么置 y 点于 x 点的上方, 并用直线段连接 x 和 y. 于是 $x < y$ 当且仅当有从 y 下降到 x 的折线, 这样的折线可能不止一条. 如果 x 和 y 不相等且没有下

降的折线连接它们, 那么 x 和 y 是不可比较的, 即 $x \leqslant y$ 和 $y \leqslant x$ 均不成立. 图 2-1 是一些偏序集的图 (形), 其中第二个是全序集.

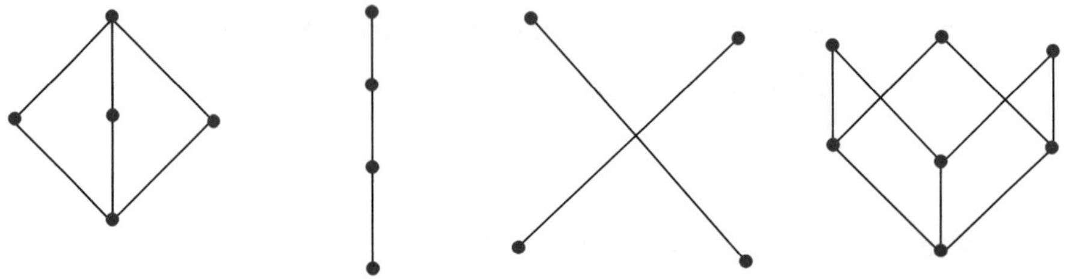

图 2-1

偏序广泛存在于各种数学对象中的关系, 格和布尔代数都是特殊的偏序集, 有着丰富的理论和众多的应用.

习 题 2.4

1. 设 n 是大于 1 的整数, 证明集合 $R = \{ (a,b) \in \mathbb{N}^2 \mid (a-b)$ 是 n 的倍数 $\}$ 是自然数集合 $\mathbb{N}$ 上的一个等价关系 (关系 aRb 常写成 $a \equiv b \bmod n$).

2. 证明集合 $T = \{ (a,b) \in \mathbb{R}^2 \mid a-b \in \mathbb{Z} \}$ 是实数集 $\mathbb{R}$ 上的等价关系 (几何上 $\mathbb{R}$ 关于这个等价关系的商集可以和圆周等同起来).

3. 对 $\mathbb{R}^2$ 中的元素, 定义关系如下: $(a,b) \sim (c,d)$ 当且仅当 $a-c$ 和 $b-d$ 都是整数. 证明这个关系 $\sim$ 是 $\mathbb{R}^2$ 上的等价关系 (几何上 $\mathbb{R}^2$ 关于这个等价关系的商集可以和环面 (形如汽车轮胎) 等同起来).

4. 设 $\sigma \in S_n$. 定义 S_n 中的二元关系如下.

$$R = \{ (\tau, \pi) \in S_n \times S_n \mid \text{ 存在整数 } i \text{ 使得 } \tau = \pi\sigma^i \}.$$

证明: R 是 S_n 的等价关系.

5. 定义 $\mathbb{R}^2$ 上的二元关系 $\leqslant$ 如下:

$$(a,b) \leqslant (c,d) \iff a < c, \text{ 或 } a = c \text{ 但 } b \leqslant d.$$

证明: 这个二元关系是 $\mathbb{R}^2$ 上的全序.

6. 定义 $\mathbb{R}^2$ 上的二元关系 $\preccurlyeq$ 如下:

$$(a,b) \preccurlyeq (c,d) \iff a \leqslant c, \text{ 且 } a+b \leqslant c+d.$$

证明：这个二元关系是 $\mathbb{R}^2$ 上的偏序但不是全序.

2.5 数学归纳法

一 很多涉及自然数的命题可以用数学归纳法证明. 数学归纳法的基础是：任何由自然数构成的集合都有最小元. 这个结论由佩亚诺公理推出. 最基本和简单的归纳法形式如下.

归纳法原理 假设 k 是整数, 对每一个等于或大于 k 的整数 n, 有一个命题 $P(n)$. 如果 $P(k)$ 正确, 又对任何等于或大于 k 的自然数 m, 命题 $P(m)$ 正确蕴涵 $P(m+1)$ 正确, 那么对任意的 $n \geqslant k$, 命题 $P(n)$ 正确 (经常 $k=0$ 或 1).

证明 考虑集合

$$S = \{\, s \in \mathbb{N} \,|\, s \geqslant k \text{ 且 } P(s) \text{ 不正确} \,\}.$$

如果 S 非空, 则存在最小元 s_0. 由于 $P(k)$ 正确, 所以 $s_0 > k$, 从而 $s_0 - 1 \geqslant k$ 且 $P(s_0-1)$ 正确. 根据假设, $P(s_0-1)$ 正确蕴涵 $P(s_0)$ 正确. 这是矛盾的, 所以 S 为空集. □

例如, 导数的链规则 $(n \geqslant 2)$：

$$(f_1 f_2 \cdots f_n)' = f_1' f_2 f_3 \cdots f_n + f_1 f_2' f_3 \cdots f_n + \cdots + f_1 f_2 \cdots f_{n-1} f_n'.$$

当 $n=2$ 时, 等式成立. 如果等式对 $n=m$ 成立, 那么可以推出等式对 $n=m+1$ 也成立. 于是等式对所有的 $n \geqslant 2$ 成立.

归纳法的运用需要完成两步：① 归纳基础, 即对开始的 k 证明命题 $P(k)$ 成立, ② 对任意的整数 $m \geqslant k$, 证明如果 $P(m)$ 成立, 则 $P(m+1)$ 成立.

忽略归纳基础, 或第二步没有考虑所有的 $m \geqslant k$ 情形, 均可以导致不真实的结论.

例如, 所有的羊都是一个颜色. 这个结论对一只羊的情形成立. 假设对 m 只羊的情形结论成立, 那么 $m+1$ 只羊中前面 m 只有同样的颜色, 后面 m 只羊也有同样的颜色, 但这两群羊有交集, 所以这 $m+1$ 只羊的颜色一致. 这里第二步对 $m=1$ 是不成立的, 因为, 此时前面 m 只羊和后面 m 只羊没有交集. 如果归纳基础针对两只羊的情形, 那么第二步的论证是没有问题的.

又如, 多项式 n^2-n+41 对 $n=1, 2, 3, \cdots, 40$ 都取值素数, 但对 41, 取值为 41^2, 不是素数. 这里归纳基础没有问题, 第二步没有完成 (用整系数的多项式表示素数是数论中的重要问题, 到现在人们都不知道是否有整系数的一元二次多项式在整数处的值含有无限多个素数. 最简单的例子为是否有无限多个素数具有形式 $n^2+1, n\in\mathbb{N}$).

二　有时, 如下形式的归纳法原理是很有用的, 它与前面的归纳法原理是等价的.

完全归纳法原理　假设 k 是整数, 对每一个等于或大于 k 的整数 n, 有一个命题 $P(n)$. 如果对 $k\leqslant n\leqslant m_0$, 命题 $P(n)$ 正确, 又对任何等于或大于 m_0 的自然数 m, 命题 $P(i)$ $(k\leqslant i\leqslant m)$ 正确蕴涵 $P(m+1)$ 正确, 那么对任意的 $n\geqslant k$, 命题 $P(n)$ 正确.

例如, 任何大于 1 的整数都能分解成素数的乘积. 该结论对 2 成立. 假设任何在 2 和 m 之间的整数 i 都有素因子分解. 如果 $m+1$ 是素数, 那结论对 $m+1$ 成立, 如果 $m+1$ 不是素数, 则 $m+1=m_1m_2$, 其中 m_1 和 m_2 是整数, 且 $2\leqslant m_1, m_2\leqslant m$. 由归纳假设, m_1, m_2 均有素因子分解, 所以 $m+1$ 有素因子分解. 于是, 结论成立.

又如: 定义数列 $a_0, a_1, a_2, \cdots, a_n$, 如下

$$a_0=2, a_1=1, a_n=a_{n-1}+2a_{n-2}, \quad n\geqslant 2.$$

证明: $a_n=2^n+(-1)^n$.

当 $n=0,1$ 时结论成立. 假设当 $0\leqslant n\leqslant m$ 时, 有 $a_n=2^n+(-1)^n$, 那么

$$\begin{aligned}a_{m+1}&=a_m+2a_{m-1}\\&=2^m+(-1)^m+2\cdot 2^{m-1}+2\cdot(-1)^{m-1}\\&=2^{m+1}+(-1)^{m+1}.\end{aligned}$$

所以, 结论成立.

三　当命题涉及多个自然数时, 需要更复杂的归纳法形式, 如下面的二重归纳法原理.

二重归纳法原理　假设 a 和 b 是整数 (a 和 b 经常在 0,1 中取值), 对整数 $m\geqslant a$ 和整数 $n\geqslant b$, 有命题 $Q(m,n)$. 如果

(1) 对所有的整数 $m\geqslant a$ 和整数 $n\geqslant b$, 命题 $Q(m,b)$ 和命题 $Q(a,n)$ 成立;

(2) 命题 $Q(m-1,n)$ 和命题 $Q(m,n-1)$ 正确蕴涵命题 $Q(m,n)$ 正确, 那么对所有的整数 $m\geqslant a$ 和整数 $n\geqslant b$, 命题 $Q(m,n)$ 正确.

上面的条件 (2) 等价于下面的条件 (2′).

(2′) 对一切满足条件 $m\geqslant s\geqslant a$, $n\geqslant t\geqslant b$, $m+n>s+t$ 的整数对 (s,t), 命题 $Q(s,t)$ 正确蕴涵命题 $Q(m,n)$ 正确.

命 $P[x]$ 为实系数多项式函数全体. 考虑映射

$$\begin{aligned}\mathcal{D}: P[x]\to P[x],&\quad f\to f'=\frac{\mathrm{d}f}{\mathrm{d}x},\\ \mathcal{T}: P[x]\to P[x],&\quad f\to xf.\end{aligned}$$

有

$$\mathcal{DT}(f)=\mathcal{D}(xf)=f+xf'=\mathcal{E}(f)+\mathcal{TD}(f),$$

所以

$$\mathcal{DT}-\mathcal{TD}=\mathcal{E},$$

其中 $\mathcal{E}$ 是恒等映射. 利用二重归纳法可以证明, 对正整数 m 和 n, 有

$$\mathcal{D}^m\mathcal{T}^n=\sum_{0\leqslant i\leqslant m,n} i!\binom{m}{i}\binom{n}{i}\mathcal{T}^{n-i}\mathcal{D}^{m-i}. \tag{2.4}$$

(约定 $0!=\binom{k}{0}=1$, $\mathcal{D}^0=\mathcal{T}^0=\mathcal{E}$).

四　归纳法不仅可以对自然数集做, 还可以对很多的偏序集做, 其本质的精神和自然数集是一样的.

习　题　2.5

1. 假设 X 是 n 元集.

(1) 对 n 做归纳法证明 X 的 k 元子集的个数为

$$\binom{n}{k}=\frac{n(n-1)\cdot\cdots\cdot(n-k+1)}{k(k-1)\cdot\cdots\cdot 2\cdot 1}=\frac{n!}{k!(n-k)!}.$$

(约定：$0!=1$).

(2) 证明 X 的所有子集形成的集合 $\mathcal{P}(X)$ 有 2^n 个元素 (注意空集是任何集合的子集).

2. 证明 x^m+x^{-m} 是 $x+x^{-1}$ 的多项式, 次数为 m.

3. (1) 假设 $n=1$. 对 m 作归纳法证明等式 (2.4);

(2) 在 (1) 的基础上对 n 作归纳法证明等式 (2.4) .

2.6 整数的算术

整数的性质和研究不仅有趣, 还是很多数学理论的源头之一, 若干概念和性质启发了对一般代数系统的探讨, 例如, 整除性、素元、公约数、公倍数、素因子分解等.

一 整除与因子 称整数 a 是整数 n 的**因子** (或**因数**) 如果存在某个整数 b 使得 $n=ab$. 这时也称 n 是 a 的**倍数**, a **整除** n. 我们用记号 $a\,|\,n$ 表示 a 整除 n (即 n 是 a 的倍数), 记号 $a\nmid n$ 表示 a 不整除 n (即 n 不是 a 的倍数) . 大于 1 的正整数 n 称为**素数**如果它的因子只有 ± 1 和 $\pm n$.

素数是整数乘法的基本单元, 也是数学中最难以捉摸的对象, 神秘又深奥. 两千多年前, 欧几里得在《几何原本》中就证明了素数有无穷多个. 他的证明如下. 设 $p_1, p_2, \cdots, p_k$ 是素数. 考虑整数 $n=p_1p_2\cdots p_k+1$. 首先 $p_1, p_2, \cdots, p_k$ 都不是 n 的因子, 否则某个 p_i 整除 $n-p_1p_2\cdots p_k=1$, 这不可能. 在 2.5 节中我们证明了大于 1 的整数都可以写成素数的乘积, 所以 n 的任意素因子 p_{k+1} 与 $p_1, p_2, \cdots, p_k$ 都不相同, 于是得到了新的素数 p_{k+1}. 重复这个过程, 就得到了无限多个素数. 这个证明简洁、优美, 是一个经典的证明.

二 公约数和公倍数 称整数 a 为整数 m 和 n 的**公约数** (或**公因数**) 如果 a 整除 m 和 n. 显然, 如果 m 和 n 不全为零, 则它们的公约数中有一个是最大的, 称为 m 和 n 的**最大公约数**. 0 和 0 的最大公约数约定为 0. 数 m 和 n 的最大公约数记作 $\gcd(m,n)$. 在不产生歧义的情况下, m 和 n 的最大公约数也会简单记做 (m,n). 如果 m 和 n 的最大公约数是 1, 则称 m 和 n **是互素的**.

称整数 s 为整数 m 和 n 的**公倍数**如果 s 既是 m 的倍数, 也是 n 的倍数. 显然, m 和 n 的非负公倍数中有一个是最小的, 称为 m 和 n 的**最小公倍数**, 记作 $\operatorname{lcm}(m,n)$. 在不产生歧义的情况下, m 和 n 的最小公倍数也会简单记作 $[m,n]$.

三 带余除法 整数中的带余除法是讨论最大公约数的有力工具, 以后会看到, 带余除法还给出了求最大公约数的有效方法.

命题 2.43 (带余除法) 设 m 是整数, n 是正整数, 那么存在整数 a 和非负整

数 r, 使得

$$m = an + r, \quad 0 \leqslant r < n.$$

证明 考虑集合

$$S = \{m - sn \mid s \in \mathbb{Z}, \quad m - sn \geqslant 0\}.$$

因为 $m - n(-m^2) \geqslant 0$, 所以集合 S 非空, 从而含有最小元素, 记作 $r = m - an$. 必须有 $r < n$, 否则, $r - n = m - (a+1)n \geqslant 0$, 于是 $r - n \in S$, 这与 r 的最小性矛盾. □

利用带余除法, 可以证明下面很有用的结论.

命题 2.44 设 m, n 是不全为零的整数, d 是它们的最大公约数. 那么

(1) 存在整数 s, t 使得

$$d = sm + tn.$$

(2) 如果 a 整除 m 和 n, 那么 a 整除 d.

(3) m 和 n 互素当且仅当存在整数 s, t 使得

$$1 = sm + tn.$$

证明 考虑集合

$$T = \{\, um + vn \mid u, \ v \in \mathbb{Z} \,\}.$$

它含有正整数, 比如 $m^2 + n^2$, 所以集合内正整数中有最小的, 设为 $c = sm + tn$. 带余除法表明存在整数 a_1, a_2 和非负整数 r_1, r_2, 使得

$$m = a_1 c + r_1, \quad 0 \leqslant r_1 < c,$$

$$n = a_2 c + r_2, \quad 0 \leqslant r_2 < c.$$

如果 $r_1 \neq 0$, 那么

$$r_1 = m - a_1 c = m - a_1 sm - a_1 tn = (1 - a_1 s)m + (-a_1 t)n \in T.$$

这与 c 的最小性矛盾, 所以 $r_1 = 0$. 类似地, $r_2 = 0$. 于是 c 是 m, n 的公约数.

设 k 整除 m 和 n, 那么 k 整除 $sm + tn = c$, 所以 k 是 c 的因子. 由于 c 是正的, 所以 c 就是 m 和 n 的最大公约数 d. (1) 和 (2) 得证.

当 m 和 n 互素时, d=1, 由 (1) 知存在整数 s, t 使得 $1=sm+tn$. 反之, 如果存在整数 s, t 使得 $1=sm+tn$, 那么 m 和 n 的最大公约数 d 是 1 的因子, 因为 $1=sm_0d+tn_0d=(sm_0+tn_0)d$. 所以 $d=1$, 即 m 和 n 互素. □

推论 2.45　设 d 和 h 分别是整数 m,n 的最大公约数和最小公倍数, 那么 $mn=\pm dh$.

证明　设 $m=m_0d$, $n=n_0d$, 那么 m_0 和 n_0 互素, 而且 m_0n_0d 是 m 和 n 的一个公倍数. 设 k 是 m 和 n 的公倍数, 那么 $k=mi=nj$. 从而 $m_0i=n_0j$. 由于 m_0 和 n_0 互素, 存在整数 s, t 使得

$$1=sm_0+tn_0.$$

于是 $i=sm_0i+tn_0i=sn_0j+tn_0i$. 这表明 i 是 n_0 的倍数, 从而 $k=m_i=m_0di$ 是 m_0n_0d 的倍数. 所以, m 和 n 的最小公倍数就是 m_0n_0d 的绝对值, 从而有 $mn=\pm dh$. □

四　算数基本定理　我们已经知道每一个大于 1 的整数都可以写成素数的乘积. 这个分解的重要性还在于乘积中的素数连同它们出现的次数都是唯一确定的. 也就是说, 我们有如下定理.

算数基本定理　每一个大于 1 的整数 n 都可以写成素数的乘积

$$n=p_1p_2\cdots p_k.$$

不计因子的顺序这个分解是唯一的, 即如果 $n=q_1q_2\cdots q_l$ 是另一个素数分解, 那么 $k=l$ 且存在 $1,2,\cdots,k$ 的置换 σ 使得对所有的 i 有 $p_i=q_{\sigma(i)}$.

如果把相同的因子写在一起, 那么素因子分解就可以写成如下的形式

$$n=p_1^{a_1}p_2^{a_2}\cdots p_s^{a_s},\quad a_i>0,\ i=1,2,\cdots,s.$$

定理的证明将在第 6 章给出. 先看一下这个定理对最大公约数和最小公倍数的意义. 约定任意非零整数 p 的零次幂 p^0 为 1. 于是对任意两个整数 m 和 n, 存在素数 p_1, p_2, $\cdots$, p_k, 使得

$$n=\pm p_1^{a_1}p_2^{a_2}\cdots p_s^{a_s},\quad m=\pm p_1^{b_1}p_2^{b_2}\cdots p_s^{b_s},$$

其中所有的 a_i, b_i 都是非负整数. 命 $u_i=\min\{a_i,b_i\}$, $v_i=\max\{a_i,b_i\}$, $i=1,2,\cdots,s$. 易见

$$\gcd(m,n)=p_1^{u_1}p_2^{u_2}\cdots p_s^{u_s},\quad \operatorname{lcm}(m,n)=p_1^{v_1}p_2^{v_2}\cdots p_s^{v_s}.$$

不过, 一般而言, 得到整数的素因子分解是很不容易的事情. 在第 6 章, 我们将会看到, 基于带余除法的辗转相除法给出了求最大公约数的有效方法. 另外, 在第 6 章还会看到整数的素因子分解的唯一性对一般的乘法运算系统并不成立, 下面这个例子可以看出一点端倪.

集合

$$S = \{\, 3k+1 \,|\, k = 0,\ 1,\ 2,\ \cdots \}$$

对于乘法是封闭的. 在 S 中的数称为**拟素数**如果它不能分解成 S 中两个更小的数的乘积, 例如 4, 7, 10, 13, 17, 22, 25 都是 S 中的拟素数. 在 S 中有 $100 = 4\cdot 25 = 10\cdot 10$, 所以 100 有两个不同的拟素数分解. 这与算术基本定理的情况是不同的.

习 题 2.6

1. 注意集合 $S = \{\, 3k+1 \,|\, k = 0, 1, 2, \cdots \}$ 对于乘法封闭, 每个大于 3 的素数都可以写成 $3k+1$ 或 $3k-1$ 的形式. 利用欧几里得的方法证明: 形如 $3k-1$ 的素数有无穷多个. 把 3 换成 4 或 6, 类似的结论是否成立?

2. 设 p 是素数, n 是整数. 利用归纳法证明: p 整除 $n^p - n$.

第3章 矩　　阵

在第 1 章解线性方程组的过程中自然产生了矩阵的概念, 但矩阵的作用远远超出解线性方程组的范畴. 它既方便于计算, 也有丰富的理论内容, 还是研究代数结构 (如群等) 线性化的有力工具. 本章将对矩阵进行初步的讨论, 给出一些基本的结果, 回答第 1 章小结部分的问题.

3.1　行和列的向量空间

一　正如第 1 章小结所说的, 在消元法解线性方程组的过程中本质上是在对方程的系数和常数项形成的有序数组 $(a_{i1}, a_{i2}, \cdots, a_{in}, b_i)$, $i = 1, \cdots, m$, 做数乘和相加的运算, 矩阵的初等变换是对行做这样的运算. 第 1 章定理 1.9 表明有序数组的这两个运算对齐次方程组的解的讨论也是很有意义的. 对有序数组的这些运算做进一步的研究有助于矩阵和求解线性方程组的探讨. 注意到刚才所说的有序数组都是集合 $\mathbb{R}^{n+1}$ 或 $\mathbb{R}^n$ 中的元素, 这把我们带到向量空间 $\mathbb{R}^n$ 的世界. 我们给出如下定义.

定义 3.1　集合 $\mathbb{R}^n = \{(a_1, a_2, \cdots, a_n) \,|\, a_1, \cdots, a_n \in \mathbb{R}\}$ 中的元素称为 (长为 n 的行) **向量**. 实数也称为**纯量**. 实数 (纯量) λ 与向量的乘法运算, 向量之间的加法运算分别定义如下:

$$\lambda(a_1, a_2, \cdots, a_n) = (\lambda a_1, \lambda a_2, \cdots, \lambda a_n),$$

$$(a_1, a_2, \cdots, a_n) + (b_1, b_2, \cdots, b_n) = (a_1 + b_1,\ a_2 + b_2,\ \cdots,\ a_n + b_n).$$

赋予 $\mathbb{R}^n$ 如上运算后, 我们称 $\mathbb{R}^n$ 为**向量空间**.

这两个运算有如下的性质, 其中 $a, b, c \in \mathbb{R}^n$ 是任意向量, $\lambda, \mu \in \mathbb{R}$ 是任意实数, 0 表示零向量 $(0, \cdots, 0) \in \mathbb{R}^n$,

(1) 向量加法的交换律：$a + b = b + a$.

(2) 向量加法的结合律：$(a + b) + c = a + (b + c)$.

(3) 存在零向量：$a+0=0+a=a$.

(4) 存在 $a\in\mathbb{R}^n$ 的负向量 $-a\in\mathbb{R}^n$ 使得 $a+(-a)=0$.

(5) $1a=a$.

(6) $(\lambda\mu)a=\lambda(\mu a)$.

(7) 纯量乘法对向量加法的分配律: $\lambda(a+b)=\lambda a+\lambda b$.

(8) 纯量乘法对纯量加法的分配律: $(\lambda+\mu)a=\lambda a+\mu a$.

这些性质对于讨论向量空间 $\mathbb{R}^n$ 是基本的, 也用于定义抽象的向量空间. 从所列的性质可以看出零向量的唯一性及一个向量的负向量的唯一性, 还可以看出 $0a=0$ (此处第一个 0 表示实数 0, 第二个 0 表示向量 0, 刚开始可能不习惯, 但这里混用符号 0 是方便的).

在矩阵中, 既要考虑行 (向量), 也要考虑列 (向量) . 对于列向量, 同样可以定义数乘和向量之间的加法. 高为 n 的列向量

$$\begin{pmatrix} a_1 \\ a_2 \\ \vdots \\ a_n \end{pmatrix}=[a_1,a_2,\cdots,a_n],\quad a_1,a_2,\cdots,a_n\in\mathbb{R}$$

全体所形成的向量空间也记作 $\mathbb{R}^n$. 这个记号既表示行向量空间也表示列向量空间是方便的, 而且向量写成行还是列仅是约定, 没有实质的差别. 一般说来, 从上下文可以知道记号表示的是行向量空间还是列向量空间.

二 向量之间是通过线性关系联系在一起的. 设 $X_1,X_2,\cdots,X_k\in\mathbb{R}^n$ 是向量, $\alpha_1,\alpha_2,\cdots,\alpha_k$ 是实数, 向量

$$X=\alpha_1X_1+\alpha_2X_2+\cdots+\alpha_kX_k$$

称为向量 $X_1,X_2,\cdots,X_k$ 的一个**线性组合**, 系数为 $\alpha_1,\alpha_2,\cdots,\alpha_k$. 例如对 $\mathbb{R}^4$, 有

$$3(2,5,7,-1)+(-1)(-1,2,5,2)+5(0,7,1,3)=(7,48,21,10).$$

如果 $Y=\beta_1Y_1+\beta_2Y_2+\cdots+\beta_kX_k$ 是 $X_1,X_2,\cdots,X_k$ 的另一个线性组合, α,β 是纯量 (实数), 那么

$$\begin{aligned}\alpha X+\beta Y=&\alpha(\alpha_1X_1+\alpha_2X_2+\cdots+\alpha_kX_k)+\beta(\beta_1Y_1+\beta_2Y_2+\cdots+\beta_kX_k)\\=&(\alpha\alpha_1+\beta\beta_1)X_1+(\alpha\alpha_2+\beta\beta_2)X_2+\cdots+(\alpha\alpha_k+\beta\beta_k)X_k\end{aligned}$$

也是向量 $X_1, X_2, \cdots, X_k$ 的一个线性组合.

向量空间 $\mathbb{R}^n$ 的非空子集 U 称为 $\mathbb{R}^n$ 的**线性子空间**如果 U 中的任意两个向量的所有线性组合都在 U 中. 上面的计算表明向量 $X_1, X_2, \cdots, X_k$ 的所有线性组合形成的集合 V 具有性质

$$\text{如果 } X, Y \in V,\ \alpha, \beta \in \mathbb{R},\ \text{则} \alpha X + \beta Y \in V,$$

所以 V 是 $\mathbb{R}^n$ 的线性子空间, 称为由 $X_1, X_2, \cdots, X_k$**张成的(线性) 子空间**, 常记作 $\langle X_1, X_2, \cdots, X_k\rangle$. 例如 $\mathbb{R}^n$ 是由向量

$$\mathcal{E}_1 = (1, 0, 0, \cdots, 0, 0),\ \mathcal{E}_2 = (0, 1, 0, \cdots, 0, 0),\ \cdots,\ \mathcal{E}_n = (0, 0, 0, \cdots, 0, 1)$$

张成的, 因为 $(a_1, a_2, \cdots, a_n) = a_1\mathcal{E}_1 + a_2\mathcal{E}_2 + \cdots + a_n\mathcal{E}_n$.

三　利用向量的线性组合可以定义向量的线性相关和线性无关两个概念. 这两个概念是线性代数的基石之一, 很多重要的概念如向量空间的维数、矩阵的秩等都是建立在这两个概念之上的, 在解线性方程组中也可以看到这两个概念在背后起作用.

称 $\mathbb{R}^n$ 中的向量 (组) $X_1, X_2, \cdots, X_k$ 是**线性相关**的如果存在不全为 0 的数 (本章的数都指实数) $\alpha_1, \alpha_2, \cdots, \alpha_k$ 使得

$$\alpha_1 X_1 + \alpha_2 X_2 + \cdots + \alpha_k X_k = 0\ (\text{零向量}).$$

如果对所有不全为 0 的数 $\alpha_1, \alpha_2, \cdots, \alpha_k$ 都有 $\alpha_1 X_1 + \alpha_2 X_2 + \cdots + \alpha_k X_k \neq 0$, 则称 $X_1, X_2, \cdots, X_k$ 是**线性无关**的. 向量 $X_1, X_2, \cdots, X_k$**线性无关**的另一个表述是: $\alpha_1 X_1 + \alpha_2 X_2 + \cdots + \alpha_k X_k = 0$ 蕴涵 $\alpha_1, \alpha_2, \cdots, \alpha_k$ 全为 0.

例如向量组 $(2, -1, 5)$, $(1, 3, 4)$, $(5, 8, 17)$ 是线性相关的, 因为

$$(2, -1, 5) + 3(1, 3, 4) - (5, 8, 17) = 0.$$

而向量组 $(2, -1, 5)$, $(1, 3, 4)$ 是线性无关的, 因为等式

$$\alpha(2, -1, 5) + \beta(1, 3, 4) = (2\alpha + \beta,\ -\alpha + 3\beta,\ 5\alpha + 4\beta) = 0$$

给出方程组 $2\alpha + \beta = 0$, $-\alpha + 3\beta = 0$, $5\alpha + 4\beta = 0$, 而该方程组只有零解 $\alpha = \beta = 0$.

向量组 $\mathcal{E}_1,\ \mathcal{E}_2,\ \cdots,\ \mathcal{E}_n$ 是线性无关的, 因为

$$\alpha_1\mathcal{E}_1 + \alpha_2\mathcal{E}_2 + \cdots + \alpha_n\mathcal{E}_n = (\alpha_1, \alpha_2, \cdots, \alpha_n) = 0$$

当且仅当 $\alpha_1=\alpha_2=\cdots=\alpha_n=0$.

四 如下关于线性相关和线性无关的简单结论是经常用到的.

引理 3.2 (1) 如果向量 $X_1,X_2,\cdots,X_k$ 中的一部分向量是线性相关的, 那么 $X_1,\ X_2,\cdots,X_k$ 是线性相关的.

(2) 如果向量 $X_1,X_2,\cdots,X_k$ 线性无关, 那么 $X_1,X_2,\cdots,X_k$ 的任何部分向量是线性无关的.

证明 (1) 不失一般性, 假设 $X_1,X_2,\cdots,X_j\ (1\leqslant j\leqslant k)$ 线性相关. 那么存在不全为 0 的数 $\alpha_1,\alpha_2,\cdots,\alpha_j$ 使得

$$\alpha_1X_1+\alpha_2X_2+\cdots+\alpha_jX_j=0.$$

于是

$$\alpha_1X_1+\alpha_2X_2+\cdots+\alpha_jX_j+0X_{j+1}+\cdots+0X_k=0.$$

但是 $\alpha_1,\alpha_2,\cdots,\alpha_j,0,\cdots,0$ 含有不为 0 的数, 所以 $X_1,X_2,\cdots,X_k$ 线性相关.

(2) 由 (1) 推出. □

引理 3.3 向量 $X_1,X_2,\cdots,X_k\,(k\geqslant 2)$ 线性相关当且仅当其中至少有一个向量是其余向量的线性组合.

证明 假设 $X_1,X_2,\cdots,X_k$ 线性相关, 那么存在不全为 0 的数 $\alpha_1,\alpha_2,\cdots,\alpha_k$ 使得

$$\alpha_1X_1+\alpha_2X_2+\cdots+\alpha_kX_k=0.$$

不妨设 $\alpha_k\neq 0$, 则可得

$$X_k=-\frac{\alpha_1}{\alpha_k}X_1-\cdots-\frac{\alpha_{k-1}}{\alpha_k}X_{k-1}.$$

反过来, 假设 $X_1,X_2,\cdots,X_k$ 中有一个向量, 设为 X_j, 是其余向量的线性组合, 那么存在数 $\beta_1,\cdots,\beta_{j-1},\beta_{j+1},\cdots,\beta_k$ 使得

$$X_j=\beta_1X_1+\cdots+\beta_{j-1}X_{j-1}+\beta_{j+1}X_{j+1}+\cdots+\beta_kX_k.$$

于是

$$\beta_1X_1+\cdots+\beta_{j-1}X_{j-1}-X_j+\beta_{j+1}X_{j+1}+\cdots+\beta_kX_k=0.$$

注意上式左边的线性组合的一个系数为 $-1 \neq 0$, 所以向量 $X_1, X_2, \cdots, X_k$ 线性相关. □

引理 3.4　(1) 如果向量 $X_1, X_2, \cdots, X_k$ 线性无关, 而 $X_1, X_2, \cdots, X_k, X$ 线性相关, 那么 X 是 $X_1, X_2, \cdots, X_k$ 的线性组合.

(2) 如果向量 $X_1, X_2, \cdots, X_k$ 线性无关, 向量 X 不能表成 $X_1, X_2, \cdots, X_k$ 的线性组合, 那么 $X_1, X_2, \cdots, X_k, X$ 线性无关.

证明　(1) 因为 $X_1, X_2, \cdots, X_k, X$ 线性相关, 所以存在不全为 0 的数 $\alpha_1, \alpha_2, \cdots, \alpha_k, \alpha$ 使得

$$\alpha_1 X_1 + \alpha_2 X_2 + \cdots + \alpha_k X_k + \alpha X = 0.$$

如果 $\alpha = 0$, 那么 $\alpha_1, \alpha_2, \cdots, \alpha_k$ 不全为 0, 且 $\alpha_1 X_1 + \alpha_2 X_2 + \cdots + \alpha_k X_k = 0$. 这与 $X_1, X_2, \cdots, X_k$ 线性无关的假设矛盾. 所以 $\alpha \neq 0$ 且

$$X = -\frac{\alpha_1}{\alpha} X_1 - \cdots - \frac{\alpha_k}{\alpha} X_k$$

是 $X_1, X_2, \cdots, X_k$ 的线性组合.

(2) 由 (1) 推出. □

五　有了线性相关和线性无关的概念后就可以定义 $\mathbb{R}^n$ 的线性子空间的基的概念和维数的概念.

定义 3.5　设 V 是 $\mathbb{R}^n$ 的线性子空间, V 中的向量组 $X_1, \cdots, X_r$ 称为 V 的**基**如果该向量组线性无关且 V 中的每一个向量 X 都可表成 $X_1, \cdots, X_r$ 的线性组合

$$X = \alpha_1 X_1 + \cdots + \alpha_r X_r. \tag{3.1}$$

易见, 在定义的条件下, X 表成 $X_1, \cdots, X_r$ 的线性组合 (3.1) 中的系数是唯一确定的. 实际上, 假设 X 还有一个线性组合的表达式

$$X = \beta_1 X_1 + \cdots + \beta_r X_r.$$

与 (3.1) 式相减得

$$0 = (\beta_1 - \alpha_1) X_1 + \cdots + (\beta_r - \alpha_r) X_r = 0.$$

由于 $X_1, \cdots, X_r$ 线性无关, 所以 $\beta_1 = \alpha_1, \cdots, \beta_r = \alpha_r$. 这些唯一确定的数 $\alpha_1, \cdots, \alpha_r$ 称为 X 关于基 $X_1, \cdots, X_r$ 的**坐标**.

由定义知如果 $X_1, \cdots, X_r$ 是线性子空间 V 的基, 那么 V 由 $X_1, \cdots, X_r$ 张成, 即 $V = \langle X_1, \cdots, X_r \rangle$.

例 3.6 (1) 向量组

$$\mathcal{E}_1 = (1,0,0,\cdots,0,0), \mathcal{E}_2 = (0,1,0,\cdots,0,0), \cdots, \mathcal{E}_n = (0,0,0,\cdots,0,1)$$

是 (行向量空间) $\mathbb{R}^n$ 的基, 称为这个向量空间的**标准基**.

(2) 向量组 $\mathcal{E}_1 + \mathcal{E}_2, \mathcal{E}_2 + \mathcal{E}_3$, $\cdots$, $\mathcal{E}_{n-1} + \mathcal{E}_n$, $\mathcal{E}_n$ 也是 $\mathbb{R}^n$ 的基.

六 我们已经看到 $\mathbb{R}^n$ 有基, 而且有很多的基. 接下来证明 $\mathbb{R}^n$ 的任意线性子空间都有基, 而且一个线性子空间不同的基所含的向量的个数是相同的.

引理 3.7 设 Y_1, $\cdots$, Y_s 都是向量 $X_1, \cdots, X_r \in \mathbb{R}^n$ 的线性组合.

(1) 如果 $s > r$, 那么 Y_1, $\cdots$, Y_s 线性相关.

(2) 如果 Y_1, $\cdots$, Y_s 线性无关, 那么 $s \leqslant r$.

证明 (1) 和 (2) 是等价的. 现证 (1) . 设

$$\left\{\begin{array}{l} Y_1 = a_{11}X_1 + a_{21}X_2 + \cdots + a_{r1}X_r, \\ Y_2 = a_{12}X_1 + a_{22}X_2 + \cdots + a_{r2}X_r, \\ \qquad \cdots\cdots \\ Y_s = a_{1s}X_1 + a_{2s}X_2 + \cdots + a_{rs}X_r, \end{array}\right. \tag{3.2}$$

其中 a_{ij} $(1 \leqslant i \leqslant r,\ 1 \leqslant j \leqslant s)$ 是纯量. 考虑线性组合

$$x_1Y_1 + x_2Y_2 + \cdots + x_sY_s,$$

其中 $x_1, \cdots, x_s$ 是未知数. 利用 (3.2), 上式成为

$$\begin{aligned} & x_1(a_{11}X_1 + a_{21}X_2 + \cdots + a_{r1}X_r) + x_2(a_{12}X_1 + a_{22}X_2 + \cdots + a_{r2}X_r) \\ & \quad + \cdots + x_s(a_{1s}X_1 + a_{2s}X_2 + \cdots + a_{rs}X_s) \\ = & (a_{11}x_1 + a_{12}x_2 + \cdots + a_{1s}x_s)X_1 + \cdots + (a_{r1}x_1 + a_{r2}x_2 + \cdots + a_{rs}x_s)X_r \end{aligned}$$

考虑线性方程组

$$\left\{\begin{array}{l} a_{11}x_1 + a_{12}x_2 + \cdots + a_{1s}x_s = 0, \\ \qquad \cdots\cdots \\ a_{r1}x_1 + a_{r2}x_2 + \cdots + a_{rs}x_s = 0. \end{array}\right. \tag{3.3}$$

因为 $s > r$, 根据 1.2 节中的定理 1.9 (4), 这个方程组有非零解 $(\beta_1, \beta_2, \cdots, \beta_s)$. 从而

$$\beta_1 Y_1 + \beta_2 Y_2 + \cdots + \beta_s Y_s = 0.$$

即 $Y_1, \cdots, Y_s$ 线性相关. □

定理 3.8　设 V 是向量空间 $\mathbb{R}^n$ 的非零线性子空间, 那么

(1) V 有基, 其所有的基所含的向量个数都一样, 这个数不超过 n, 称为线性子空间的**维数**, 记作 $\dim V$.

(2) V 中任何一组线性无关的向量 $X_1, X_2, \cdots, X_r$ 均可扩充为 V 的一个基.

证明　(1) 先证明基的存在性. 取非零向量 $Y_1 \in V$. 如果 $V = \langle Y_1 \rangle$, 那么 Y_1 就是 V 的一个基. 否则取 $Y_2 \in V \setminus V_1$, 其中 $V_1 = \langle Y_1 \rangle$. 由引理 3.4 (2), Y_1, Y_2 线性无关. 如果 $V_2 = \langle Y_1, Y_2 \rangle$ 等于 V, 那么 Y_1, Y_2 就是 V 的一个基. 否则取 $Y_3 \in V \setminus V_2$, 由引理 3.4 (2), Y_1, Y_2, Y_3 线性无关. 如此重复下去, 假设在 V 中取出了线性无关的向量 $Y_1, Y_2, \cdots, Y_k$. 由于 $V \subset \mathbb{R}^n$, 而 $\mathbb{R}^n$ 中的向量都是 $\mathcal{E}_1, \cdots, \mathcal{E}_n$ 的线性组合, 由引理 3.7 知 $k \leqslant n$. 这样一来, V 中有线性无关的向量组, 每个线性无关的向量组中的向量的个数不超过 n.

设 $Y_1, Y_2, \cdots, Y_r$ 是 V 中的线性无关向量组, 所含的向量个数最多. 由引理 3.4 (2), V 中的每一个向量都是 $Y_1, Y_2, \cdots, Y_r$ 的线性组合, 从而 $Y_1, Y_2, \cdots, Y_r$ 是 V 的基.

设 $Z_1, Z_2, \cdots, Z_s$ 是 V 的另一个基. 由于 $Z_1, Z_2, \cdots, Z_s$ 都是 $Y_1, Y_2, \cdots, Y_r$ 的线性组合, 由引理 3.7, $s \leqslant r$, 反过来, $Y_1, Y_2, \cdots, Y_r$ 都是 $Z_1, Z_2, \cdots, Z_s$ 的线性组合, 所以 $r \leqslant s$, 于是 $r = s$.

(2) 命 $W = \langle X_1, X_2, \cdots, X_r \rangle$. 如果 $W = V$, 那么这组向量就是 V 的基. 否则, 取 $X_{r+1} \in V \setminus W$, 那么 $X_1, X_2, \cdots, X_r, X_{r+1}$ 线性无关. 如果这 $r+1$ 个向量张成 V, 那么这些向量形成 V 的一个基. 否则, 可以继续添加向量得到线性无关向量组. 从 (1) 的证明知有限步后就得到 V 的一个基. □

零子空间 $V = \{0\}$ 的维数定义为 0. 有了线性子空间的维数概念, 就可以定义向量组的秩. 设 $X_1, X_2, \cdots, X_k$ 是 $\mathbb{R}^n$ 中的向量组, 其**秩(rank)** 定义为向量组张成的线性子空间的维数, 即

$$\operatorname{rank}\{X_1, X_2, \cdots, X_k\} = \dim \langle X_1, \cdots, X_k \rangle.$$

秩的概念其实可以对 $\mathbb{R}^n$ 的任意非空子集 S 定义. 首先, 所有线性组合 $\alpha_1Y_1+\cdots+\alpha_iY_i$, 其中 $Y_1,\cdots,Y_i\in S$, $i\in\mathbb{N}$, $\alpha_1,\cdots,\alpha_i\in\mathbb{R}$, 形成的集合是 $\mathbb{R}^n$ 的线性子空间, 称为**由 S 张成的线性子空间**, 记作 $\langle S\rangle$. 然后定义 S 的**秩**为 $\operatorname{rank}S=\dim\langle S\rangle$.

设 S 是 $\mathbb{R}^n$ 的子集, S 中的向量组 $X_1,\cdots,X_r$ 称为 S 的**极大线性无关组**如果这些向量线性无关, 而对于任意的 $X\in S$, 向量组 $X_1,\cdots,X_r,X$ 线性相关.

命题 3.9 设 S 是 $\mathbb{R}^n$ 的子集, 含有非零向量, 那么

(1) S 中的极大线性无关向量组存在, 且 S 中的任意极大线性无关组是线性子空间 $\langle S\rangle$ 的基.

(2) S 中的任意线性无关向量组均可以扩充为 S 中的极大线性无关组.

证明 (1) 存在性从定理 3.8 的证明可以看出是显然的. 根据定义, $\langle S\rangle$ 由极大线性无关组张成, 所以 S 中的任意极大线性无关组是线性子空间 $\langle S\rangle$ 的基.

(2) 如果 S 中的一个线性无关向量组 Θ 不是极大的, 那么在 S 中可以找到一个向量 X, 它不是 Θ 中向量的线性组合, 把这添加到原来的向量组, 得到一个更大的线性无关向量组. 重复这个过程, 有限 (至多 n) 步后我们必然得到一个含有原来向量组的极大线性无关组. □

习 题 3.1

1. 计算线性组合 $2X_1+5X_2-3X_3$, 其中

$$X_1=(3,1,2,-2),\quad X_2=(1,4,-3,5),\quad X_3=(7,4,1,-9).$$

2. 解向量方程: $3(X_1-X)+2(X_2+X)=5(X_3+X)$, 其中

$$X_1=(2,5,1,3),\quad X_2=(10,1,5,10),\quad X_3=(4,1,-1,1).$$

3. 判断下列向量组是否线性无关, 并计算这些向量组的秩.

(1) $X_1=(1,2,3)$, $X_2=(2,-1,3)$;

(2) $X_1=(2,3,-1)$, $X_2=(3,5,2)$, $X_3=(-2,4,1)$;

(3) $X_1=(4,-5,2,6)$, $X_2=(2,-2,1,3)$, $X_3=(6,-3,3,9)$;

(4) $X_1=(4,-5,2,6)$, $X_2=(2,-2,1,3)$, $X_3=(5,-3,3,9)$, $X_4=(4,-1,5,6)$.

4. 假设向量 $X_1, X_2, \cdots, X_k$ 线性无关. 判断下列向量组是否线性相关, 并计算这些向量组的秩.

$$(1)\ \begin{cases} Y_1 = 3X_1 + 2X_2 + X_3 + X_4, \\ Y_2 = 2X_1 + 5X_2 + 3X_3 + 2X_4, \\ Y_3 = 3X_1 + 4X_2 - X_3 + 2X_4; \end{cases}$$

(2) $Y_1 = X_1 + X_2, Y_2 = X_2 + X_3, Y_3 = X_3 + X_4, \cdots, Y_{k-1} = X_{k-1} + X_k, Y_k = X_k + X_1$;

(3) $Y_1 = X_1 - X_2, Y_2 = X_2 - X_3, Y_3 = X_3 - X_4, \cdots, Y_{k-1} = X_{k-1} - X_k, Y_k = X_k - X_1$.

5. 求 λ 使得向量 $(7, -2, \lambda)$ 是向量 $(2, 3, 5)$, $(3, 7, 8)$, $(1, -6, 1)$ 的线性组合.

6. 证明在 $\mathbb{R}^n$ 中, 第一个坐标和最后一个坐标相等的向量全体是一个线性子空间.

7. 证明有 n 个未知元的齐次线性方程组的解集是 $\mathbb{R}^n$ 的线性子空间.

8. 设 U 与 V 是 $\mathbb{R}^n$ 的线性子空间. 集合 $U \cup V$ 张成的线性子空间称为 U 与 V 的和, 记作 $U + V$. 证明

(1) $U + V = \{ u + v \,|\, u \in U,\ v \in V \}$;

(2) $U \cap V = 0$ 当且仅当对任意的 $x \in U + V$, 存在唯一的 $u \in U$ 和唯一的 $v \in V$ 使得 $x = u + v$. 这时称 $U + V$ 为**直和**, 记作 $U \oplus V$.

(3) $U + V$ 是直和当且仅当如果 $u + v = 0$, $u \in U$, $v \in V$, 则 $u = v = 0$.

9. 设 U 与 V 是 $\mathbb{R}^n$ 的线性子空间. 证明: 如果 $U \cap V = 0$, 则 $\dim(U + V) = \dim U + \dim V$.

10. 证明 $\mathbb{R}^n$ 中的线性子空间的任一个基都可以扩充为 $\mathbb{R}^n$ 的基.

3.2 矩 阵 的 秩

矩阵的行与列都可以分别看做行向量空间和列向量空间的元素, 于是可以运用 3.1 节的概念讨论矩阵的一些性质, 如定义矩阵的秩这一重要概念.

一　考虑矩阵

$$A = \begin{pmatrix} a_{11} & \cdots & a_{1n} \\ \vdots & & \vdots \\ a_{m1} & \cdots & a_{mn} \end{pmatrix}.$$

它的行向量和列向量分别是

$$\mathcal{A}_i = (a_{i1}, \cdots, a_{in}), \quad i = 1, 2, \cdots, m$$
$$\mathcal{A}^j = [a_{1j}, \cdots, a_{mj}], \quad j = 1, 2, \cdots, n.$$

定义 3.10 矩阵 A 的行向量 $\mathcal{A}_1, \cdots, \mathcal{A}_m$ 张成的 ($\mathbb{R}^n$ 的) 线性子空间称为 A 的**行空间**, 记作 $V_r(A)$ 或 V_r, 其维数称为 A 的**行秩**, 记作 $r_r(A)$, 即 $r_r(A) = \dim V_r(A)$.

类似地, 矩阵 A 的列向量 $\mathcal{A}^1, \cdots, \mathcal{A}^n$ 张成的 ($\mathbb{R}^m$ 的) 线性子空间称为 A 的**列空间**, 记作 $V_c(A)$ 或 V_c, 其维数称为 A 的**列秩**, 记作 $r_c(A)$, 即 $r_c(A) = \dim V_c(A)$.

根据向量组的秩的定义, 矩阵 A 的行秩与列秩分别等于 A 的行向量组与列向量组的秩, 即

$$r_r(A) = \dim\langle \mathcal{A}_1, \cdots, \mathcal{A}_m \rangle = \operatorname{rank}\{\mathcal{A}_1, \cdots, \mathcal{A}_m\},$$

$$r_c(A) = \dim\langle \mathcal{A}^1, \cdots, \mathcal{A}^n \rangle = \operatorname{rank}\{\mathcal{A}^1, \cdots, \mathcal{A}^n\}.$$

二 行秩与列秩的一个重要性质是它们在矩阵的初等变换下是不变的. 回忆矩阵的初等变换是: 交换两行的位置 (I 型初等变换), 把某一行的某个倍数加到另一行 (II 型初等变换) . 显然, 如果 B 是矩阵 A 经过初等变换得到的矩阵, 那么 A 可通过 B 施以同类型的初等变换得到.

引理 3.11 如果 B 是由矩阵 A 经过有限次初等变换得到的矩阵, 则 A 与 B 的行秩和列秩分别相等. 即

(1) $r_r(B) = r_r(A)$,

(2) $r_c(B) = r_c(A)$.

证明 只需证经过一次初等变换, 这些秩不变. 假设 A 是 $m \times n$ 矩阵, 它的行向量是 $\mathcal{A}_1, \cdots, \mathcal{A}_m$, 列向量是 $\mathcal{A}^1, \cdots, \mathcal{A}^n$. 矩阵 B 的行向量记为 $\mathcal{B}_1, \cdots, \mathcal{B}_m$, 列向量记为 $\mathcal{B}^1, \cdots, \mathcal{B}^n$.

(1) 如果初等变换是 I 型的, 那么存在 $1 \leqslant s \neq t \leqslant m$ 使得 $\mathcal{B}_s = \mathcal{A}_t$, $\mathcal{B}_t = \mathcal{A}_s$, 而 $\mathcal{B}_i = \mathcal{A}_i$ 如果 $i \neq s, t$. 从而 $\mathcal{A}_1, \cdots, \mathcal{A}_m$ 的线性组合也是 $\mathcal{B}_1, \cdots, \mathcal{B}_m$ 的线性组合, 反之亦然, 所以 $\langle \mathcal{B}_1, \cdots, \mathcal{B}_m \rangle = \langle \mathcal{A}_1, \cdots, \mathcal{A}_m \rangle$. 于是 I 型初等变换不改变行秩.

如果初等变换是 II 型的, 那么存在 $1 \leqslant s \neq t \leqslant m$, $\lambda \in \mathbb{R}$, 使得 $\mathcal{B}_s = \mathcal{A}_s + \lambda \mathcal{A}_t$, 而 $\mathcal{B}_i = \mathcal{A}_i$ 如果 $i \neq s$. 注意 $\mathcal{A}_s = \mathcal{B}_s - \lambda \mathcal{B}_t$, 从而 $\mathcal{A}_1, \cdots, \mathcal{A}_m$ 的线性组合也是

$\mathcal{B}_1, \cdots, \mathcal{B}_m$ 的线性组合, 反之亦然, 所以 $\langle \mathcal{B}_1, \cdots, \mathcal{B}_m \rangle = \langle \mathcal{A}_1, \cdots, \mathcal{A}_m \rangle$. 于是 II 型初等变换也不改变行秩.

(2) 根据定义, $\mathcal{A}^1, \cdots, \mathcal{A}^n$ 中的极大线性无关组所含的向量个数就是 A 的列秩, $\mathcal{B}^1, \cdots, \mathcal{B}^n$ 的极大线性无关组所含的向量个数是 B 的列秩. 我们证明这两个数是一样的.

不妨设 $\mathcal{A}^1, \cdots, \mathcal{A}^i$ 是 $\mathcal{A}^1, \cdots, \mathcal{A}^n$ 的极大线性无关组. 设 $\lambda_1, \cdots, \lambda_i \in \mathbb{R}$. 我们证明 $\lambda_1 \mathcal{B}^1 + \cdots + \lambda_i \mathcal{B}^i = 0$ 蕴涵 $\lambda_1 \mathcal{A}^1 + \cdots + \lambda_i \mathcal{A}^i = 0$, 从而 $\mathcal{A}^1, \cdots, \mathcal{A}^i$ 的线性无关性蕴涵 $\mathcal{B}^1, \cdots, \mathcal{B}^i$ 的线性无关性.

考虑方程 $x_1 \mathcal{A}^1 + \cdots + x_i \mathcal{A}^i = 0$ 和方程 $x_1 \mathcal{B}^1 + \cdots + x_i \mathcal{B}^i = 0$, 写成分量的形式是

$$(1) \begin{cases} a_{11}x_1 + \cdots + a_{1i}x_i = 0, \\ \qquad \cdots\cdots \\ a_{m1}x_1 + \cdots + a_{mi}x_i = 0; \end{cases} \qquad (2) \begin{cases} b_{11}x_1 + \cdots + b_{1i}x_i = 0, \\ \qquad \cdots\cdots \\ b_{m1}x_1 + \cdots + b_{mi}x_i = 0. \end{cases}$$

方程组 (1) 的系数矩阵 A' 的列向量是 $\mathcal{A}^1, \cdots, \mathcal{A}^i$, 方程组 (2) 的系数矩阵 B' 的列向量是 $\mathcal{B}^1, \cdots, \mathcal{B}^i$. 由于 B 是 A 经过初等变换得到的, 所以 B' 是 A' 经过初等变换得到的. 根据 1.1 节中的定理 1.4, 这两个方程组等价, 所以有相同的解集. 向量 $\mathcal{A}^1, \cdots, \mathcal{A}^i$ 线性无关意味着第一个方程组只有零解, 从而第二个方程组只有零解, 所以 $\mathcal{B}^1, \cdots, \mathcal{B}^i$ 线性无关. 我们证明了 $r_c(B) \geqslant r_c(A)$. 不等式 $r_c(A) \geqslant r_c(B)$ 的证明是完全类似的, 因为 A 由 B 经过初等变换得到. □

三 矩阵的行秩与列秩更有趣的性质是它们相等.

定理 3.12 矩阵 A 的行秩和列秩相等. 这个数称为 A 的**秩**, 记作 $\mathrm{rank}A$ 或 $\mathrm{rk}(A)$ 或 $\mathrm{r}(A)$.

证明 根据 1.3 节中的定理 1.12, 矩阵经过初等变换可以化成阶梯矩阵. 由于初等变换不改变矩阵的行秩和列秩, 所以可以仅对阶梯矩阵证明定理. 设

$$A=\begin{pmatrix} 0 & \cdots & 0 & a_{1i_1} & \cdots & a_{1i_2} & \cdots & a_{1i_3} & \cdots & a_{1i_r} & \cdots & a_{1n} \\ 0 & \cdots & 0 & 0 & \cdots & a_{2i_2} & \cdots & a_{2i_3} & \cdots & a_{2i_r} & \cdots & a_{2n} \\ 0 & \cdots & 0 & 0 & \cdots & 0 & \cdots & a_{3i_3} & \cdots & a_{3i_r} & \cdots & a_{3n} \\ \vdots & & \vdots & \vdots & & \vdots & & \vdots & & \vdots & & \vdots \\ 0 & \cdots & 0 & 0 & \cdots & 0 & \cdots & 0 & \cdots & a_{ri_r} & \cdots & a_{rn} \\ 0 & \cdots & 0 & 0 & \cdots & 0 & \cdots & 0 & \cdots & 0 & \cdots & 0 \\ \vdots & & \vdots & \vdots & & \vdots & & \vdots & & \vdots & & \vdots \\ 0 & \cdots & 0 & 0 & \cdots & 0 & \cdots & 0 & \cdots & 0 & \cdots & 0 \end{pmatrix},$$

其中 $a_{1i_1}a_{2i_2}a_{3i_3}\cdots a_{ri_r}\neq 0$. 要证 $r_r(A)=r_c(A)$.

线性无关的向量组不能含零向量. 矩阵 A 的非零行向量是 $\mathcal{A}_1,\mathcal{A}_2,\cdots,\mathcal{A}_r$. 考虑它们的线性组合

$$\mathcal{A}=\lambda_1\mathcal{A}_1+\lambda_2\mathcal{A}_2+\cdots+\lambda_r\mathcal{A}_r,\quad \lambda_i\in\mathbb{R}^n.$$

向量 $\mathcal{A}$ 的第 i_1 个分量是 $\lambda_1a_{1i_1}$, 第 i_2 个分量是 $\lambda_1a_{1i_2}+\lambda_2a_{2i_2}$, 第 i_3 个分量是 $\lambda_1a_{1i_3}+\lambda_2a_{2i_3}+\lambda_3a_{3i_3},\cdots$, 第 i_r 个分量是 $\lambda_1a_{1i_r}+\lambda_2a_{2i_r}+\cdots+\lambda_ra_{ri_r}$. 因为 $a_{1i_1}a_{2i_2}a_{3i_3}\cdots a_{ri_r}\neq 0$, 如果 $\mathcal{A}=0$, 则从分量等于 0 依次可以得到 $\lambda_1=0$, $\lambda_2=0,\cdots,\lambda_r=0$. 所以 A 的非零行向量线性无关, $r_r(A)=r$.

现在证明 A 的列秩也是 r. 显然 A 的列向量都是如下 r 个列向量的线性组合:

$$\mathcal{E}^1=[1,0,0,\cdots,0],\ \mathcal{E}^2=[0,1,0,\cdots,0],\ \cdots,\ \mathcal{E}^r=[0,\cdots,0,1,0,\cdots,0]$$

(1 是第 r 个分量).

由引理 3.7 知列秩 $r_c(A)\leqslant r$. 与 A 的非零行向量的线性无关性证法类似可以知道 r 个列向量 $\mathcal{A}^{i_1},\mathcal{A}^{i_2},\cdots,\mathcal{A}^{i_r}$ 线性无关, 所以 $r_c(A)\geqslant r$, 从而 $r_c(A)=r=r_r(A)$. □

四　线性方程组的可解性准则　矩阵的秩对于认识线性方程组的可解性是很有用的.

推论 3.13　线性方程组化为阶梯型后主未知元的个数等于原方程组的系数矩阵的秩, 所以主未知元的个数不依赖原方程组化为阶梯型的方式.

证明　线性方程组化为阶梯型后, 主未知元的个数就是阶梯型方程组的系数矩阵的非零行向量个数, 根据定理 3.12 的证明, 这个数就是原线性方程组的系数矩阵的秩. □

定理 3.14　线性方程组有解当且仅当其系数矩阵的秩与增广矩阵的秩相等.

证明　根据 1.1 节中的命题 1.3, 线性方程组有解当且仅当化为阶梯型后, 阶梯型线性方程组的系数矩阵的非零行向量个数与阶梯型线性方程组的增广矩阵的非零行向量个数相等. 于是根据定理 3.12 的证明知定理成立. □

五　重新理解线性方程组　线性方程组

$$\begin{cases} a_{11}x_1 + a_{12}x_2 + \cdots + a_{1n}x_n = b_1, \\ a_{21}x_1 + a_{22}x_2 + \cdots + a_{2n}x_n = b_2, \\ \quad\cdots\cdots \\ a_{m1}x_1 + a_{m2}x_2 + \cdots + a_{mn}x_n = b_m \end{cases} \tag{3.4}$$

和下面的列向量方程

$$x_1\begin{pmatrix} a_{11} \\ a_{21} \\ \vdots \\ a_{m1} \end{pmatrix} + x_2\begin{pmatrix} a_{12} \\ a_{22} \\ \vdots \\ a_{m2} \end{pmatrix} + \cdots + x_n\begin{pmatrix} a_{1n} \\ a_{2n} \\ \vdots \\ a_{mn} \end{pmatrix} = \begin{pmatrix} b_1 \\ b_2 \\ \vdots \\ b_m \end{pmatrix} \tag{3.5}$$

是一样的: 方程组 (3.4) 是方程 (3.5) 的分量形式, 所以两者有相同的解集. 但把方程组写成 (3.5) 的形式使我们对方程组 (3.4) 有新的理解: 方程组 (3.4) 有解当且仅当列向量 $B = [b_1, b_2, \cdots, b_m]$ 为方程组 (3.4) 的系数矩阵的列向量

$$\mathcal{A}^1 = [a_{11}, a_{21}, \cdots, a_{m1}], \mathcal{A}^2 = [a_{12}, a_{22}, \cdots, a_{m2}], \cdots, \mathcal{A}^n = [a_{1n}, a_{2n}, \cdots, a_{mn}]$$

的线性组合, 即 $B \in \langle \mathcal{A}^1, \mathcal{A}^2, \cdots, \mathcal{A}^n \rangle$.

这个新的认识使我们可以给定理 3.14 一个更有启发性的证明: 线性方程组 (3.4) 有解当且仅当 $B \in \langle \mathcal{A}^1, \mathcal{A}^2, \cdots, \mathcal{A}^n \rangle$, 即

$$\langle \mathcal{A}^1, \mathcal{A}^2, \cdots, \mathcal{A}^n \rangle = \langle \mathcal{A}^1, \mathcal{A}^2, \cdots, \mathcal{A}^n, B \rangle.$$

所以方程组 (3.4) 有解当且仅当系数矩阵的秩等于增广矩阵的秩. 这个证明表明向量空间导致对线性方程组更深刻的认识.

习　题　3.2

1. 如同行的情况, 交换矩阵 A 的两列称为 I 型初等 (列) 变换, 把某一列的某个倍数加到另一列称为 II 型初等 (列) 变换. 证明:

(1) 初等列变换不改变矩阵的秩.

(2) 联合使用初等行变换和初等列变换可以把矩阵化成如下形式

$$A=\begin{pmatrix} \tilde{a}_{11} & 0 & 0 & \cdots & 0 & 0 & \cdots & 0 \\ 0 & \tilde{a}_{22} & 0 & \cdots & 0 & 0 & \cdots & 0 \\ 0 & 0 & \tilde{a}_{33} & \cdots & 0 & 0 & \cdots & 0 \\ \vdots & \vdots & \vdots & & \vdots & \vdots & & \vdots \\ 0 & 0 & 0 & \cdots & \tilde{a}_{rr} & 0 & \cdots & 0 \\ 0 & 0 & 0 & \cdots & 0 & 0 & \cdots & 0 \\ \vdots & \vdots & \vdots & & \vdots & \vdots & & \vdots \\ 0 & 0 & 0 & \cdots & 0 & 0 & \cdots & 0 \end{pmatrix}$$

其中 $\tilde{a}_{11}\tilde{a}_{22}\cdots\tilde{a}_{rr}\neq 0$, r 就是矩阵的秩.

2. 计算下列矩阵的秩.

(1) $\begin{pmatrix} 2 & 5 & 6 & -1 & 1 \\ -4 & 3 & 5 & 2 & 0 \\ 3 & 2 & 7 & 1 & 8 \end{pmatrix}$;　　(2) $\begin{pmatrix} 8 & -4 & 5 & 5 & 9 \\ 1 & -3 & -5 & 0 & 7 \\ 7 & -5 & 1 & 4 & 1 \\ 3 & -1 & 3 & 2 & 5 \end{pmatrix}$;

(3) $\begin{pmatrix} 1 & 1 & 0 & 0 & \cdots & 0 & 0 & 0 \\ 0 & 1 & 1 & 0 & \cdots & 0 & 0 & 0 \\ \vdots & \vdots & \vdots & \vdots & & \vdots & \vdots & \vdots \\ 0 & 0 & 0 & 0 & \cdots & 0 & 1 & 1 \\ 1 & 0 & 0 & 0 & \cdots & 0 & 0 & 1 \end{pmatrix}$;

(4) $\begin{pmatrix} 1 & x & -1 & 2 \\ 2 & -1 & x & 5 \\ 1 & 10 & -6 & 1 \end{pmatrix}$ (x 是变量);

(5) $\begin{pmatrix} x & 1 & 2 & 3 & \cdots & n-1 & 1 \\ 1 & x & 2 & 3 & \cdots & n-1 & 1 \\ 1 & 2 & x & 3 & \cdots & n-1 & 1 \\ \vdots & \vdots & \vdots & \vdots & & \vdots & \vdots \\ 1 & 2 & 3 & 4 & \cdots & x & 1 \\ 1 & 2 & 3 & 4 & \cdots & n & 1 \end{pmatrix}$ (x 是变量) .

3. 证明若 $a_0 \neq 0$, 则方阵

$$\begin{pmatrix} a_0 & 0 & 0 & \cdots & 0 & 0 & 0 \\ a_1 & 0 & 0 & \cdots & 0 & 0 & 1 \\ a_2 & 0 & 0 & \cdots & 0 & 1 & 0 \\ \vdots & \vdots & \vdots & & \vdots & \vdots & \vdots \\ a_{n-1} & 0 & 1 & \cdots & 0 & 0 & 0 \\ a_n & 1 & 0 & \cdots & 0 & 0 & 0 \end{pmatrix}$$

的秩为 $n+1$.

4. 本题给出矩阵行秩等于列秩的另一个证明, 不用初等变换. 设 $m \times n$ 矩阵 $A = (a_{ij})$ 的行秩为 r, 列秩为 s. 取 A 的 r 个线性无关的行向量 $\mathcal{A}_{i_1}, \mathcal{A}_{i_2}, \cdots, \mathcal{A}_{i_r}$. 这 r 个行向量形成一个 $r \times n$ 矩阵 $\tilde{A}$. 设 $\tilde{A}$ 的列秩为 t, $\tilde{A}^{j_1}, \tilde{A}^{j_2}, \cdots, \tilde{A}^{j_t}$ 是 $\tilde{A}$ 的列向量的极大线性无关组. 证明:

(1) $t \leqslant r$.

(2) 矩阵 A 的任何一个列向量 $\mathcal{A}^j$ 都是列向量 $\mathcal{A}^{j_1}, \mathcal{A}^{j_2}, \cdots, \mathcal{A}^{j_t}$ 的线性组合, 从而 $s \leqslant t \leqslant r$, 即列秩不超过行秩 (提示: 利用 A 的任一行向量都是 $\mathcal{A}_{i_1}, \mathcal{A}_{i_2}, \cdots, \mathcal{A}_{i_r}$ 的线性组合).

(3) 对 $n \times m$ 矩阵

$${}^tA = \begin{pmatrix} a_{11} & a_{21} & \cdots & a_{m1} \\ a_{12} & a_{22} & \cdots & a_{m2} \\ \vdots & \vdots & & \vdots \\ a_{1n} & a_{2n} & \cdots & a_{mn} \end{pmatrix},$$

有 $r_c({}^tA) = r_r(A)$, $r_r({}^tA) = r_c(A)$.

结合 (2) 与 (3) 便知 $s \leqslant r$, $r \leqslant s$, 所以 $r = s$.

3.3 线性映射与矩阵的运算

向量空间 $\mathbb{R}^n$ 和 $\mathbb{R}^m$ 之间一类特殊的映射——线性映射和矩阵有着密不可分的联系. 利用这个联系可以自然地定义矩阵的乘法, 矩阵的加法定义是容易的. 这个联系和矩阵的这些运算对于矩阵的深入讨论和更广泛的应用是必不可少的.

一 线性映射 向量空间有加法和纯量乘法, 向量空间之间的线性映射就是保持这些运算的映射.

定义 3.15 一个映射 $\varphi: \mathbb{R}^n \to \mathbb{R}^m$ 如果满足条件

(1) $\varphi(x+y)=\varphi(x)+\varphi(y), \forall x, y \in \mathbb{R}^n$;

(2) $\varphi(\lambda x)=\lambda\varphi(x), \forall \lambda \in \mathbb{R},\ x \in \mathbb{R}^n$,

则称 φ 是 (从 $\mathbb{R}^n$ 到 $\mathbb{R}^m$ 的)**线性映射**.

例 3.16 把 $\mathbb{R}^n$ 和 $\mathbb{R}^m$ 分别看做高为 n 和高为 m 的列向量空间. 设 $A=(a_{ij})$ 是 $m\times n$ 矩阵, 其列向量 $\mathcal{A}^1, \mathcal{A}^2, \cdots, \mathcal{A}^n$ 则是 $\mathbb{R}^m$ 中的元素. 从而对 $X=[x_1, x_2, \cdots, x_n] \in \mathbb{R}^n$, 线性组合

$$\varphi_A(X)=x_1\mathcal{A}^1+x_2\mathcal{A}^2+\cdots+x_n\mathcal{A}^n \tag{3.6}$$

是 $\mathbb{R}^m$ 中的元素. 这样就定义了一个映射

$$\varphi_A: \mathbb{R}^n \to \mathbb{R}^m, \quad X \to \varphi_A(X).$$

这个映射是线性的. 实际上, 如果 $Y=[y_1, y_2, \cdots, y_n]$ 是 $\mathbb{R}^n$ 的另一个向量, $\lambda \in \mathbb{R}$, 那么 $X+Y=[x_1+y_1, x_2+y_2, \cdots, x_n+y_n]$,

$$\begin{aligned}\varphi_A(X+Y)=&\sum_{i=1}^{n}(x_i+y_i)\mathcal{A}^i=\sum_{i=1}^{n}x_i\mathcal{A}^i+\sum_{i=1}^{n}y_i\mathcal{A}^i\\=&\varphi_A(X)+\varphi_A(Y),\\\varphi_A(\lambda X)=&\sum_{i=1}^{n}\lambda x_i\mathcal{A}^i=\lambda\sum_{i=1}^{n}x_i\mathcal{A}^i=\lambda\varphi_A(X).\end{aligned}$$

矩阵 A 可以从 φ_A 得到, 事实上, A 的列向量就是 φ_A 在 $\mathbb{R}^n$ 中的列向量 $\mathcal{E}^1$, $\mathcal{E}^2, \cdots, \mathcal{E}^n$ 上的值 ($\mathcal{E}^i$ 是 $\mathcal{E}_i$ 的转置, 定义也见定理 3.12 的证明).

设 $\varphi: \mathbb{R}^n \to \mathbb{R}^m$ 是线性映射. 对 $X=x_1\mathcal{E}^1+x_2\mathcal{E}^2+\cdots+x_n\mathcal{E}^n \in \mathbb{R}^n$, 有

$$\varphi(X)=x_1\varphi(\mathcal{E}^1)+x_2\varphi(\mathcal{E}^2)+\cdots+x_n\varphi(\mathcal{E}^n). \tag{3.7}$$

由于 $\mathbb{R}^n=\langle\mathcal{E}^1, \mathcal{E}^2, \cdots, \mathcal{E}^n\rangle$, 所以 φ 由它在基 $\mathcal{E}^1, \mathcal{E}^2, \cdots, \mathcal{E}^n$ 上的值确定. 令

$$\varphi(\mathcal{E}^j)=[a_{1j}, a_{2j}, \cdots, a_{mj}]=\mathcal{A}^j \in \mathbb{R}^m,$$

那么以 $\mathcal{A}^1, \mathcal{A}^2, \cdots, \mathcal{A}^n$ 为列向量的矩阵 A 是 $m\times n$ 矩阵, 而且 $\varphi=\varphi_A$. 不同的 $m\times n$ 矩阵给出不同的线性映射.

命 $M_{m,n}(\mathbb{R})$ 为 $m\times n$(实数) 矩阵全体构成的集合, $\mathcal{L}(\mathbb{R}^n, \mathbb{R}^m)$ 为从 $\mathbb{R}^n$ 到 $\mathbb{R}^m$ 的线性映射全体构成的集合. 以上的讨论证明了如下的结论.

定理 3.17 映射 $A \to \varphi_A$ 是从 $M_{m,n}(\mathbb{R})$ 到 $\mathcal{L}(\mathbb{R}^n, \mathbb{R}^m)$ 的双射. 矩阵 A 称为**线性映射** φ_A **的矩阵**, 映射 φ_A 称为A **的线性映射**.

注记 3.18 当 $m = 1$ 时, $m \times n$ 矩阵 $A = (a_1, a_2, \cdots, a_n)$ 只有一行, 相应的线性映射 $\varphi = \varphi_A : \mathbb{R}^n \to \mathbb{R}$ 常称为 (n 个变元的) 的**线性函数**,

$$\varphi(X) = \varphi(x_1, x_2, \cdots, x_n) = a_1x_1 + a_2x_2 + \cdots + a_nx_n.$$

二 线性映射的运算 由于向量空间 $\mathbb{R}^m$ 有加法和纯量乘法运算, 可以对从 $\mathbb{R}^n$ 到 $\mathbb{R}^m$ 的线性映射定义**加法**和**纯量乘法**运算如下. 设 $\varphi, \psi : \mathbb{R}^n \to \mathbb{R}^m$ 是线性映射, $\alpha, \beta \in \mathbb{R}$, 定义

$$\theta = \alpha\varphi + \beta\psi : \mathbb{R}^n \to \mathbb{R}^m, \quad X \to \alpha\varphi(X) + \beta\psi(X), \quad \forall X \in \mathbb{R}^n.$$

由于

$$\begin{aligned}
\theta(X+Y) =&\alpha\varphi(X+Y) + \beta\psi(X+Y)\\
=&\alpha[\varphi(X) + \varphi(Y)] + \beta[\psi(X) + \psi(Y)]\\
=&[\alpha\varphi(X) + \beta\psi(X)] + [\alpha\varphi(Y) + \beta\psi(Y)]\\
=&\theta(X) + \theta(Y),\\
\theta(\lambda X) =&\alpha\varphi(\lambda X) + \beta\psi(\lambda X)\\
=&\alpha\lambda\varphi(X) + \beta\lambda\psi(X)\\
=&\lambda[\alpha\varphi(X) + \beta\psi(X)]\\
=&\lambda\theta(X),
\end{aligned}$$

所以 θ 是线性映射.

映射的合成给出线性映射的**乘法**. 设 $\varphi : \mathbb{R}^n \to \mathbb{R}^s$, $\psi : \mathbb{R}^s \to \mathbb{R}^m$ 是线性映射, 它们的**乘积**$\psi\varphi : \mathbb{R}^n \to \mathbb{R}^m$ 定义为

$$(\psi\varphi)(X) = \psi(\varphi(X)), \quad \text{对任意的} X \in \mathbb{R}^n.$$

如果 $X, Y \in \mathbb{R}^n$, $\lambda \in \mathbb{R}$, 那么

$$\begin{aligned}
(\psi\varphi)(X+Y) =&\psi(\varphi(X+Y)) = \psi(\varphi(X) + \varphi(Y))\\
=&\psi(\varphi(X)) + \psi(\varphi(Y)) = (\psi\varphi)(X) + (\psi\varphi)(Y),\\
(\psi\varphi)(\lambda X) =&\psi\varphi(\lambda X) = \psi(\lambda\varphi(X))\\
=&\lambda\psi(\varphi(X)) = \lambda(\psi\varphi)(X).
\end{aligned}$$

所以 $\psi\varphi$ 是线性映射.

三 矩阵的运算 由于矩阵与线性映射的对应关系 (定理 3.17), 线性映射上的运算给出了矩阵相应的运算. 矩阵的加法与纯量乘法是容易理解的, 矩阵的乘法如果不借助线性映射的乘法就会难理解一些.

设 $A=(a_{ij})$, $B=(b_{ij})$ 是 $m\times n$ 矩阵, $\varphi_A,\varphi_B:\mathbb{R}^n\to\mathbb{R}^m$ 是相应的线性映射. 根据定理 3.17, 存在 $m\times n$ 矩阵 $C=(c_{ij})$ 使得其线性映射 $\varphi_C=\alpha\varphi_A+\beta\varphi_B$, 其中 $\alpha,\beta\in\mathbb{R}$. 根据定义, C 的第 j 列是

$$\begin{aligned}\mathcal{C}^j=&[c_{1j},c_{2j},\cdots,c_{mj}]=\varphi_C(\mathcal{E}^j)\\=&\alpha\varphi_A(\mathcal{E}^j)+\beta\varphi_B(\mathcal{E}^j)=\alpha\mathcal{A}^j+\beta\mathcal{B}^j\\=&[\alpha a_{1j}+\beta b_{1j},\alpha a_{2j}+\beta b_{2j},\cdots,\alpha a_{mj}+\beta b_{mj}].\end{aligned}$$

自然, C 可以定义为 A 和 B 的以 α 和 β 为系数的**线性组合**$\alpha A+\beta B$:

$$\begin{aligned}&\alpha\begin{pmatrix}a_{11}&\cdots&a_{1n}\\\vdots&&\vdots\\a_{m1}&\cdots&a_{mn}\end{pmatrix}+\beta\begin{pmatrix}b_{11}&\cdots&b_{1n}\\\vdots&&\vdots\\b_{m1}&\cdots&b_{mn}\end{pmatrix}\\=&\begin{pmatrix}\alpha a_{11}+\beta b_{11}&\cdots&\alpha a_{1n}+\beta b_{1n}\\\vdots&&\vdots\\\alpha a_{m1}+\beta b_{m1}&\cdots&\alpha a_{mn}+\beta b_{mn}\end{pmatrix}.\end{aligned}$$

于是

$$\alpha\varphi_A+\beta\varphi_B=\varphi_{\alpha A+\beta B}. \tag{3.8}$$

由于矩阵的加法和与纯量的乘法归结到数的计算, 所以这些运算满足 3.1 节中所列的 8 个性质. 从而 $m\times n$ (实数) 矩阵全体 $M_{m,n}(\mathbb{R})$ 是一个向量空间. 它其实可以看做是长为 $m\cdot n$ 的行向量空间 $\mathbb{R}^{m\cdot n}$ (把行分成 m 段, 依次从上到下排成列), 也可以看做是高为 $m\cdot n$ 的列向量空间 $\mathbb{R}^{m\cdot n}$ (把列分成 n 段, 依次从左到右排成行).

现在利用线性映射的乘法 (合成) 定义矩阵的乘法. 设 $A=(a_{ik})$ 为 $m\times s$ 矩阵, $B=(b_{kj})$ 为 $s\times n$ 矩阵, $\varphi_A:\mathbb{R}^s\to\mathbb{R}^m$ 和 $\varphi_B:\mathbb{R}^n\to\mathbb{R}^s$ 是相应的线性映射. 那么存在 $m\times n$ 矩阵 $C=(c_{ij})$ 使得 $\varphi_C=\varphi_A\varphi_B:\mathbb{R}^n\to\mathbb{R}^m$. 矩阵 C 称为矩阵 A 与 B 的**乘积**, 记作

$$C=AB,$$

从而有

$$\varphi_A\varphi_B = \varphi_{AB}. \tag{3.9}$$

我们从定义出发计算矩阵 C. 用 $E_a^1, E_a^2, \cdots, E_a^a$ 记列向量空间 $\mathbb{R}^a$ 的标准基, 那么 C 的第 j 列是

$$\begin{aligned}\mathcal{C}^j =&\varphi_C(E_n^j) = \varphi_A(\varphi_B(E_n^j)) = \varphi_A(\mathcal{B}^j)\\ =&\varphi_A(b_{1j}E_s^1 + b_{2j}E_s^2 + \cdots + b_{sj}E_s^s)\\ =&b_{1j}\mathcal{A}^1 + b_{2j}\mathcal{A}^2 + \cdots + b_{sj}\mathcal{A}^s.\end{aligned}$$

由此可见,

$$c_{ij} = a_{i1}b_{1j} + a_{i2}b_{2j} + \cdots + a_{is}b_{sj} = \sum_{k=1}^{s} a_{ik}b_{kj}. \tag{3.10}$$

需要注意到两个矩阵 A 和 B 的乘积 AB 有意义当且仅当 A 的列数等于矩阵 B 的行数. 在这一条件下, 乘积 AB 的行数等于矩阵 A 的行数, 列数等于矩阵 B 的列数. 若把 1×1 矩阵与数等同起来, 那么公式 (3.10) 可以写成如下形式

$$c_{ij} = (a_{i1}, a_{i2}, \cdots, a_{is})[b_{1j}, b_{2j}, \cdots, b_{sj}] = \mathcal{A}_i\mathcal{B}^j. \tag{3.11}$$

即乘积 AB 在 (i,j) 处的值是 A 的第 i 行乘以 B 的第 j 列.

命题 3.19 矩阵的乘法满足结合律, 对加法的分配律, 即有

(1) $(AB)C = A(BC)$;

(2) $(A+B)C = AC + BC$, $D(A+B) = DA + DB$.

证明 矩阵的乘积来自映射的乘积, 而映射的乘积有结合律, 所以矩阵的乘积有结合律.

现证分配律. 设 $A=(a_{ij})$, $B=(b_{ij})$, $C=(c_{ij})$, 那么矩阵 $(A+B)C$ 在 (i,j) 处的值是 $\sum\limits_{k=1}^{n}(a_{ik}+b_{ik})c_{kj}$, 而矩阵 $AC+BC$ 在 (i,j) 处的值是 $\sum\limits_{k=1}^{n} a_{ik}c_{kj} + \sum\limits_{k=1}^{n} b_{ik}c_{kj}$. 这两个值相等, 所以第一个分配律成立. 第二个分配律的证明是类似的. □

在数的运算中, 分配律只需一个等式, 因为数的乘法是交换的, 但对矩阵, 分配律需要两个等式, 因为交换性是不成立的, 首先矩阵乘积 AB 有意义不意味着 BA 有意义, 即便两者都有意义, 交换性一般也不成立, 例如,

$$\begin{pmatrix}0&1\\0&0\end{pmatrix}\begin{pmatrix}1&0\\0&0\end{pmatrix}=\begin{pmatrix}0&0\\0&0\end{pmatrix}\neq\begin{pmatrix}0&1\\0&0\end{pmatrix}=\begin{pmatrix}1&0\\0&0\end{pmatrix}\begin{pmatrix}0&1\\0&0\end{pmatrix}.$$

四 矩阵的转置 矩阵的加法、乘法及与纯量的乘法都是二元运算, 除了这些, 矩阵还有一个有趣的一元运算——**矩阵的转置**, 就是把原矩阵的行按列排, 列按行排得到的矩阵.

定义 3.20 矩阵 B 称为矩阵 A 的**转置 (矩阵)**, 记作 $B={}^tA$, 如果 B 在 (i,j) 处的值等于 A 在 (j,i) 处的值, 即 A 的行向量变成 B 的列向量 (或等价地 A 的列向量变成 B 的行向量) . 具体写下来就是

$$A=\begin{pmatrix} a_{11} & a_{12} & \cdots & a_{1n} \\ a_{21} & a_{22} & \cdots & a_{2n} \\ \vdots & \vdots & & \vdots \\ a_{m1} & a_{m2} & \cdots & a_{mn} \end{pmatrix}, \quad {}^tA=\begin{pmatrix} a_{11} & a_{21} & \cdots & a_{m1} \\ a_{12} & a_{22} & \cdots & a_{m2} \\ \vdots & \vdots & & \vdots \\ a_{1n} & a_{2n} & \cdots & a_{mn} \end{pmatrix}$$

所以, $m\times n$ 矩阵的转置是 $n\times m$ 矩阵.

行向量与列向量可以看做矩阵, 分别只有 1 行和 1 列, 行向量的转置是列向量, 列向量的转置是行向量:

$${}^t(a_1,a_2,\cdots,a_n)=[a_1,a_2,\cdots,a_n], \quad {}^t[a_1,a_2,\cdots,a_n]=(a_1,a_2,\cdots,a_n).$$

这个简单的事实是经常用的. 以下是转置的一些基本性质.

性质 3.21 (1) ${}^t({}^tA)=A,\ {}^t(A+B)={}^tA+{}^tB,\ {}^t(\lambda A)=\lambda{}^tA.$

(2) ${}^t(AB)={}^tB\,{}^tA.$

(3) $\operatorname{rank} A=\operatorname{rank}{}^tA.$

前三个等式是容易验证的. 最后一个等式由定理 3.12 得到. 第四个等式的证明也是直截了当的, 设

$$A=\begin{pmatrix} a_{11} & a_{12} & \cdots & a_{1s} \\ a_{21} & a_{22} & \cdots & a_{2s} \\ \vdots & \vdots & & \vdots \\ a_{m1} & a_{m2} & \cdots & a_{ms} \end{pmatrix}, \quad B=\begin{pmatrix} b_{11} & b_{12} & \cdots & b_{1n} \\ b_{21} & b_{22} & \cdots & b_{2n} \\ \vdots & \vdots & & \vdots \\ b_{s1} & b_{s2} & \cdots & b_{sn} \end{pmatrix}.$$

那么 AB 在 (i,j) 处的值是

$$c_{ij}=\mathcal{A}_i\mathcal{B}^j=\sum_{i=1}^{s}a_{ik}b_{kj}.$$

由于 ${}^tB$ 的第 j 行 $({}^t\mathcal{B})_j$ 是 B 的第 j 列的转置, 所以等于 $(b_{1j}, b_{2j}, \cdots, b_{sj})$, 而 ${}^tA$ 的第 i 列 $({}^t\mathcal{A})^i$ 是 A 的第 i 行的转置. 故等于 $[a_{i1}, a_{i2}, \cdots, a_{is}]$, 所以 ${}^tB\,{}^tA$ 在 (j,i) 处的值是

$$d_{ji} = ({}^t\mathcal{B})_j({}^t\mathcal{A})^i = \sum_{k=1}^{s} b_{kj}a_{ik} = c_{ij}.$$

从而 ${}^t(AB) = {}^tB\,{}^tA$. □

五　矩阵乘积的秩　矩阵乘积的秩与乘积因子的秩有一个简单实用的关系.

定理 3.22　设 A 为 $m \times s$ 矩阵, B 为 $s \times n$ 矩阵, 那么

$$\mathrm{rank}AB \leqslant \min\{\mathrm{rank}A,\ \mathrm{rank}B\}.$$

(记号 min 表示后面集合中最小的那个元素).

证明　公式 (3.11) 可以计算矩阵 $C = AB$ 的行 $\mathcal{C}_i$ 和列 $\mathcal{C}^j$,

$$\mathcal{C}_i = \mathcal{A}_iB, \quad \mathcal{C}^j = A\mathcal{B}^j.$$

矩阵 A 的秩 a 等于其行向量 $\mathcal{A}_1, \mathcal{A}_2, \cdots, \mathcal{A}_m$ 的秩, 即行向量中的极大线性无关组所含向量的个数 (命题 3.9) . 设 $\mathcal{A}_{i_1}, \mathcal{A}_{i_2}, \cdots, \mathcal{A}_{i_a}$ 是 A 的行向量中的一个极大线性无关组, 那么 $\mathcal{A}$ 的任意行向量 $\mathcal{A}_i$ 都是 $\mathcal{A}_{i_1}, \mathcal{A}_{i_2}, \cdots, \mathcal{A}_{i_a}$ 的线性组合:

$$\mathcal{A}_i = \xi_1\mathcal{A}_{i_1} + \xi_2\mathcal{A}_{i_2} + \cdots + \xi_a\mathcal{A}_{i_a}, \quad \xi_1, \cdots, \xi_a \in \mathbb{R}.$$

从而

$$\mathcal{C}_i = \mathcal{A}_iB = \left(\sum_{k=1}^{a}\xi_k\mathcal{A}_{i_k}\right)B = \sum_{k=1}^{a}\xi_k(\mathcal{A}_{i_k}B) = \sum_{k=1}^{a}\xi_k\mathcal{C}_{i_k}$$

是 $\mathcal{C}_{i_1}, \mathcal{C}_{i_2}, \cdots, \mathcal{C}_{i_a}$ 的线性组合. 于是

$$\langle\mathcal{C}_1, \mathcal{C}_2, \cdots, \mathcal{C}_m\rangle = \langle\mathcal{C}_{i_1}, \mathcal{C}_{i_2}, \cdots, \mathcal{C}_{i_a}\rangle.$$

所以

$$\mathrm{rank}C = \dim\langle\mathcal{C}_1, \mathcal{C}_2, \cdots, \mathcal{C}_m\rangle \leqslant a = \mathrm{rank}A.$$

不等式 $\mathrm{rank}C \leqslant \mathrm{rank}B = b$ 的证明是类似的. 设 $\mathcal{B}^{j_1}, \mathcal{B}^{j_2}, \cdots, \mathcal{B}^{j_b}$ 是 $\mathcal{B}$ 的列向量中的一个极大线性无关组, 那么 B 的任意列向量 $\mathcal{B}^j$ 都是 $\mathcal{B}^{j_1}, \mathcal{B}^{j_2}, \cdots, \mathcal{B}^{j_b}$ 的线性组合:

$$\mathcal{B}^j = \eta_1\mathcal{B}^{j_1} + \eta_2\mathcal{B}^{j_2} + \cdots + \eta_b\mathcal{B}^{j_b}, \quad \eta_1, \cdots, \eta_b \in \mathbb{R}.$$

从而

$$\mathcal{C}^j = A\mathcal{B}^j = A\left(\sum_{l=1}^{b}\eta_l\mathcal{B}^{j_l}\right) = \sum_{l=1}^{b}\eta_l(A\mathcal{B}^{j_l}) = \sum_{l=1}^{a}\eta_l\mathcal{C}^{j_l}$$

是 $\mathcal{C}^{j_1},\mathcal{C}^{j_2},\cdots,\mathcal{C}^{j_b}$ 的线性组合. 于是

$$\langle\mathcal{C}^1,\mathcal{C}^2,\cdots,\mathcal{C}^n\rangle=\langle\mathcal{C}^{j_1},\mathcal{C}^{j_2},\cdots,\mathcal{C}^{j_b}\rangle.$$

所以

$$\operatorname{rank}C=\dim\langle\mathcal{C}^1,\mathcal{C}^2,\cdots,\mathcal{C}^n\rangle\leqslant b=\operatorname{rank}B.\qquad\square$$

六　矩阵的分块　矩阵加法和乘法可以通过分块进行, 很多时候这会带来方便. 假设两个 $m\times s$ 矩阵 X 和 X' 被纵横线划分成若干小的长方块:

$$X=\begin{pmatrix}X_{11}&X_{12}&\cdots&X_{1k}\\X_{21}&X_{22}&\cdots&X_{2k}\\\vdots&\vdots&&\vdots\\X_{l1}&X_{l2}&\cdots&X_{lk}\end{pmatrix},\qquad X'=\begin{pmatrix}X'_{11}&X'_{12}&\cdots&X'_{1k}\\X'_{21}&X'_{22}&\cdots&X'_{2k}\\\vdots&\vdots&&\vdots\\X'_{l1}&X'_{l2}&\cdots&X'_{lk}\end{pmatrix},$$

这里 X_{ij} 和 X'_{ij} 都是 $m_i\times s_j$ 矩阵, $m_1+\cdots+m_l=m$, $s_1+\cdots+s_k=s$. 那么 $X+X'$ 可以分块计算, 即计算 $X_{ij}+X'_{ij}$, 合起来就得到

$$X+X'=\begin{pmatrix}X_{11}+X'_{11}&X_{12}+X'_{12}&\cdots&X_{1k}+X'_{1k}\\X_{21}+X'_{21}&X_{22}+X'_{22}&\cdots&X_{2k}+X'_{2k}\\\vdots&\vdots&&\vdots\\X_{l1}+X'_{l1}&X_{l2}+X'_{l2}&\cdots&X_{lk}+X'_{lk}\end{pmatrix}.$$

如果 $s\times n$ 矩阵 Y 被纵横线划分成若干小的长方块:

$$Y=\begin{pmatrix}Y_{11}&Y_{12}&\cdots&Y_{1r}\\Y_{21}&Y_{22}&\cdots&Y_{2r}\\\vdots&\vdots&&\vdots\\Y_{k1}&Y_{k2}&\cdots&Y_{kr}\end{pmatrix},$$

其中 Y_{ij} 是 $s_i\times n_j$ 矩阵 $(n_1+\cdots+n_r=n)$, 那么乘积 $Z=XY$ 也可以分块计算, 它的块 Z_{ij} 可以类似于公式 (3.10) 计算:

$$Z_{ij}=X_{i1}Y_{1j}+X_{i2}Y_{2j}+\cdots+X_{ik}Y_{kj}.$$

验证是直截了当的, 留作练习.

习　题　3.3

1. 下面的映射哪些是线性映射?

(1) $[a_1, a_2, \cdots, a_{n-1}, a_n] \to [a_2, a_3, \cdots, a_n, a_1]$;

(2) $[a_1, a_2, \cdots, a_{n-1}, a_n] \to [a_1, a_1a_2, \cdots, a_1a_2\cdots a_{n-1}, a_1a_2\cdots a_n]$;

(3) $[a_1, a_2, \cdots, a_{n-1}, a_n] \to [a_1, a_1+a_2, \cdots, a_1+a_2+\cdots+a_{n-1}, a_1+a_2+\cdots+a_n]$.

2. 计算.

(1) $\begin{pmatrix} 1 & a \\ 0 & 1 \end{pmatrix} \cdot \begin{pmatrix} 1 & b \\ 0 & 1 \end{pmatrix}$; (2) $\begin{pmatrix} \cos\alpha & -\sin\alpha \\ \sin\alpha & \cos\alpha \end{pmatrix} \cdot \begin{pmatrix} \cos\beta & -\sin\beta \\ \sin\beta & \cos\beta \end{pmatrix}$;

(3) $\begin{pmatrix} 2 & -1 & 3 & 0 \\ 1 & -2 & 3 & 1 \\ 2 & 3 & 0 & 1 \end{pmatrix} \cdot \begin{pmatrix} 2 & 1 & -2 \\ 3 & 1 & 2 \\ 5 & -1 & -3 \\ 2 & 1 & 3 \end{pmatrix} + \begin{pmatrix} 4 & 0 & -3 \\ 0 & 2 & -5 \\ 4 & -1 & -7 \end{pmatrix}$;

(4) $\begin{pmatrix} 1 & a & c \\ 0 & 1 & b \\ 0 & 0 & 1 \end{pmatrix}^k$, 其中 k 是任意正整数;

(5) $\begin{pmatrix} 0 & 1 & 0 & \cdots & 0 & 0 & 0 \\ 0 & 0 & 1 & \cdots & 0 & 0 & 0 \\ \vdots & \vdots & \vdots & & \vdots & \vdots & \vdots \\ 0 & 0 & 0 & \cdots & 0 & 1 & 0 \\ 0 & 0 & 0 & \cdots & 0 & 0 & 1 \\ 0 & 0 & 0 & \cdots & 0 & 0 & 0 \end{pmatrix}^k$, 其中 k 是任意正整数;

(6) $\begin{pmatrix} 0 & 0 & 0 & \cdots & 0 & 0 & 1 \\ 1 & 0 & 0 & \cdots & 0 & 0 & 0 \\ 0 & 1 & 0 & \cdots & 0 & 0 & 0 \\ 0 & 0 & 1 & \cdots & 0 & 0 & 0 \\ \vdots & \vdots & \vdots & & \vdots & \vdots & \vdots \\ 0 & 0 & 0 & \cdots & 1 & 0 & 0 \\ 0 & 0 & 0 & \cdots & 0 & 1 & 0 \end{pmatrix}^n$, 其中 n 是该矩阵的阶数.

(这个矩阵对应到 S_n 中的循环 $(n\ n-1\ \cdots 3\ 2\ 1)$).

3. 设 A 和 B 是 $m\times n$ 矩阵. 证明:

$$\operatorname{rank}(A+B)\leqslant \operatorname{rank}A+\operatorname{rank}B.$$

4. 对任意的 $m\times s$ 矩阵 A 和 $s\times n$ 矩阵 B, 证明:

$$\operatorname{rank}A+\operatorname{rank}B-s\leqslant \operatorname{rank}(AB).$$

5. 证明: 如果三个 n 阶方阵的乘积为 0, 那么它们的秩的和不超过 $2n$.

6. 证明: 如果 $m\times n$ 矩阵 A 的秩为 1, 则存在高为 m 的列向量 ($m\times 1$ 矩阵) B 和长为 n 的行向量 ($1\times n$ 矩阵) C 使得 $A=BC$.

7. 证明小节六中的矩阵加法和乘法的分块计算的正确性.

8. 设 A 是 $m\times n$ 矩阵, T 是 $s\times m$ 矩阵, S 是 $n\times t$ 矩阵. 利用矩阵的分块乘法证明: TA 的行向量都是 A 的行向量的线性组合, AS 的列向量都是 A 的列向量的线性组合. 由此得到定理 3.22 的证明的一个简单表述.

3.4 方　阵

行数与列数相同的矩阵称为**方阵**, 这个数称为方阵的阶, 即 $n\times n$ 矩阵称为 n 阶方阵. 同阶方阵之间可以相加, 相乘, 与纯量相乘, 这些运算满足结合律和分配律, 方阵做转置后还是同阶方阵, 这些特性使得方阵在矩阵理论和应用中都有着特别重要的位置. 全体 n 阶实 (数) 方阵的集合记作 $M_n(\mathbb{R})$ (或 M_n), 它上面的加法和乘法运算满足**环**的公理, 所以 $M_n(\mathbb{R})$ 是环. 由于纯量乘法满足

$$\lambda(AB)=(\lambda A)B=A(\lambda B),\qquad \lambda\in\mathbb{R},\ A,B\in M_n(\mathbb{R}), \tag{3.12}$$

集合 $M_n(\mathbb{R})$ 也称为 $\mathbb{R}$ 上的**代数**.

一　单位矩阵和纯量矩阵　对应到恒等映射 $e_{\mathbb{R}^n}:\mathbb{R}^n\to\mathbb{R}^n$ 的 n 阶方阵

$$E=\begin{pmatrix}1&0&0&\cdots&0&0\\0&1&0&\cdots&0&0\\0&0&1&\cdots&0&0\\\vdots&\vdots&\vdots&&\vdots&\vdots\\0&0&0&\cdots&1&0\\0&0&0&\cdots&0&1\end{pmatrix}$$

称为**单位矩阵**. 直接的计算或利用恒等映射的性质 (公式 (2.3)) 及公式 (3.9) 可知

$$EA = AE = A, \quad A \in M_n(\mathbb{R}).$$

利用公式 (3.12) 得

$$(\lambda E)A = \lambda(EA) = \lambda A = \lambda(AE) = A(\lambda E), \quad A \in M_n(\mathbb{R}). \tag{3.13}$$

由此可见, 矩阵 λE 在矩阵的乘法中和纯量 λ 的作用一样, 所以称为**纯量矩阵**, 常记作 $\mathrm{diag}_n(\lambda)$, 即

$$\mathrm{diag}_n(\lambda) = \lambda E = \begin{pmatrix} \lambda & 0 & 0 & \cdots & 0 & 0 \\ 0 & \lambda & 0 & \cdots & 0 & 0 \\ 0 & 0 & \lambda & \cdots & 0 & 0 \\ \vdots & \vdots & \vdots & & \vdots & \vdots \\ 0 & 0 & 0 & \cdots & \lambda & 0 \\ 0 & 0 & 0 & \cdots & 0 & \lambda \end{pmatrix}$$

等式 (3.13) 表明纯量矩阵 $\mathrm{diag}_n(\lambda)$ 与任意 $A \in M_n(\mathbb{R})$ 交换, 这个事实的逆也是成立的.

定理 3.23 在 $M_n(\mathbb{R})$ 中与所有矩阵可交换的矩阵是纯量矩阵.

证明 命 $E_{ij} \in M_n(\mathbb{R})$ 是在 (i,j) 处取值 1, 其他处取值 0 的矩阵, 那么任意 n 阶实数方阵都是 $E_{11}, E_{12}, \cdots, E_{1n}, E_{21}, \cdots, E_{nn}$ 的线性组合. 如果 $A = (a_{ij}) \in M_n(\mathbb{R})$ 与 $M_n(\mathbb{R})$ 中所有的矩阵交换, 那么 A 与所有的 E_{ij} 交换,

$$AE_{ij} = E_{ij}A, \quad i,j = 1,2,\cdots,n.$$

相乘, 得到等式

$$\underset{\text{第 } j \text{ 列}}{\begin{pmatrix} 0 & \cdots & 0 & a_{1i} & 0 & \cdots & 0 \\ 0 & \cdots & 0 & a_{2i} & 0 & \cdots & 0 \\ \vdots & & \vdots & \vdots & \vdots & & \vdots \\ 0 & \cdots & 0 & a_{ni} & 0 & \cdots & 0 \end{pmatrix}} = \begin{pmatrix} 0 & 0 & \cdots & 0 \\ \vdots & \vdots & & \vdots \\ 0 & 0 & \cdots & 0 \\ a_{j1} & a_{j2} & \cdots & a_{jn} \\ 0 & 0 & \cdots & 0 \\ \vdots & \vdots & & \vdots \\ 0 & 0 & \cdots & 0 \end{pmatrix} \text{第 } i \text{ 行}$$

上式左边只有第 j 列不为 0, 右边只有第 i 行不为 0, 比较两边矩阵在各处的值, 知 $a_{ki}=0$ 若 $k\neq i$, $a_{jl}=0$ 若 $l\neq j$, $a_{ii}=a_{jj}$. 所以 $A=a_{11}E$ 是纯量矩阵. □

二 可逆矩阵 由于矩阵与线性映射的对应关系, 可逆线性映射自然有相对应的矩阵. 称 $A\in M_n(\mathbb{R})$ 为**可逆矩阵**如果存在矩阵 $B\in M_n(\mathbb{R})$ 使得 $AB=BA=E$, 这时称 B 为 A 的**逆矩阵**, 记作 A^{-1}. 如果 A 可逆, 那么它的逆矩阵是唯一的：如果 $BA=E=AC$, 那么 $B=BE=B(AC)=(BA)C=EC=C$. 比较公式 (3.9) 知矩阵 A 可逆当且仅当 $\varphi_A:\mathbb{R}^n\to\mathbb{R}^n$ 是可逆线性映射, 如果 A 可逆, 那么 φ_A 的逆映射 $\varphi_{A^{-1}}$ 也是线性映射.

矩阵是否可逆取决于矩阵的秩.

定义 3.24 矩阵 $A\in M_n(\mathbb{R})$ 称为**非退化**的如果 $\mathrm{rank}A=n$, 即 A 的行向量 (或等价地列向量) 线性无关. 如果 $\mathrm{rank}A<n$, 则称 A 为**退化**的.

定理 3.25 矩阵 $A\in M_n(\mathbb{R})$ 是可逆的当且仅当它是非退化的.

证明 如果 A 可逆, 则存在 B 使得 $AB=E$. 由定理 3.22 知

$$n=\mathrm{rank}E=\mathrm{rank}AB\leqslant\min\{\mathrm{rank}A,\mathrm{rank}B\}\leqslant n.$$

所以 $\mathrm{rank}A=n$.

反之, 如果 $\mathrm{rank}A=n$, 那么 A 的列向量 $\mathcal{A}^1,\mathcal{A}^2,\cdots,\mathcal{A}^n$ 形成 $\mathbb{R}^n$ 的基, 所以 $\mathcal{E}^1=[1,0,0,\cdots,0,0]$, $\mathcal{E}^2=[0,1,0,\cdots,0,0],\cdots,\mathcal{E}^n=[0,0,0,\cdots,0,1]$ 都是 $\mathcal{A}^1,\mathcal{A}^2,\cdots,\mathcal{A}^n$ 的线性组合：

$$\mathcal{E}^j=b_{1j}\mathcal{A}^1+b_{2j}\mathcal{A}^2+\cdots+b_{nj}\mathcal{A}^n,\quad b_{1j},b_{2j},\cdots,b_{nj}\in\mathbb{R}. \tag{3.14}$$

等式 (3.14) 写成分量形式就是

$$a_{i1}b_{1j}+a_{i2}b_{2j}+\cdots+a_{in}b_{nj}=\delta_{ij},\quad 1\leqslant i,j\leqslant n. \tag{3.15}$$

命 $B=(b_{ij})\in M_n(\mathbb{R})$, 那么等式 (3.15) 说的是

$$AB=E.$$

根据 3.21, $\mathrm{rank}^tA=\mathrm{rank}A=n$. 所以存在 $C\in M_n(\mathbb{R})$ 使得 ${}^tAC=E$. 命 $D={}^tC$, 则

$$E={}^tE={}^t({}^tAC)={}^tC\cdot{}^t({}^tA)=DA.$$

于是 $B=EB=(DA)B=D(AB)=DE=D$. 所以 $B=A^{-1}$ 是 A 的逆. □

注记 可以把等式 (3.14) 写成更紧凑的形式: $\mathcal{E}^j=A\mathcal{B}^j$. 从而

$$E=(\mathcal{E}^1,\mathcal{E}^2,\cdots,\mathcal{E}^n)=(A\mathcal{B}^1,A\mathcal{B}^2,\cdots,A\mathcal{B}^n)=AB.$$

定理 3.25 有几个简单但有用的推论.

推论 3.26 如果 $A,B\in M_n(\mathbb{R})$ 且 $AB=E$ 或 $BA=E$, 则 A 可逆且 $B=A^{-1}$.

证明 由定理 3.25 的证明知 $\mathrm{rank}A=n$, 所以 A 可逆且

$$B=EB=(A^{-1}A)B=A^{-1}(AB)=A^{-1}E=A^{-1}$$

或

$$B=BE=B(AA^{-1})=(BA)A^{-1}=EA^{-1}=A^{-1}.$$ □

推论 3.27 如果 $A_1,A_2,\cdots,A_k$ 是可逆的 n 阶方阵, 则乘积 $A_1A_2\cdots A_{k-1}A_k$ 也是可逆的, 其逆为

$$(A_1A_2\cdots A_k)^{-1}=A_k^{-1}A_{k-1}^{-1}\cdots A_2^{-1}A_1^{-1}.$$

证明 命 $A=A_1A_2\cdots A_{k-1}A_k$, 那么

$$\begin{aligned}A(A_k^{-1}A_{k-1}^{-1}\cdots A_2^{-1}A_1^{-1})=&\ A_1A_2\cdots A_{k-1}(A_kA_k^{-1})A_{k-1}^{-1}\cdots A_2^{-1}A_1^{-1}\\=&\ A_1A_2\cdots(A_{k-1}A_{k-1}^{-1})\cdots A_2^{-1}A_1^{-1}=\cdots=A_1A_1^{-1}\\=&\ E.\end{aligned}$$

由推论 3.26 知 $A_1A_2\cdots A_{k-1}A_k$ 可逆, 其逆为所给的形式. □

推论 3.28 设 A 是 $m\times n$ 矩阵, B 和 C 分别是 m 阶和 n 阶可逆方阵, 那么

$$\mathrm{rank}BAC=\mathrm{rank}A.$$

证明 由于 $A=B^{-1}(BAC)C^{-1}$, 由定理 3.22 和定理 3.25 知

$$\mathrm{rank}A\leqslant\mathrm{rank}BAC\leqslant\mathrm{rank}AC\leqslant\mathrm{rank}A,$$

所以 $\mathrm{rank}BAC=\mathrm{rank}A$. □

三　一些计算　在进一步讨论前我们看一些矩阵计算的例子. 矩阵的乘法和求逆都是计算量很大的运算, 尤其是阶数较大时. 乘法的一个特殊情形是方阵的幂运算, 即便对于 2 阶方阵, 当幂次很高如 $\geqslant 100$ 时, 一般 2 阶方阵的直接求幂都是很不容易的. 但对一些简单的矩阵, 求幂是容易的.

例 3.29　如果

$$A=\operatorname{diag}(a_1,a_2,\cdots,a_n)=\begin{pmatrix} a_1 & 0 & \cdots & 0 \\ 0 & a_2 & \cdots & 0 \\ \vdots & \vdots & & \vdots \\ 0 & 0 & \cdots & a_n \end{pmatrix},$$

则

$$A^m=\operatorname{diag}(a_1^m,a_2^m,\cdots,a_n^m)=\begin{pmatrix} a_1^m & 0 & \cdots & 0 \\ 0 & a_2^m & \cdots & 0 \\ \vdots & \vdots & & \vdots \\ 0 & 0 & \cdots & a_n^m \end{pmatrix}.$$

例 3.30　如果

$$A=\begin{pmatrix} a & c \\ 0 & b \end{pmatrix},$$

对 m 做归纳法可知

$$A^m=\begin{pmatrix} a^m & c\dfrac{a^m-b^m}{a-b} \\ 0 & b^m \end{pmatrix},$$

此处

$$\frac{a^m-b^m}{a-b}=a^{m-1}+a^{m-2}b+\cdots+ab^{m-2}+b^{m-1}.$$

特别地, 若 $a=b$, 则有

$$\begin{pmatrix} a & c \\ 0 & b \end{pmatrix}^m=\begin{pmatrix} a^m & mca^{m-1} \\ 0 & b^m \end{pmatrix}.$$

如果 B 是可逆矩阵, A 是与 B 同阶的方阵, 那么

$$(BAB^{-1})^m=BAB^{-1}BAB^{-1}\cdots BAB^{-1}BAB^{-1}=BA^mB^{-1}. \tag{3.16}$$

这个等式对于计算矩阵的幂很有用. 下面的例 3.31 是饶有趣味的, 说明即便是 2 阶方阵, 也有出奇的应用.

例 3.31 设

$$A=\begin{pmatrix}0&1\\1&1\end{pmatrix},$$

对 m 做归纳法可知

$$A^m=\begin{pmatrix}f_{m-1}&f_m\\f_m&f_{m+1}\end{pmatrix},$$

其中整数 $f_0=0,\ f_1=1,\ f_2=1,\ f_3=2,\cdots$ 是斐波那契数列, 它们满足递归关系式

$$f_{m+1}=f_m+f_{m-1}.$$

设 $B=\begin{pmatrix}a&b\\c&d\end{pmatrix}$. 假设 $BAB^{-1}=\begin{pmatrix}\lambda_1&0\\0&\lambda_2\end{pmatrix}=\mathrm{diag}(\lambda_1,\lambda_2)$. 那么 $BA=\mathrm{diag}(\lambda_1,\lambda_2)B$. 由此得到 4 个方程, 且易见可以取

$$\lambda_1=\frac{1+\sqrt{5}}{2},\quad \lambda_2=\frac{1-\sqrt{5}}{2},\quad B=\begin{pmatrix}1&\lambda_1\\1&\lambda_2\end{pmatrix}.$$

于是

$$A^m=B^{-1}\begin{pmatrix}\lambda_1^m&0\\0&\lambda_2^m\end{pmatrix}B=\begin{pmatrix}-\dfrac{\lambda_2}{\sqrt{5}}&\dfrac{\lambda_1}{\sqrt{5}}\\\dfrac{1}{\sqrt{5}}&-\dfrac{1}{\sqrt{5}}\end{pmatrix}\begin{pmatrix}\lambda_1^m&\lambda_1^{m+1}\\\lambda_2^m&\lambda_2^{m+1}\end{pmatrix}.$$

从而

$$f_m=\frac{1}{\sqrt{5}}(\lambda_1^m-\lambda_2^m).$$

四 初等矩阵 有几类十分简单的矩阵称为初等矩阵, 它们可逆, 且与矩阵的行初等变换及列初等变换密切相关, 更确切地说, 对一个矩阵实施初等变换等于用初等矩阵乘 (以) 该矩阵. 初等矩阵有三类, 分别称为 I 型、II 型、III型初等矩阵.

命 E_{ij} 为在 (i,j) 处值为 1, 其余处值为 0 的 n 阶方阵. 对任意的 $1\leqslant s,\ t\leqslant n$, $\lambda\in\mathbb{R}$, 相应的 I 型, II 型, III型初等矩阵定义如下.

I 型初等矩阵 $F_{s,t}$ 单位矩阵的第 s 行与第 t 行交换, 等价的说法是, 单位矩阵第 s 列与第 t 列交换, 即

$$F_{s,t}=E-E_{ss}-E_{tt}+E_{st}+E_{ts}$$

$$
= \begin{pmatrix}
1 & & & & & & & & & \\
& \ddots & & & & & & & & \\
& & 1 & & & & & & & \\
& & & 0 & & \cdots & & 1 & & \\
& & & & 1 & & & & & \\
& & & \vdots & & \ddots & & \vdots & & \\
& & & & & & 1 & & & \\
& & & 1 & & \cdots & & 0 & & \\
& & & & & & & & 1 & \\
& & & & & & & & & \ddots \\
& & & & & & & & & & 1
\end{pmatrix}
\begin{matrix} \\ \\ \\ s\text{行} \\ \\ \\ \\ t\text{行} \\ \\ \\ \\ \end{matrix} .
$$

$$
\qquad\qquad\qquad s\text{列} \qquad\qquad\qquad t\text{列}
$$

II 型初等矩阵 $F_{s,t}(\lambda)$　单位矩阵的第 t 行的 λ 倍加到第 s 行, 等价的说法是, 单位矩阵第 s 列的 λ 倍加到第 t 列, 即

$$
F_{s,t}(\lambda) = E + \lambda E_{s,t}
$$

$$
= \begin{pmatrix}
1 & & & & & & \\
& \ddots & & & & & \\
& & 1 & \cdots & \lambda & & \\
& & & \ddots & \vdots & & \\
& & & & 1 & & \\
& & & & & \ddots & \\
& & & & & & 1
\end{pmatrix}
\begin{matrix} \\ \\ s\text{行} \\ \\ t\text{行} \\ \\ \\ \end{matrix} .
$$

$$
s\text{列} \qquad t\text{列}
$$

III 型初等矩阵 $F_s(\lambda)$ $(\lambda \neq 0)$　单位矩阵的第 s 行被乘以不为 0 的数 λ, 等价的说法是, 单位矩阵第 s 列被乘以不为 0 的数 λ, 即

$$
F_s(\lambda) = E + (\lambda - 1)E_{s,s}
$$

$$
= \begin{pmatrix}
1 & & & & & & \\
& \ddots & & & & & \\
& & 1 & & & & \\
& & & \lambda & & & \\
& & & & 1 & & \\
& & & & & \ddots & \\
& & & & & & 1
\end{pmatrix} . s\text{行}
$$

$$
s\text{列}
$$

以下结论是容易验证的.

引理 3.32 (1) 初等矩阵都是可逆的:

$$F_{s,t}^{-1} = F_{s,t}, \quad F_{s,t}(\lambda)^{-1} = F_{s,t}(-\lambda), \quad F_s(\lambda)^{-1} = F_s(\lambda^{-1}).$$

(2) 初等矩阵的转置都是初等矩阵:

$${}^tF_{s,t} = F_{s,t}, \quad {}^tF_{s,t}(\lambda) = F_{t,s}(\lambda), \quad {}^tF_s(\lambda) = F_s(\lambda).$$

(3) 设 A 是 $n \times p$ 矩阵, B 是 $q \times n$ 矩阵, 那么

(i) 把 A 的第 s 行与第 t 行交换 (I 型行初等变换) 得到的矩阵是 $F_{s,t}A$;

(ii) 把 B 的第 s 列与第 t 列交换 (I 型列初等变换) 得到的矩阵是 $BF_{s,t}$;

(iii) 把 A 的第 t 行的 λ 倍加到第 s 行 (II 型行初等变换) 得到的矩阵是 $F_{s,t}(\lambda)A$;

(iv) 把 B 的第 s 列的 λ 倍加到第 t 列 (II 型列初等变换) 得到的矩阵是 $BF_{s,t}(\lambda)$;

(v) 用非 0 的数 λ 乘以 A 的第 s 行 (III型行初等变换) 得到的矩阵是 $F_s(\lambda)A$;

(vi) 用非 0 的数 λ 乘以 B 的第 s 列 (III型列初等变换) 得到的矩阵是 $BF_s(\lambda)$.

现设 $A = (a_{ij})$ 是 $m \times n$ 阶方阵, 经过有限次 I 型和 II 型行初等变换, A 可以化成阶梯型:

$$A = \begin{pmatrix} 0 & \cdots & 0 & \bar{a}_{1i_1} & \cdots & \bar{a}_{1i_2} & \cdots & \bar{a}_{1i_3} & \cdots & \bar{a}_{1i_r} & \cdots & \bar{a}_{1n} \\ 0 & \cdots & 0 & 0 & \cdots & \bar{a}_{2i_2} & \cdots & \bar{a}_{2i_3} & \cdots & \bar{a}_{2i_r} & \cdots & \bar{a}_{2n} \\ 0 & \cdots & 0 & 0 & \cdots & 0 & \cdots & \bar{a}_{3i_3} & \cdots & \bar{a}_{3i_r} & \cdots & \bar{a}_{3n} \\ \vdots & & \vdots & \vdots & & \vdots & & \vdots & & \vdots & & \vdots \\ 0 & \cdots & 0 & 0 & \cdots & 0 & \cdots & 0 & \cdots & \bar{a}_{ri_r} & \cdots & \bar{a}_{rn} \\ 0 & \cdots & 0 & 0 & \cdots & 0 & \cdots & 0 & \cdots & 0 & \cdots & 0 \\ \vdots & & \vdots & \vdots & & \vdots & & \vdots & & \vdots & & \vdots \\ 0 & \cdots & 0 & 0 & \cdots & 0 & \cdots & 0 & \cdots & 0 & \cdots & 0 \end{pmatrix},$$

$\bar{a}_{1i_1}\bar{a}_{2i_2}a_{3i_3}\cdots\bar{a}_{ri_r} \neq 0$.

再经有限次 I 型和 II 型列初等变换后 (先把第 i_1 列的适当倍数加到其他列, 使得其他列第一个数都为 0; 再把第 i_2 列的适当倍数加到其他列, 使得其他列第二个

数都为 0; 如此下去, 最后把第 i_r 列的适当倍数加到其他列, 使得其他列第 r 个数都为 0; 然后再把第 i_1 列与第 1 列交换, 第 i_2 列与第 2 列交换, ……, 第 i_r 列与第 r 列交换), 上面这个矩阵进一步化成

$$A' = \begin{pmatrix} a_1 & & & & & & \\ & a_2 & & & 0 & & \\ & & \ddots & & & & \\ & & & a_r & & & \\ & 0 & & & 0 & & \\ & & & & & \ddots & \\ & & & & & & 0 \end{pmatrix} (a_1 a_2 \cdots a_r \neq 0)$$

$$= F_1(a_1)F_2(a_2)\cdots F_r(a_r) \begin{pmatrix} 1 & & & & & & \\ & 1 & & & 0 & & \\ & & \ddots & & & & \\ & & & 1 & & & \\ & 0 & & & 0 & & \\ & & & & & \ddots & \\ & & & & & & 0 \end{pmatrix}.$$

再实施 r 次III型初等变换, A' 就可以化成如下形式

$$\begin{pmatrix} I_r & 0 \\ 0 & 0 \end{pmatrix} \tag{3.17}$$

其中 I_r 记 r 阶单位矩阵, 三个 0 分别表示阶为 $r\times(n-r)$, $(m-r)\times r$, $(m-r)\times(n-r)$ 的零矩阵. 由于对矩阵实施行初等变换等于该矩阵左边乘以相应的初等矩阵, 实施列初等变换等于该矩阵右边乘以相应的初等矩阵, 以上的讨论说明存在 m 阶初等矩阵 $P_1, \cdots, P_c$ 和 n 阶初等矩阵 $Q_1, \cdots, Q_d$ 使得

$$P_c P_{c-1} \cdots P_1 A Q_1 Q_2 \cdots Q_d = \begin{pmatrix} I_r & 0 \\ 0 & 0 \end{pmatrix}.$$

如果 A 是可逆 n 阶方阵, 那么上式变成 $P_c P_{c-1} \cdots P_1 A Q_1 Q_2 \cdots Q_d = E$. 因为初等矩阵可逆, 从而有

$$A = P_1^{-1} \cdots P_{c-1}^{-1} \cdots P_c^{-1} Q_d^{-1} \cdots Q_2^{-1} Q_1^{-1}.$$

我们已经证明了如下结论.

定理 3.33　(1) 可逆矩阵是初等矩阵的乘积.

(2) 设 A 是 $m\times n$ 矩阵, $\text{rank}A=r$, 那么存在可逆 m 阶方阵 S 和可逆 n 阶方阵 T 使得

$$A=S\begin{pmatrix} I_r & 0 \\ 0 & 0 \end{pmatrix}T,$$

其中 I_r 记 r 阶单位矩阵, 三个 0 分别表示阶为 $r\times(n-r)$, $(m-r)\times r$, $(m-r)\times(n-r)$ 的零矩阵.

五　逆矩阵的计算　可逆矩阵是初等矩阵的乘积 (定理 3.33 (1)) 这一事实可以用于求非退化矩阵的逆. 如果 A 是非退化矩阵, 那么通过行初等变换就可以把 A 化成单位矩阵, 即有初等矩阵 $P_k, P_{k-1}, \cdots, P_1$ 使得

$$P_kP_{k-1}\cdots P_1A=E.$$

从而 $A^{-1}=P_kP_{k-1}\cdots P_1$. 这样 A^{-1} 可以看做对单位矩阵 E 实施系列行初等变换 $P_k, P_{k-1}, \cdots, P_1$ 得到, 这就得到求 A^{-1} 的有效方法: 同时对 A 和 E 做行初等变换, 把 A 变成 E 时, E 就变成了 A^{-1}:

$$(A|E)\xrightarrow{P_1}(P_1A|P_1E)\xrightarrow{P_2}\cdots\xrightarrow{P_k}(P_k\cdots P_2P_1A|P_k\cdots P_2P_1E)=(E|A^{-1}).$$

例 3.34　设 $a\neq b$, 求 $\begin{pmatrix} 1 & a \\ 1 & b \end{pmatrix}$ 的逆.

$$\left(\begin{array}{cc|cc} 1 & a & 1 & 0 \\ 1 & b & 0 & 1 \end{array}\right)\xrightarrow{F_{2,1}(-1)}\left(\begin{array}{cc|cc} 1 & a & 1 & 0 \\ 0 & b-a & -1 & 1 \end{array}\right)\xrightarrow{F_2\left(\frac{1}{b-a}\right)}$$

$$\left(\begin{array}{cc|cc} 1 & a & 1 & 0 \\ 0 & 1 & \dfrac{1}{a-b} & \dfrac{1}{b-a} \end{array}\right)\xrightarrow{F_{1,2}(-a)}\left(\begin{array}{cc|cc} 1 & 0 & \dfrac{b}{b-a} & \dfrac{a}{a-b} \\ 0 & 1 & \dfrac{1}{a-b} & \dfrac{1}{b-a} \end{array}\right)$$

如果实施的几个初等变换的结果与实施的顺序无关, 那么可以同时实施这些初等变换, 这样做书写更简便, 效率会更高.

例 3.35　求 $\begin{pmatrix} 1 & -1 & 1 & 1 \\ 1 & 1 & -1 & 1 \\ 1 & 1 & 1 & -1 \\ -1 & 1 & 1 & 1 \end{pmatrix}$ 的逆.

我们有

$$
\begin{aligned}
A=&\left(\begin{array}{rrrr|rrrr}
1 & -1 & 1 & 1 & 1 & 0 & 0 & 0\\
1 & 1 & -1 & 1 & 0 & 1 & 0 & 0\\
1 & 1 & 1 & -1 & 0 & 0 & 1 & 0\\
-1 & 1 & 1 & 1 & 0 & 0 & 0 & 1
\end{array}\right)\\
&\xrightarrow[F_{1,4}(1)]{F_{1,2}(1),F_{1,3}(1)}\left(\begin{array}{rrrr|rrrr}
2 & 2 & 2 & 2 & 1 & 1 & 1 & 1\\
1 & 1 & -1 & 1 & 0 & 1 & 0 & 0\\
1 & 1 & 1 & -1 & 0 & 0 & 1 & 0\\
-1 & 1 & 1 & 1 & 0 & 0 & 0 & 1
\end{array}\right)\\
&\xrightarrow{F_1\left(\frac{1}{2}\right)}\left(\begin{array}{rrrr|rrrr}
1 & 1 & 1 & 1 & \frac{1}{2} & \frac{1}{2} & \frac{1}{2} & \frac{1}{2}\\
1 & 1 & -1 & 1 & 0 & 1 & 0 & 0\\
1 & 1 & 1 & -1 & 0 & 0 & 1 & 0\\
-1 & 1 & 1 & 1 & 0 & 0 & 0 & 1
\end{array}\right)\\
&\xrightarrow[F_{4,1}(-1)]{F_{2,1}(-1),F_{3,1}(-1)}\left(\begin{array}{rrrr|rrrr}
1 & 1 & 1 & 1 & \frac{1}{2} & \frac{1}{2} & \frac{1}{2} & \frac{1}{2}\\
0 & 0 & -2 & 0 & -\frac{1}{2} & \frac{1}{2} & -\frac{1}{2} & -\frac{1}{2}\\
0 & 0 & 0 & -2 & -\frac{1}{2} & -\frac{1}{2} & \frac{1}{2} & -\frac{1}{2}\\
-2 & 0 & 0 & 0 & -\frac{1}{2} & -\frac{1}{2} & -\frac{1}{2} & \frac{1}{2}
\end{array}\right)\\
&\xrightarrow[F_4\left(-\frac{1}{2}\right)]{F_2\left(-\frac{1}{2}\right),F_3\left(-\frac{1}{2}\right)}\left(\begin{array}{rrrr|rrrr}
1 & 1 & 1 & 1 & \frac{1}{2} & \frac{1}{2} & \frac{1}{2} & \frac{1}{2}\\
0 & 0 & 1 & 0 & \frac{1}{4} & -\frac{1}{4} & \frac{1}{4} & \frac{1}{4}\\
0 & 0 & 0 & 1 & \frac{1}{4} & \frac{1}{4} & -\frac{1}{4} & \frac{1}{4}\\
1 & 0 & 0 & 0 & \frac{1}{4} & \frac{1}{4} & \frac{1}{4} & -\frac{1}{4}
\end{array}\right)\\
&\xrightarrow[F_{1,4}(-1)]{F_{1,2}(-1),F_{1,3}(-1)}\left(\begin{array}{rrrr|rrrr}
0 & 1 & 0 & 0 & -\frac{1}{4} & \frac{1}{4} & \frac{1}{4} & \frac{1}{4}\\
0 & 0 & 1 & 0 & \frac{1}{4} & -\frac{1}{4} & \frac{1}{4} & \frac{1}{4}\\
0 & 0 & 0 & 1 & \frac{1}{4} & \frac{1}{4} & -\frac{1}{4} & \frac{1}{4}\\
1 & 0 & 0 & 0 & \frac{1}{4} & \frac{1}{4} & \frac{1}{4} & -\frac{1}{4}
\end{array}\right)
\end{aligned}
$$

$$\xrightarrow[F_{3,4}]{F_{1,2}}\left(\begin{array}{cccc|cccc} 0 & 0 & 1 & 0 & \frac{1}{4} & -\frac{1}{4} & \frac{1}{4} & \frac{1}{4} \\ 0 & 1 & 0 & 0 & -\frac{1}{4} & \frac{1}{4} & \frac{1}{4} & \frac{1}{4} \\ 1 & 0 & 0 & 0 & \frac{1}{4} & \frac{1}{4} & \frac{1}{4} & -\frac{1}{4} \\ 0 & 0 & 0 & 1 & \frac{1}{4} & \frac{1}{4} & -\frac{1}{4} & \frac{1}{4} \end{array}\right)$$

$$\xrightarrow{F_{1,3}}\left(\begin{array}{cccc|cccc} 1 & 0 & 0 & 0 & \frac{1}{4} & \frac{1}{4} & \frac{1}{4} & -\frac{1}{4} \\ 0 & 1 & 0 & 0 & -\frac{1}{4} & \frac{1}{4} & \frac{1}{4} & \frac{1}{4} \\ 0 & 0 & 1 & 0 & \frac{1}{4} & -\frac{1}{4} & \frac{1}{4} & \frac{1}{4} \\ 0 & 0 & 0 & 1 & \frac{1}{4} & \frac{1}{4} & -\frac{1}{4} & \frac{1}{4} \end{array}\right).$$

所以

$$A^{-1}=\begin{pmatrix} \frac{1}{4} & \frac{1}{4} & \frac{1}{4} & -\frac{1}{4} \\ -\frac{1}{4} & \frac{1}{4} & \frac{1}{4} & \frac{1}{4} \\ \frac{1}{4} & -\frac{1}{4} & \frac{1}{4} & \frac{1}{4} \\ \frac{1}{4} & \frac{1}{4} & -\frac{1}{4} & \frac{1}{4} \end{pmatrix}=\frac{1}{4}\begin{pmatrix} 1 & 1 & 1 & -1 \\ -1 & 1 & 1 & 1 \\ 1 & -1 & 1 & 1 \\ 1 & 1 & -1 & 1 \end{pmatrix}.$$

有时, 简单的观察可以避免大量的计算, 如对上面的例子, 有 ${}^tAA=4E$, 所以 $A^{-1}=\dfrac{1}{4}{}^tA$.

习　题　3.4

1. 求下列矩阵的逆矩阵.

(1) $\begin{pmatrix} 1 & 2 & 3 & 4 \\ 2 & 3 & 1 & 2 \\ 1 & 1 & 1 & -1 \\ 1 & 0 & -2 & -6 \end{pmatrix}$; (2) $\begin{pmatrix} 1 & 1 & 0 & \cdots & 0 & 0 & 0 \\ 0 & 1 & 1 & \cdots & 0 & 0 & 0 \\ 0 & 0 & 1 & \cdots & 0 & 0 & 0 \\ \vdots & \vdots & \vdots & & \vdots & \vdots & \vdots \\ 0 & 0 & 0 & \cdots & 1 & 1 & 0 \\ 0 & 0 & 0 & \cdots & 0 & 1 & 1 \\ 0 & 0 & 0 & \cdots & 0 & 0 & 1 \end{pmatrix}$ (n 阶方阵).

2. 利用等式

$$\begin{pmatrix} 17 & -6 \\ 35 & -12 \end{pmatrix} = \begin{pmatrix} 2 & 3 \\ 5 & 7 \end{pmatrix} \begin{pmatrix} 2 & 0 \\ 0 & 3 \end{pmatrix} \begin{pmatrix} -7 & 3 \\ 5 & -2 \end{pmatrix}$$

计算

$$\begin{pmatrix} 17 & -6 \\ 35 & -12 \end{pmatrix}^6.$$

3. 验证: 如果 $ad-bc \neq 0$, 那么矩阵 $A = \begin{pmatrix} a & b \\ c & d \end{pmatrix}$ 的逆矩阵是 $\dfrac{1}{ad-bc}\begin{pmatrix} d & -b \\ -c & a \end{pmatrix}$. 如果 $ad-bc=0$, A 的逆矩阵是否存在?

4. 证明任意二阶方阵 $A = \begin{pmatrix} a & b \\ c & d \end{pmatrix}$ 满足关系式

$$A^2 = (a+d)A - (ad-bc)E.$$

如果 $ad-bc \neq 0$, 利用这个关系式求 A 的逆.

5. 证明如果有大于 2 的整数 m 使得 $\begin{pmatrix} a & b \\ c & d \end{pmatrix}^m = 0$, 则 $\begin{pmatrix} a & b \\ c & d \end{pmatrix}^2 = 0$.

6. 称方阵 A 是对称 (相应地, 斜对称) 的如果 ${}^tA = A$ (相应地, ${}^tA = -A$). 证明: 如果对称 (相应地, 斜对称) 矩阵 A 可逆, 那么其逆矩阵 A^{-1} 也是对称的 (相应地, 斜对称) .

7. 求下列方阵的逆矩阵:

$$\begin{pmatrix} A & B & C \\ 0 & D & G \\ 0 & 0 & F \end{pmatrix}, \quad \begin{pmatrix} 0 & 0 & A \\ 0 & D & B \\ F & G & C \end{pmatrix},$$

其中 A, D, F 是可逆方阵.

8. 设 A 和 B 是方阵. 证明如果 $E+AB$ 可逆, 那么 $E+BA$ 可逆.

9. 对同阶方阵 A 和 B, 其交换子定义为 $[A,B] = AB - BA$. 现设 C 也是同阶方阵. 证明

(1) $[A, BC] = [A,B]C + B[A,C]$;

(2) $[[A,B],C] + [[B,C],A] + [[C,A],B] = 0$.

3.5 线性方程组的解空间

一 矩阵和向量空间的语言对于讨论线性方程组的解是很方便的. 利用矩阵的乘法, 线性方程组可以很简洁写出:

$$AX = B,$$

其中 A 是系数矩阵, $X = [x_1, \cdots, x_n]$ 是未知元列向量, $B = [b_1, \cdots, b_n]$ 是常数项列向量. 如果 A 是非退化方阵, 那么 $A^{-1}AX = A^{-1}B$, 从而方程组有唯一的解

$$X = A^{-1}B.$$

解的这种简单明了的表达式虽然对于实际的计算意义不大, 但具有美感, 且对理论的探讨是很方便的.

我们已经知道 (定理 1.9(3)), 如果列向量 $a = [a_1, a_2, \cdots, a_n] \in \mathbb{R}^n$ 是方程 $AX = B$ 的解, $\xi \in \mathbb{R}^n$ 是方程 $AX = 0$ 的解, 那么 $a + \xi$ 也是方程 $AX = B$ 的解; 若 $b \in \mathbb{R}^n$ 也是方程 $AX = B$ 的解, 那么 $a - b$ 是方程 $AX = 0$ 的解. 所以, 齐次线性方程组的解与一般线性方程组的解有密切的关系.

对于齐次线性方程组, 易见其解集是一个向量空间的线性子空间 (定理 1.9(1)), 称为方程组的**解空间**.

定理 3.36 设 A 是 $m \times n$ 矩阵, $X = [x_1, \cdots, x_n]$ 是未知元列向量, $AX = 0$ 的解空间 S 的维数与 A 的秩有如下的联系:

$$\dim S + \operatorname{rank} A = n.$$

证明 设$\operatorname{rank} A = r$, $\dim S = s$. 命 $\xi_1, \cdots, \xi_s$ 为 S 的一个基. 根据定理 3.8 (2), 它可以扩充成列向量空间 $\mathbb{R}^n$ 的基 $\xi_1, \cdots, \xi_s, \xi_{s+1}, \cdots, \xi_n$. 对任意的线性组合 $\eta = a_1\xi_1 + \cdots + a_n\xi_n \in \mathbb{R}^n$,

$$A\eta = a_{s+1}A\xi_{s+1} + \cdots + a_nA\xi_n.$$

注意 A 的列向量空间 $V_c(A) = \langle \mathcal{A}^1, \cdots, \mathcal{A}^n \rangle \subset \mathbb{R}^m$ 与线性子空间 $\langle A\eta \mid \eta \in \mathbb{R}^n \rangle$ 是一致的, 所以 $V_c(A)$ 由 $n - s$ 个向量 $A\xi_{s+1}, \cdots, A\xi_n$ 张成, 从而维数不超过 $n - s$, 即 $\operatorname{rank} A \leqslant n - s$.

如果 $A\xi_{s+1},\cdots,A\xi_n$ 线性相关, 那么存在不全为零的数 $b_{s+1},\cdots,b_n$ 使得 $b_{s+1}A\xi_{s+1}+\cdots+b_nA\xi_n=0$, 即 $A(b_{s+1}\xi_{s+1}+\cdots+b_n\xi_n)=0$. 所以 $b_{s+1}\xi_{s+1}+\cdots+b_n\xi_n\in S$ 是 $\xi_1,\cdots,\xi_s$ 的线性组合, 这与假设 $\xi_1,\cdots,\xi_s,\xi_{s+1},\cdots,x_n$ 是 $\mathbb{R}^n$ 的基矛盾. 所以 $A\xi_{s+1},\cdots,A\xi_n$ 线性无关, $\operatorname{rank} A=n-s$. □

对一个线性映射 $\varphi:\mathbb{R}^n\to\mathbb{R}^m$, 其**核**定义为

$$\ker\varphi=\{X\in\mathbb{R}^n\,|\,\varphi(X)=0\}.$$

易见, 方程 $AX=0$ 的解空间 $S=\ker\varphi_A$, 而矩阵 A 的列空间 $V_c=\operatorname{im}\varphi_A$.

二　解空间的基础解系　线性方程组 $AX=0$ 的解空间的任意一个基都称为方程组的一个**基础解系**. 求基础解系的有效方法还是把方程组化成阶梯型. 设 $\operatorname{rank} A=r$, 列向量 $\mathcal{A}^{i_1},\cdots,\mathcal{A}^{i_r}$ 线性无关.

做未知元替换 $y_1=x_{i_1}$, $y_2=x_{i_2}$, $\cdots$, $y_r=x_{i_r}$, 以任意方式用未知元 $y_{r+1},\cdots,y_n$ 代替剩下的未知元 x_j, $j\neq i_1,\cdots,i_r$. 那么原方程 $AX=0$ 变成 $BY=0$, 其中 B 是 A 通过 I 型列初等变换得到, 即 $\mathcal{B}^i=\mathcal{A}^j$ 如果 $y_i=x_j$. 通过行变换, 矩阵 B 可以化成如下形式

$$B'=\begin{pmatrix} I_r & B_1\\ 0 & 0\end{pmatrix},$$

其中 I_r 是 r 阶单位矩阵, B_1 是 $r\times(n-r)$ 矩阵. 于是方程组 $BY=0$ 等价于方程组 $B'Y=0$. 对自由变量取值

$$y_{r+1}=0,\ \cdots,\ y_{r+k}=1,\ \cdots,\ y_n=0,$$

通过方程组 $B'Y=0$ 可以解得 $BY=0$ 的一个解 ξ_k. 易见, $\xi_1,\cdots,\xi_{n-r}$ 构成方程组 $BY=0$ 的解空间的基础解系, 有时也称这个基础解系为**规范基础解系**. 把 y_i 都换回 x_j, 就得到 $AX=0$ 的基础解系.

习　题　3.5

1. 对下面的线性方程组求一个基础解系:

$$\begin{cases} x_1+x_2+x_3+x_4+x_5=0,\\ 3x_1+2x_2+x_3+x_4-3x_5=0,\\ x_2+2x_3+2x_4+6x_5=0,\\ 5x_1+4x_2+3x_3+3x_4-x_5=0.\end{cases}$$

第 4 章 行 列 式

在第 1 章我们看到解线性方程组产生了 (低阶) 行列式, 但行列式在几何中也是自然出现的, 所以行列式的用途很广泛, 对于矩阵的讨论也是有力的工具.

4.1 行列式: 构造和基本性质

一 平行六面体的体积与行列式 行向量空间 $\mathbb{R}^n$ 中的 n 个向量 $\mathcal{A}_1, \cdots, \mathcal{A}_n$ 构建了**平行六面体**

$$\Delta = \{x_1\mathcal{A}_1 + \cdots + x_n\mathcal{A}_n \mid 0 \leqslant x_i \leqslant 1, i = 1, \cdots, n\}.$$

我们想求出这个平行六面体的体积 (在 1 维和 2 维的情形分别是线段和平行四边形及其长度和面积, 但我们统一称为平行六面体和体积), 它与矩阵 $A = [\mathcal{A}_1, \mathcal{A}_2, \cdots, \mathcal{A}_n]$ 的行列式密切相关.

在 $n = 1$ 时, Δ 是线段, 其长度是向量 $\mathcal{A}_1$ 的坐标的绝对值. 在 $n = 2$ 时, Δ 是平行四边形, 可以证明其面积是矩阵 $A = [\mathcal{A}_1, \mathcal{A}_2]$ 的行列式的绝对值. 在 $n = 3$ 时, Δ 是平行六面体, 同样可以证明其体积是矩阵 $A = [\mathcal{A}_1, \mathcal{A}_2, \mathcal{A}_3]$ 的行列式的绝对值. 在 $n = 1$ 时, 线段很容易赋予方向成为向量, 长度只是向量坐标的绝对值. 在 $n > 1$ 的情形, 如果恰当定义平行六面体的方向, 那么就可以定义有向体积, 从而平行六面体的体积是有向体积的绝对值. 我们将会看到有向体积具有更好的性质, 它是向量 $\mathcal{A}_1, \cdots, \mathcal{A}_n$ 的多重线性函数, 具有斜对称性.

平行六面体 Δ 称为**非退化的**如果它不落在一个 $n-1$ 维的线性子空间内, 即向量 $\mathcal{A}_1, \cdots, \mathcal{A}_n$ 是线性无关的. 非退化的平行六面体的定向有正和负两种, 依赖向量 $\mathcal{A}_1, \cdots, \mathcal{A}_n$ 的顺序, 所以常把 Δ 记作 $\Delta(\mathcal{A}_1, \cdots, \mathcal{A}_n)$. 称 Δ 为**正向**的如果它能连续非退化地变形到标准的平行六面体 $\Delta(E_1, \cdots, E_n)$, 其中 $E_i \in \mathbb{R}^n$ 的第 i 个分量为 1, 其余分量为 0. 所谓连续非退化地变形是指存在 n 个连续映射 $\xi_1, \cdots, \xi_n : [0, 1] \to \mathbb{R}^n$ 使得 $\xi_i(0) = \mathcal{A}_i$, $\xi_i(1) = E_i$, $i = 1, 2, \cdots, n$, 且对于任意的 $0 < t < 1$, $\Delta(\xi_1(t), \cdots, \xi_n(t))$ 是非退化的平行六面体. 称非退化的平行六面体 Δ 为**负向**的如果它不是正向的.

对于定向的非退化平行六面体 Δ, 根据其定向的正负, 定义 $o(\Delta)=1$ 或 -1. 对退化的平行六面体, 定义 $o(\Delta)=0$. 平行六面体 Δ 有 n 个底面

$$\Delta_i=\{x_1\mathcal{A}_1+\cdots+x_n\mathcal{A}_n\in\Delta\mid x_i=0\}.$$

由初等几何的定义知 Δ 的体积由下列公式给出

$$V_\Delta=\text{底面体积}\cdot\text{高},$$

此处底面可以是那 n 个底面中的任一个, 高为不在底面的任一个顶点到底面所在超平面的距离. 它的**有向体积**定义为

$$OV_\Delta=o(\Delta)V_\Delta.$$

平行六面体的有向体积可以看做相关向量 $\mathcal{A}_1,\cdots,\mathcal{A}_n$ 的函数. 为明确相关向量的顺序对有向体积的重要性, **我们将用 $D[\mathcal{A}_1,\cdots,\mathcal{A}_n]$ 记定向平行六面体 $\Delta=\Delta(\mathcal{A}_1,\cdots,\mathcal{A}_n)$ 的有向体积 OV_Δ.** 首先证明:

(D1) 有向体积 $D[\mathcal{A}_1,\cdots,\mathcal{A}_n]$ 是向量 $\mathcal{A}_1,\cdots,\mathcal{A}_n$ 的多重线性函数, 即如果固定 $\mathcal{A}_k$, $k\neq i$, 那么 $D[\mathcal{A}_1,\cdots,\mathcal{A}_n]$ 是 $\mathcal{A}_i$ 的线性函数. 换句话说, 如果 $\mathcal{A}_i=\lambda\mathcal{A}_i'+\mu\mathcal{A}_i''$, $\lambda,\mu\in\mathbb{R}$, $\mathcal{A}_i'$, $\mathcal{A}_i''\in\mathbb{R}^n$, 那么

$$\begin{aligned}D[\mathcal{A}_1,\cdots,\mathcal{A}_n]=&\lambda D[\mathcal{A}_1,\cdots,\mathcal{A}_{i-1},\mathcal{A}_i',\mathcal{A}_{i+1},\cdots,\mathcal{A}_n]\\&+\mu D[\mathcal{A}_1,\cdots,\mathcal{A}_{i-1},\mathcal{A}_i'',\mathcal{A}_{i+1},\cdots,\mathcal{A}_n].\end{aligned}$$

以 V_i 记底面 Δ_i 的体积, h_i 对应这个底面的高, 那么 $\alpha_i=o(\Delta)h_i$ 就是带符号的高, 因为 $\mathcal{A}_i$ 在底面 Δ_i 的一侧, $o(\Delta)$ 有一个符号, 在另一侧, 则 $o(\Delta)$ 是另一种符号. 取 $\mathbb{R}^n$ 的直角坐标系使得第一个轴垂直底面 Δ_i, 其他轴落在含底面的 $n-1$ 维线性子空间内. 那么在新坐标系下 $\mathcal{A}_i$ 的第一个坐标就是 $\mathcal{A}_i$ 到其他轴张成的超平面的带符号的距离, 它是 $\mathcal{A}_i$ 的线性函数, 所以 α_i 是 $\mathcal{A}_i$ 的线性函数. 于是如果固定 $\mathcal{A}_k$, $k\neq i$, 那么 $D[\mathcal{A}_1,\cdots,\mathcal{A}_n]$ 是 $\mathcal{A}_i$ 的线性函数. □

如果 $\mathcal{A}_1,\cdots,\mathcal{A}_n$ 线性相关, 那么某一个 $\mathcal{A}_i$ 是其余 $n-1$ 个向量的线性组合, 从而 $\mathcal{A}_i$ 落在底面 Δ_i 所在的平面, 所以相应的高为 0, 于是平行六面体的体积为 0. 我们已经证明了如下的结论:

(D2) 如果向量组 $\mathcal{A}_1,\cdots,\mathcal{A}_n\in\mathbb{R}^n$ 线性相关, 那么它们构建的定向平行六面体 Δ 的有向体积 $D[\mathcal{A}_1,\cdots,\mathcal{A}_n]$ 为 0. 特别地, 如果向量组中有两个向量相同, 那么 $D[\mathcal{A}_1,\cdots,\mathcal{A}_n]=0$.

从性质 (D1) 和 (D2) 可以知道有向体积的作为向量的函数有如下斜对称性.

(D2′) 交换 $\mathcal{A}_1, \cdots, \mathcal{A}_n \in \mathbb{R}^n$ 中两个向量的位置导致相应的有向体积改变符号, 即

$$D[\mathcal{A}_1, \cdots, \mathcal{A}_i, \cdots, \mathcal{A}_j, \cdots, \mathcal{A}_n] = -D[\mathcal{A}_1, \cdots, \mathcal{A}_j, \cdots, \mathcal{A}_i, \cdots, \mathcal{A}_n].$$

证明　由 (D2) 知

$$D[\mathcal{A}_1, \cdots, \mathcal{A}_i + \mathcal{A}_j, \cdots, \mathcal{A}_i + \mathcal{A}_j, \cdots, \mathcal{A}_n] = 0.$$

利用 (D1), 上式变成

$$\begin{aligned} &D[\mathcal{A}_1, \cdots, \mathcal{A}_i, \cdots, \mathcal{A}_i, \cdots, \mathcal{A}_n] + D[\mathcal{A}_1, \cdots, \mathcal{A}_i, \cdots, \mathcal{A}_j, \cdots, \mathcal{A}_n] \\ &\quad + D[\mathcal{A}_1, \cdots, \mathcal{A}_j, \cdots, \mathcal{A}_i, \cdots, \mathcal{A}_n] + D[\mathcal{A}_1, \cdots, \mathcal{A}_j, \cdots, \mathcal{A}_j, \cdots, \mathcal{A}_n] = 0. \end{aligned}$$

再利用 (D2) 知我们要的结论成立. □

如果 $\mathcal{A}_i = E_i$, $i = 1, 2, \cdots, n$, 那么它们构建的平行六面体的体积为 1, 其有向体积也是 1, 即

(D3) 平行六面体 $\Delta(E_1, E_2, \cdots, E_n)$ 的有向体积 $D(E_1, E_2, \cdots, E_n) = 1$.

利用有向体积的性质 (D1), (D2), (D2′), (D3), 我们证明如下的定理.

定理 4.1　行向量空间 $\mathbb{R}^n$ 的向量 $\mathcal{A}_1, \cdots, \mathcal{A}_n$ 构建的定向平行六面体 $\Delta(\mathcal{A}_1, \cdots, \mathcal{A}_n)$ 的有向体积由如下公式给出

$$D[\mathcal{A}_1, \cdots, \mathcal{A}_n] = \sum_{\sigma \in S_n} \varepsilon_\sigma a_{1\sigma(1)} a_{2\sigma(2)} \cdots a_{n\sigma(n)},$$

其中 a_{ij} 是向量 $\mathcal{A}_i$ 的第 j 个分量, S_n 是集合 $\{1, 2, \cdots, n\}$ 的置换全体, ε_σ 是置换 σ 的符号.

证明　由于 $\mathcal{A}_i = a_{i1}E_1 + a_{i2}E_2 + \cdots + a_{in}E_n$, 由性质 (D1) 知

$$D[\mathcal{A}_1, \cdots, \mathcal{A}_n] = \sum_{1 \leqslant i_1, i_2, \cdots, i_n \leqslant n} a_{1i_1} a_{2i_2} \cdots a_{ni_n} D[E_{i_1}, \cdots, E_{i_n}]. \tag{4.1}$$

根据性质 (D2), 如果序列 $i_1, i_2, \cdots, i_n$ 中有两个数相等, 那么 $D[E_{i_1}, \cdots, E_{i_n}] = 0$. 当序列 $i_1, i_2, \cdots, i_n$ 中的数互不相等时, 映射 $j \to i_j$ 是集合 $\{1, 2, \cdots, n\}$ 的置换, 记作 σ, 从而 $i_j = \sigma(j)$. 于是 (4.1) 成为

$$D[\mathcal{A}_1, \cdots, \mathcal{A}_n] = \sum_{\sigma \in S_n} a_{1\sigma(1)} a_{2\sigma(2)} \cdots a_{n\sigma(n)} D[E_{\sigma(1)}, \cdots, E_{\sigma(n)}]. \tag{4.2}$$

假设 σ 是 k 个对换的乘积, 那么经过 k 次交换两个向量的位置的变换, 序列 $E_1,\cdots,E_n$ 可以变成序列 $E_{\sigma(1)},\cdots,E_{\sigma(n)}$. 由 (D2′) 得

$$D[E_{\sigma(1)},\cdots,E_{\sigma(n)}]=\varepsilon_\sigma D(E_1,\cdots,E_n)=\varepsilon_\sigma,$$

代入 (4.2) 便知定理成立. □

定义 4.2 n 阶方阵 $A=(a_{ij})$ 的**行列式**定义为

$$\det A=\begin{vmatrix} a_{11} & \cdots & a_{1n} \\ \vdots & & \vdots \\ a_{n1} & \cdots & a_{nn} \end{vmatrix}=\sum_{\sigma\in S_n}\varepsilon_\sigma a_{1\sigma(1)}a_{2\sigma(2)}\cdots a_{n\sigma(n)}. \tag{4.3}$$

从定义可以直接验证单位矩阵 $E=[E_1,\cdots,E_n]$ 的行列式 $\det E=1$.

二 行列式的若干性质 前面的讨论表明方阵 A 的行列式是 A 的行向量 $\mathcal{A}_1,\cdots,\mathcal{A}_n$ 构建的定向平行六面体的有向体积, 从而具有性质 (D1), (D2), (D2′), (D3). 这些性质是基本的, 从这些性质可以进一步推出若干有用的性质. 列向量空间里同样可以构建定向平行六面体, 在列向量空间中 ${}^t\mathcal{A}_1,\cdots,{}^t\mathcal{A}_n$ 构建的定向平行六面体的有向体积应该和 $\mathcal{A}_1,\cdots,\mathcal{A}_n$ 构建的定向平行六面体的有向体积相同. 这一直观的想法带来下面的结论.

定理 4.3 方阵 A 的行列式与其转置 ${}^tA$ 的行列式相等:

$$\det A=\det {}^tA.$$

证明 设 $A=(a_{ij})$ 是 n 阶方阵, ${}^tA=(b_{ij})$, 那么 $b_{ij}=a_{ji}$. 对任意置换 $\sigma\in S_n$ 和元素 $k\in\{1,2,\cdots,n\}$, 有 $k=\sigma^{-1}(\sigma(k))$, $\varepsilon_\sigma=\varepsilon_{\sigma^{-1}}$, 于是

$$\begin{aligned}\varepsilon_\sigma a_{1\sigma(1)}a_{2\sigma(2)}\cdots a_{n\sigma(n)}&=\varepsilon_\sigma a_{\sigma^{-1}(\sigma(1)),\sigma(1)}a_{\sigma^{-1}(\sigma(2)),\sigma(2)}\cdots a_{\sigma^{-1}(\sigma(n)),\sigma(n)}\\&=\varepsilon_\sigma a_{\sigma^{-1}(1),1}a_{\sigma^{-1}(2),2}\cdots a_{\sigma^{-1}(n),n}\\&=\varepsilon_{\sigma^{-1}}b_{1\sigma^{-1}(1)}b_{2\sigma^{-1}(2)}\cdots b_{n\sigma^{-1}(n)},\end{aligned}$$

所以

$$\begin{aligned}\det A&=\sum_{\sigma\in S_n}\varepsilon_\sigma a_{1\sigma(1)}a_{2\sigma(2)}\cdots a_{n\sigma(n)}\\&=\sum_{\sigma\in S_n}\varepsilon_{\sigma^{-1}}b_{1\sigma^{-1}(1)}b_{2\sigma^{-1}(2)}\cdots b_{n\sigma^{-1}(n)}\\&=\sum_{\sigma\in S_n}\varepsilon_\sigma b_{1\sigma(1)}b_{2\sigma(2)}\cdots b_{n\sigma(n)}.\end{aligned}$$

□

推论 4.4 $\det A = \sum_{\sigma \in S_n} \varepsilon_\sigma a_{1\sigma(1)} a_{2\sigma(2)} \cdots a_{n\sigma(n)} = \sum_{\sigma \in S_n} \varepsilon_\sigma a_{\sigma(1)1} a_{\sigma(2)2} \cdots a_{\sigma(n)n}$.

行列式是方阵的函数, 也是方阵的行向量的函数、方阵的列向量的函数, 这些观点对行列式的讨论和计算都是重要的. 行列式作为方阵的行向量的函数, 有性质 (D1), (D2), (D2′), (D3). 根据定理 4.3, 行列式作为方阵的列向量的函数有类似的性质, 即是列向量的多重线性函数, 有斜对称性, 在单位矩阵的值为 1. 从这些性质可以推出方阵的初等变换对其行列式的值的影响.

(D4) I 型初等行变换和 I 型初等列变换改变行列式的符号, 即

$$\det[\mathcal{A}_1, \cdots, \mathcal{A}_i, \cdots, \mathcal{A}_j, \cdots, \mathcal{A}_n] = -\det[\mathcal{A}_1, \cdots, \mathcal{A}_j, \cdots, \mathcal{A}_i, \cdots, \mathcal{A}_n],$$

$$\det(\mathcal{A}^1, \cdots, \mathcal{A}^i, \cdots, \mathcal{A}^j, \cdots, \mathcal{A}^n) = -\det(\mathcal{A}^1, \cdots, \mathcal{A}^j, \cdots, \mathcal{A}^i, \cdots, \mathcal{A}^n).$$

(D5) II 型初等行变换和 II 型初等列变换不改变行列式的值, 即

$$\det[\mathcal{A}_1, \cdots, \mathcal{A}_i, \cdots, \mathcal{A}_j, \cdots, \mathcal{A}_n] = \det[\mathcal{A}_1, \cdots, \mathcal{A}_i, \cdots, \mathcal{A}_j + \lambda\mathcal{A}_i, \cdots, \mathcal{A}_n],$$

$$\det(\mathcal{A}^1, \cdots, \mathcal{A}^i, \cdots, \mathcal{A}^j, \cdots, \mathcal{A}^n) = \det(\mathcal{A}^1, \cdots, \mathcal{A}^i, \cdots, \mathcal{A}^j + \lambda\mathcal{A}^i, \cdots, \mathcal{A}^n).$$

(D6) 把某一行或某一列乘一个非 0 数 λ (III型初等行变换和III型初等列变换), 变换后的方阵的行列式等于 λ 乘以原来方阵的行列式, 即

$$\det[\mathcal{A}_1, \cdots, \lambda\mathcal{A}_i, \cdots, \mathcal{A}_n] = \lambda \det[\mathcal{A}_1, \cdots, \mathcal{A}_i, \cdots, \mathcal{A}_n],$$

$$\det(\mathcal{A}^1, \cdots, \lambda\mathcal{A}^i, \cdots, \mathcal{A}^n) = \lambda \det(\mathcal{A}^1, \cdots, \mathcal{A}^i, \cdots, \mathcal{A}^n).$$

这些性质的证明都是容易的. (D4) 关于行变换的断言就是 (D2′), 关于列变换的断言从 (D2′) 和定理 4.3 推出. (D5) 关于行变换的断言从 (D1) 和 (D2) 推出, 关于列变换的结论由相应行变换的结论和定理 4.3 推出. (D6) 关于行变换的结论是 (D1) 的一个特例, 关于列变换的结论由相应行变换的结论和定理 4.3 推出.

以上性质 (D4—D6) 在行列式的计算中是经常用到的, 因为通过行和列的初等变换可以把方阵化成上 (下) 三角矩阵甚至对角矩阵, 而三角矩阵的行列式的计算是简单的.

命题 4.5 三角矩阵的行列式的值等于矩阵的对角线上所有的值的乘积, 即

$$\begin{vmatrix} a_{11} & a_{12} & a_{13} & \cdots & a_{1n} \\ 0 & a_{22} & a_{23} & \cdots & a_{2n} \\ 0 & 0 & a_{33} & \cdots & a_{3n} \\ \vdots & \vdots & \vdots & & \vdots \\ 0 & 0 & \cdots & \cdots & a_{nn} \end{vmatrix} = \begin{vmatrix} a_{11} & 0 & 0 & \cdots & 0 \\ a_{21} & a_{22} & 0 & \cdots & 0 \\ a_{31} & a_{32} & a_{33} & \cdots & 0 \\ \vdots & \vdots & \vdots & & \vdots \\ a_{n1} & a_{n2} & \cdots & \cdots & a_{nn} \end{vmatrix} = a_{11}a_{22}\cdots a_{nn}.$$

证明 根据定理 4.3, 仅需对上三角矩阵证明结论. 对最后一行应用性质 (D6), 得

$$\begin{vmatrix} a_{11} & a_{12} & a_{13} & \cdots & a_{1n} \\ 0 & a_{22} & a_{23} & \cdots & a_{2n} \\ 0 & 0 & a_{33} & \cdots & a_{3n} \\ \vdots & \vdots & \vdots & & \vdots \\ 0 & 0 & \cdots & \cdots & a_{nn} \end{vmatrix} = a_{nn} \begin{vmatrix} a_{11} & a_{12} & a_{13} & \cdots & a_{1n} \\ 0 & a_{22} & a_{23} & \cdots & a_{2n} \\ 0 & 0 & a_{33} & \cdots & a_{3n} \\ \vdots & \vdots & \vdots & & \vdots \\ 0 & 0 & \cdots & \cdots & 1 \end{vmatrix}.$$

对上式右边, 实施 II 型初等行变换：把第 n 行的 $-a_{in}$ 倍加到第 i 行, 得到的行列式的最后一列的前面 $n-1$ 的值全为 0. 根据性质 (D5), 得

$$\begin{vmatrix} a_{11} & a_{12} & a_{13} & \cdots & a_{1n} \\ 0 & a_{22} & a_{23} & \cdots & a_{2n} \\ 0 & 0 & a_{33} & \cdots & a_{3n} \\ \vdots & \vdots & \vdots & & \vdots \\ 0 & 0 & \cdots & \cdots & a_{nn} \end{vmatrix} = a_{nn} \begin{vmatrix} a_{11} & a_{12} & \cdots & a_{1,n-1} & 0 \\ 0 & a_{22} & \cdots & a_{2,n-1} & 0 \\ \vdots & \vdots & & \vdots & \vdots \\ 0 & 0 & \cdots & a_{n-1,n-1} & 0 \\ 0 & 0 & \cdots & 0 & 1 \end{vmatrix}.$$

对上式的右边的第 $n-1$ 行应用性质 (D6) 提出因子 $a_{n-1,n-1}$, 再把第 $n-1$ 行的 $-a_{i,n-1}$ 倍加到第 i 行, 得到的行列式的第 $n-1$ 列的值在对角线处为 1, 其余处为 0. 如此下去, 依次对第 $n-2$ 行, 第 $n-3$ 行, $\cdots$, 第 1 行实施同样的提取因子和 II 型初等行变换, 交替应用性质 (D6) 和 (D5), 结果得

$$\begin{vmatrix} a_{11} & a_{12} & a_{13} & \cdots & a_{1n} \\ 0 & a_{22} & a_{23} & \cdots & a_{2n} \\ 0 & 0 & a_{33} & \cdots & a_{3n} \\ \vdots & \vdots & \vdots & & \vdots \\ 0 & 0 & \cdots & \cdots & a_{nn} \end{vmatrix} = a_{nn}a_{n-1,n-1}\cdots a_{11} \begin{vmatrix} 1 & 0 & \cdots & 0 & 0 \\ 0 & 1 & \cdots & 0 & 0 \\ \vdots & \vdots & & \vdots & \vdots \\ 0 & 0 & \cdots & 1 & 0 \\ 0 & 0 & \cdots & 0 & 1 \end{vmatrix}$$

$$= a_{11}a_{22}\cdots a_{nn}.$$

□

此命题也可以直接用定义 4.2 证明. 直接用行列式的定义还可以证明如下的结论.

命题 4.6 如果 $A=\begin{pmatrix} a_{11} & a_{12} & \cdots & a_{1n} \\ 0 & a_{22} & \cdots & a_{2n} \\ \vdots & \vdots & & \vdots \\ 0 & a_{n2} & \cdots & a_{nn} \end{pmatrix}$, 则 $\det A=a_{11}\begin{vmatrix} a_{22} & \cdots & a_{2n} \\ \vdots & & \vdots \\ a_{n2} & \cdots & a_{nn} \end{vmatrix}$.

证明

$$\begin{aligned}\det A &= \sum_{\sigma\in S_n}\varepsilon_\sigma a_{\sigma(1)1}\cdots a_{\sigma(n)n}\\ &= \sum_{\sigma\in S_n,\sigma(1)=1}\varepsilon_\sigma a_{11}a_{\sigma(2)2}\cdots a_{\sigma(n)n}\\ &= a_{11}\begin{vmatrix} a_{22} & \cdots & a_{2n} \\ \vdots & & \vdots \\ a_{n2} & \cdots & a_{nn} \end{vmatrix}.\end{aligned}$$

□

推论 4.7 如果 $A=(a_{ij})\in M_n(\mathbb{R})$ 的第 j 列 (或第 i 行) 的元素除 a_{ij} 外都为 0, 那么

$$\det A=(-1)^{i+j}a_{ij}\begin{vmatrix} a_{11} & \cdots & a_{1,j-1} & a_{1,j+1} & \cdots & a_{1n} \\ \vdots & & \vdots & \vdots & & \vdots \\ a_{i-1,1} & \cdots & a_{i-1,j-1} & a_{i-1,j+1} & \cdots & a_{i-1n} \\ a_{i+1,1} & \cdots & a_{i+1,j-1} & a_{i+1,j+1} & \cdots & a_{i+1n} \\ \vdots & & \vdots & \vdots & & \vdots \\ a_{n1} & \cdots & a_{n,j-1} & a_{n,j+1} & \cdots & a_{nn} \end{vmatrix}.$$

(注意上式右边的行列式是矩阵 $A=(a_{ij})$ 去掉第 i 行和第 j 列得到的矩阵的行列式).

证明 把矩阵 A 的第 j 列逐次往左移动 $j-1$ 次, 得到矩阵 B, 再把矩阵 B 的第 i 行逐次往上移动 $i-1$ 次, 得到矩阵 C. 根据性质 (D4), $\det A=(-1)^{i-1+j-1}\det C$. 对 A (或 ${}^tA$) 运用命题 4.6 知 $\det C=a_{ij}M_{ij}$, 其中 M_{ij} 是矩阵 $A=(a_{ij})$ 去掉第 i 行和第 j 列得到的矩阵的行列式. □

三 广义行列式函数 在定向平行六面体的有向体积的公式推导中, 性质 (D1) 和 (D2) 是至关重要的, 性质 (D3) 仅是起到明确单位的作用, 结果得到了行列式函

数 det : $M_n(\mathbb{R}) \to \mathbb{R}$. 而如果条件 (D1) 满足, 那么条件 (D2) 与 (D2′) 是等价的. **一个函数 $f: M_n(\mathbb{R}) \to \mathbb{R}$ 称为广义行列式函数如果 f 满足性质 (D1) 和 (D2′), 即 f 作为方阵的行向量的函数是多重线性的、斜对称的.**

定理 4.8 设 $f: M_n(\mathbb{R}) \to \mathbb{R}$ 是广义行列式函数, 那么 $f(A) = (\det A)f(E)$.

证明 由于 f 对于方阵 $A \in M_n(\mathbb{R})$ 的行向量是多重线性和斜对称的, 所以如果方阵 A 中有两行是相同的, 那么 $f(A) = 0$, 因为 f 满足性质 (D2′). 把定理 4.1 的推导过程应用到函数 f 可知

$$\begin{aligned}
f(A) &= f(\mathcal{A}_1, \cdots, \mathcal{A}_n) \\
&= \sum_{1 \leqslant i_1, i_2, \cdots, i_n \leqslant n} a_{1i_1} a_{2i_2} \cdots a_{ni_n} f(E_{i_1}, \cdots, E_{i_n}) \\
&= \sum_{\sigma \in S_n} a_{1\sigma(1)} a_{2\sigma(2)} \cdots a_{n\sigma(n)} f(E_{\sigma(1)}, \cdots, E_{\sigma(n)}) \\
&= \sum_{\sigma \in S_n} \varepsilon_\sigma a_{1\sigma(1)} a_{2\sigma(2)} \cdots a_{n\sigma(n)} f(E_1, \cdots, E_n) \\
&= (\det A) f(E).
\end{aligned}$$

□

这个结论表明广义行列式函数是行列式函数的某个倍数.

习 题 4.1

1. 从定义 4.2 出发证明行列式函数 det 满足性质 (D1), (D2′), (D3), 即是行向量的多重线性函数, 交换两行的位置改变行列式值的符号, 单位矩阵的行列式值为 1.

2. 求出四阶行列式 $\det(a_{ij})$ 展开式中包含 a_{23} 且带正号的项.

3. n 阶行列式展开式中主对角线元素的乘积有怎样的正负号?

4. n 阶行列式展开式中斜对角线 (也称次对角线) 元素的乘积有怎样的正负号?

5. 利用行列式的定义计算

$$\begin{vmatrix}
0 & \cdots & 0 & 0 & a_{1n} \\
0 & \cdots & 0 & a_{2,n-1} & a_{2n} \\
0 & \cdots & a_{3,n-2} & a_{3,n-1} & a_{3n} \\
\vdots & & \vdots & \vdots & \vdots \\
a_{n1} & \cdots & a_{n,n-2} & a_{n,n-1} & a_{nn}
\end{vmatrix}.$$

6. 利用行列式的定义计算

$$\begin{vmatrix} a_{11} & a_{12} & a_{13} & a_{14} & a_{15} \\ a_{21} & a_{22} & a_{23} & a_{24} & a_{25} \\ a_{31} & a_{32} & 0 & 0 & 0 \\ a_{41} & a_{42} & 0 & 0 & 0 \\ a_{51} & a_{52} & 0 & 0 & 0 \end{vmatrix}.$$

7. 设 $A=(a_{ij})$ 和 $B=(b_{ij})$ 是 n 阶方阵. 在下述情况下比较 $\det A$ 和 $\det B$.

(1) $b_{ij}=2^{j-i}a_{ij}$; (2) $b_{ij}=a_{n+1-i,j}$; (3) $b_{ij}=a_{n+1-i,n+1-j}$.

4.2　行列式的进一步性质

一　行列式按一行或一列的元素展开　命题 4.6 表明在一些特殊情况下, 行列式的计算可以归结到较低阶行列式的计算, 其实一般的情况也可以做到这一点. 为此需要子式和代数余子式的概念.

定义 4.9　矩阵 $A=(a_{ij})$ 去掉第 i 行和第 j 列得到的矩阵的行列式记作 M_{ij}, 称为矩阵 A 的阵元 a_{ij} 的**余子式**. 数值 $A_{ij}=(-1)^{i+j}M_{ij}$ 称为阵元 a_{ij} 的**代数余子式**.

定理 4.10　设 $A=(a_{ij})\in M_n(\mathbb{R})$. 则有

$$\det A=a_{i1}A_{i1}+a_{i2}A_{i2}+\cdots+a_{in}A_{in}=\sum_{j=1}^{n}(-1)^{i+j}a_{ij}M_{ij}. \tag{4.4}$$

(行列式按照第 i 行的元素展开).

$$\det A=a_{1j}A_{1j}+a_{2j}A_{2j}+\cdots+a_{nj}A_{nj}=\sum_{i=1}^{n}(-1)^{i+j}a_{ij}M_{ij}. \tag{4.5}$$

(行列式按照第 j 列的元素展开).

证明　我们有 $\mathcal{A}_i=a_{i1}E_1+a_{i2}E_2+\cdots+a_{in}E_n=(a_{i1},\cdots,a_{in})$. 根据性质

(D1) 得

$$\det A = a_{i1}\begin{vmatrix} a_{11} & a_{12} & \cdots & a_{1n} \\ \vdots & \vdots & & \vdots \\ 1 & 0 & \cdots & 0 \\ \vdots & \vdots & & \vdots \\ a_{n1} & a_{n2} & \cdots & a_{nn} \end{vmatrix} + a_{i2}\begin{vmatrix} a_{11} & a_{12} & \cdots & a_{1n} \\ \vdots & \vdots & & \vdots \\ 0 & 1 & \cdots & 0 \\ \vdots & \vdots & & \vdots \\ a_{n1} & a_{n2} & \cdots & a_{nn} \end{vmatrix}$$
$$+ \cdots + a_{in}\begin{vmatrix} a_{11} & \cdots & a_{2,n-1} & a_{1n} \\ \vdots & & \vdots & \vdots \\ 0 & \cdots & 0 & 1 \\ \vdots & & \vdots & \vdots \\ a_{n1} & \cdots & a_{n,n-1} & a_{nn} \end{vmatrix}.$$

利用推论 4.7 知等式右边第 j 项为 $a_{ij}A_{ij}$, 于是定理的第一个等式得证. 第二个等式的证明是类似的, 也可以对第一个等式运用定理 4.3 得到. □

方阵的某一行 (或列) 的元素分别乘以另一行 (或列) 的代数余子式得到结果是饶有趣味的.

命题 4.11 设 $A = (a_{ij}) \in M_n(\mathbb{R})$, 则有

$$a_{i1}A_{j1} + a_{i2}A_{j2} + \cdots + a_{in}A_{jn} = \delta_{ij} \det A, \tag{4.6}$$

$$a_{1i}A_{1j} + a_{2i}A_{2j} + \cdots + a_{ni}A_{nj} = \delta_{ij} \det A. \tag{4.7}$$

证明 上面两个等式中如果 $i = j$, 结论就是定理 4.10. 现设 $i \neq j$. 根据定理 4.10, 等式 4.6 的左边就是把矩阵 A 的第 j 行换成第 i 行得到的矩阵的行列式, 即为

$$\begin{vmatrix} a_{11} & \cdots & a_{1n} \\ \vdots & & \vdots \\ a_{i1} & \cdots & a_{in} \\ \vdots & & \vdots \\ a_{i1} & \cdots & a_{in} \\ \vdots & & \vdots \\ a_{ni} & \cdots & a_{nn} \end{vmatrix}.$$

根据性质 (D2), 上面的行列式值为 0. 等式 (4.6) 得证. 另一个等式的证明是类似的. □

二　准三角方阵的行列式　一个方阵称为**准三角的**如果它或其转置具有如下形式

$$\begin{pmatrix} A_{11} & A_{12} & \cdots & A_{1k} \\ 0 & A_{22} & \cdots & A_{2k} \\ \vdots & \vdots & & \vdots \\ 0 & 0 & \cdots & A_{kk} \end{pmatrix}, \tag{4.8}$$

其中 $A_{11}, \cdots, A_{kk}$ 均是方阵. 命题 4.5 如下的推广是有用的.

命题 4.12　假设 A 具有式 (4.8) 的形式, 那么

$$\det A = \det A_{11} \cdot \det A_{22} \cdot \cdots \cdot \det A_{kk}.$$

证明　由归纳法, 仅需对 $k = 2$ 的情形证明命题. 假设 A_{11} 是 r 阶方阵, A_{22} 是 s 阶方阵. 固定 A_{12}, A_{22}, 就可以把 $\det A$ 看做 $A_{11} \in M_r(\mathbb{R})$ 的函数, 记作 $f(A_{11})$. 显然 $f(A_{11})$ 是矩阵 A_{11} 的列向量的多重线性函数, 且有斜对称性, 所以是 $M_r(\mathbb{R})$ 上的广义行列式函数. 根据定理 4.8 有

$$f(A_{11}) = \det A_{11} \cdot f(I_r),$$

其中 I_r 是 r 阶单位矩阵. 注意

$$f(I_r) = \det \begin{pmatrix} I_r & A_{12} \\ 0 & A_{22} \end{pmatrix}.$$

对上式右端的行列式的左边 r 列, 从左往右依次运用行列式的列展开公式 (4.5) 知 $f(I_r) = \det A_{22}$. 命题得证. □

三　行列式函数与矩阵乘法是相容的, 这是广泛运用的一个性质.

定理 4.13　设 A, B 是 n 阶方阵, 那么

$$\det(AB) = \det A \cdot \det B.$$

证明　如果 A 的秩小于 n, 那么 AB 的秩也小于 n, 根据性质 (D2), 此时它们的行列式均为 0. 以下假设 A 的秩为 n. 那么 A 可逆, 从而是某些初等矩阵 $P_1, P_2, \cdots, P_k$ 的乘积. 如果 $k = 1$, 那么 A 是初等矩阵, 由性质 (D1), (D2) 和 (D2$'$) 知此时 $\det(AB) = \det A \cdot \det B$. 对 k 做归纳法, 知如果 A 的秩为 n, 总有 $\det(AB) = \det A \cdot \det B$. □

注记　也可以像命题 4.11 的证明那样, 利用广义行列式函数证明该定理. 那就是首先固定 B, 把 $\det(AB)$ 看做 A 的行向量的函数, 它具有广义行列式函数的性质, 从而 $\det(AB) = \det A \cdot \det(EB) = \det A \cdot \det B$.

四 例子 行列式的性质对于计算行列式是很有用的.

例 4.14 计算 n 阶行列式 $A_n = \begin{vmatrix} \lambda & -1 & 0 & \cdots & 0 & 0 \\ 0 & \lambda & -1 & \cdots & 0 & 0 \\ 0 & 0 & \lambda & \cdots & 0 & 0 \\ \vdots & \vdots & \vdots & & \vdots & \vdots \\ 0 & 0 & 0 & \cdots & \lambda & -1 \\ -1 & 0 & 0 & \cdots & 0 & \lambda \end{vmatrix}$.

解 将行列式按第一列展开即可看出 $A_n = \lambda^n - 1$.

例 4.15 计算范德蒙德行列式

$$\Delta_n = \Delta_n(x_1, x_2, \cdots, x_n) = \begin{vmatrix} 1 & 1 & \cdots & 1 \\ x_1 & x_2 & \cdots & x_n \\ x_1^2 & x_2^2 & \cdots & x_n^2 \\ \vdots & \vdots & & \vdots \\ x_1^{n-1} & x_2^{n-1} & \cdots & x_n^{n-1} \end{vmatrix}.$$

解 依次把行列式的第 $n-1$ 行的 $-x_1$ 倍加到第 n 行, 第 $n-2$ 行的 $-x_1$ 倍加到第 $n-1$ 行, $\cdots$, 第 1 行的 $-x_1$ 倍加到第 2 行, 根据行列式性质 (D5) 知

$$\Delta_n = \begin{vmatrix} 1 & 1 & \cdots & 1 \\ 0 & x_2 - x_1 & \cdots & x_n - x_1 \\ 0 & x_2^2 - x_2 x_1 & \cdots & x_n^2 - x_n x_1 \\ \vdots & \vdots & & \vdots \\ 0 & x_2^{n-1} - x_2^{n-2} x_1 & \cdots & x_n^{n-1} - x_n^{n-2} x_1 \end{vmatrix}.$$

按第一列展开后, 根据性质 (D6), 把得到的 $n-1$ 阶行列式的每一列的公因子都提出来 (第 i 列的公因子是 $x_{i+1} - x_1$), 得

$$\begin{aligned} \Delta_n &= (x_2 - x_1)(x_3 - x_1) \cdots (x_n - x_1) \begin{vmatrix} 1 & 1 & \cdots & 1 \\ x_2 & x_3 & \cdots & x_n \\ x_2^2 & x_3^2 & \cdots & x_n^2 \\ \vdots & \vdots & & \vdots \\ x_2^{n-2} & x_3^{n-2} & \cdots & x_n^{n-2} \end{vmatrix} \\ &= (x_2 - x_1)(x_3 - x_1) \cdots (x_n - x_1) \Delta_{n-1}(x_2, x_3, \cdots, x_n). \end{aligned}$$

利用这个递推公式, 注意 $\Delta_2(x_{n-1},x_n)=x_n-x_{n-1}$, 对 n 用归纳法, 得到

$$\Delta_n=\Delta_n(x_1,x_2,\cdots,x_n)=\prod_{1\leqslant i<j\leqslant n}(x_j-x_i).$$

范德蒙德行列式的值是斜对称函数, 在 2.3 节中被用于证明置换的符号不依赖对换分解.

例 4.16 命 $p_k=x_1^k+x_2^k+\cdots+x_n^k$. 计算行列式

$$D_n=D_n(x_1,x_2,\cdots,x_n)=\begin{vmatrix} n & p_1 & p_2 & \cdots & p_{n-1}\\ p_1 & p_2 & p_3 & \cdots & p_n\\ p_2 & p_3 & p_4 & \cdots & p_{n+1}\\ \vdots & \vdots & \vdots & & \vdots\\ p_{n-1} & p_n & p_{n+1} & \cdots & p_{2n-2}\end{vmatrix}.$$

解 易见 $D_n=\Delta_n\cdot {}^t\Delta_n$, 其中 ${}^t\Delta_n$ 是范德蒙德行列式 Δ_n 的转置 (行列式 $\det{}^tA$ 称为行列式 $\det A$ 的转置) . 由于转置不改变方阵的行列式的值, 并且对任意的同阶方阵 A 和 B, 有 $\det(AB)=\det A\cdot\det B$, 所以

$$D_n=\Delta_n^2=\prod_{1\leqslant i<j\leqslant n}(x_j-x_i)^2.$$

习 题 4.2

1. 整数 1653, 2581, 3451, 4582 可以被 29 整除. 利用行列式的性质 (而非计算行列式值) 证明下面的四阶行列式值被 29 整除.

$$\begin{vmatrix} 1 & 6 & 5 & 3\\ 2 & 5 & 8 & 1\\ 3 & 4 & 5 & 1\\ 4 & 5 & 8 & 2\end{vmatrix}.$$

2. 不展开行列式而证明下列等式.

(1) $\begin{vmatrix} 1 & a & bc\\ 1 & b & ca\\ 1 & c & ab\end{vmatrix}=(b-a)(c-a)(c-b).$

(2) $\begin{vmatrix} 1 & a & bc \\ 1 & b & ca \\ 1 & c & ab \end{vmatrix} = \begin{vmatrix} 1 & a & a^2 \\ 1 & b & b^2 \\ 1 & c & c^2 \end{vmatrix}$.

(3) $\begin{vmatrix} 1 & a^2 & a^3 \\ 1 & b^2 & b^3 \\ 1 & c^2 & c^3 \end{vmatrix} = (ab+bc+ca)\begin{vmatrix} 1 & a & a^2 \\ 1 & b & b^2 \\ 1 & c & c^2 \end{vmatrix}$.

3. 解方程.

$$\begin{vmatrix} 1 & 1 & 1 & \cdots & 1 \\ 1 & 1-x & 1 & \cdots & 1 \\ 1 & 1 & 2-x & \cdots & 1 \\ \vdots & \vdots & \vdots & & \vdots \\ 1 & 1 & 1 & \cdots & n-x \end{vmatrix} = 0.$$

4. 按第二列展开计算行列式.

$$\begin{vmatrix} 5 & a & 2 & -1 \\ 4 & b & 4 & -3 \\ 2 & c & 3 & -2 \\ 4 & d & 5 & -4 \end{vmatrix}.$$

5. 本题给出定理 4.13 另一个证明. 设 A 和 B 分别是 r 阶和 s 阶方阵, I_r 和 I_s 是 r 阶和 s 阶单位矩阵, C 是 $r \times s$ 矩阵. 证明

(1) $\det\begin{pmatrix} C & I_r \\ I_s & 0 \end{pmatrix} = (-1)^{rs}$.

(2) $\begin{pmatrix} I_r & 0 \\ 0 & B \end{pmatrix}\begin{pmatrix} C & I_r \\ I_s & 0 \end{pmatrix}\begin{pmatrix} I_s & 0 \\ 0 & A \end{pmatrix} = \begin{pmatrix} C & A \\ B & 0 \end{pmatrix}$.

(3) $\det\begin{pmatrix} C & A \\ B & 0 \end{pmatrix} = (-1)^{rs}\det A \det B$.

(4) 假设 $r = s$, 则 $\begin{pmatrix} I_r & -B \\ A & 0 \end{pmatrix}\begin{pmatrix} I_r & B \\ 0 & I_r \end{pmatrix} = \begin{pmatrix} I_r & 0 \\ A & AB \end{pmatrix}$.

(5) 假设 $r = s$, 则有 $\det(AB) = \det A \cdot \det B$.

6. 设 A 和 B 是 n 阶方阵, 证明:

$$\det\begin{pmatrix} A & B \\ B & A \end{pmatrix} = \det(A+B)\cdot\det(A-B).$$

7. 设 X 和 Y 分别是 $n\times k$ 矩阵和 $k\times n$ 矩阵, I_r 是 r 阶单位矩阵. 证明:

$$\det(I_n+XY)=\det(I_k+YX).$$

8. 借助初等变换计算行列式.

(1) $\begin{vmatrix} 1 & -1 & 1 & -2 \\ 1 & 3 & 1 & -1 \\ -1 & -1 & 4 & 3 \\ -3 & 0 & -8 & -13 \end{vmatrix}$,　　(2) $\begin{vmatrix} 24 & 11 & 13 & 17 & 19 \\ 51 & 13 & 32 & 40 & 46 \\ 61 & 11 & 14 & 50 & 56 \\ 62 & 20 & 7 & 13 & 52 \\ 80 & 24 & 45 & 57 & 70 \end{vmatrix}$.

9. 命

$$A_n=\begin{vmatrix} a_1 & 1 & 0 & 0 & \cdots & 0 & 0 & 0 \\ -1 & a_2 & 1 & 0 & \cdots & 0 & 0 & 0 \\ 0 & -1 & a_3 & 1 & \cdots & 0 & 0 & 0 \\ \vdots & \vdots & \vdots & \vdots & & \vdots & \vdots & \vdots \\ 0 & 0 & 0 & 0 & \cdots & a_{n-2} & 1 & 0 \\ 0 & 0 & 0 & 0 & \cdots & -1 & a_{n-1} & 1 \\ 0 & 0 & 0 & 0 & \cdots & 0 & -1 & a_n \end{vmatrix}.$$

证明: $A_n=a_nA_{n-1}+A_{n-2}$. 当 $a_1=a_2=\cdots=a_n=1$ 时, 求出 A_n.

10. 证明 n 阶行列式

$$\begin{vmatrix} 2 & -1 & 0 & 0 & \cdots & 0 & 0 & 0 \\ -1 & 2 & -1 & 0 & \cdots & 0 & 0 & 0 \\ 0 & -1 & 2 & -1 & \cdots & 0 & 0 & 0 \\ \vdots & \vdots & \vdots & \vdots & & \vdots & \vdots & \vdots \\ 0 & 0 & 0 & 0 & \cdots & -1 & 2 & -1 \\ 0 & 0 & 0 & 0 & \cdots & 0 & -1 & 2 \end{vmatrix}$$

的值为 $n+1$.

11. 计算行列式的值.

(1) $$\begin{vmatrix} 1 & 2 & 3 & \cdots & n-1 & n \\ -1 & 0 & 3 & \cdots & n-1 & n \\ -1 & -2 & 0 & \cdots & n-1 & n \\ \vdots & \vdots & \vdots & & \vdots & \vdots \\ -1 & -2 & -3 & \cdots & 0 & n \\ -1 & -2 & -3 & \cdots & -n+1 & 0 \end{vmatrix};$$

(2) $$\begin{vmatrix} 1+a_1+b_1 & a_1+b_2 & \cdots & a_1+b_n \\ a_2+b_1 & 1+a_2+b_2 & \cdots & a_2+b_n \\ \vdots & \vdots & & \vdots \\ a_n+b_1 & a_n+b_2 & \cdots & 1+a_n+b_n \end{vmatrix}.$$

12. 利用方阵乘积的行列式公式计算行列式.

(1) 通过矩阵的平方求其行列式: $\begin{pmatrix} a & b & c & d \\ -b & a & d & -c \\ -c & -d & a & b \\ -d & c & -b & a \end{pmatrix}$;

(2) 通过分解方阵求其行列式: $\begin{pmatrix} \cos(\alpha_1-\beta_1) & \cos(\alpha_1-\beta_2) & \cdots & \cos(\alpha_1-\beta_n) \\ \cos(\alpha_2-\beta_1) & \cos(\alpha_2-\beta_2) & \cdots & \cos(\alpha_2-\beta_n) \\ \vdots & \vdots & & \vdots \\ \cos(\alpha_n-\beta_1) & \cos(\alpha_n-\beta_2) & \cdots & \cos(\alpha_n-\beta_n) \end{pmatrix}$.

4.3 行列式的应用

行列式有着广泛的应用, 借助它可以给出可逆矩阵的逆矩阵公式和某些线性方程组的解公式, 也赋予矩阵的秩新的解读.

一 可逆矩阵的行列式判别准则 行列式第一个[①]精彩应用与可逆矩阵有关.

定理 4.17 方阵 $A=(a_{ij})$ 可逆当且仅当其行列式不为 0. 如果 n 阶方阵 A 可逆, 那么

$$\det A^{-1}=(\det A)^{-1}$$

① 并非历史事实.

且

$$A^{-1}=\frac{1}{\det A}\begin{pmatrix} A_{11} & A_{21} & \cdots & A_{n1} \\ A_{12} & A_{22} & \cdots & A_{n2} \\ \vdots & \vdots & & \vdots \\ A_{1n} & A_{2n} & \cdots & A_{nn} \end{pmatrix},$$

其中 A_{ij} 是 a_{ij} 的代数余子式.

证明　设方阵 A 可逆, 那么 $AA^{-1}=E$, 于是

$$\det A\cdot\det A^{-1}=\det E=1.$$

所以 $\det A\neq 0$, 且有 $\det A^{-1}=(\det A)^{-1}$.

现设 $A=(a_{ij})$ 是 $n\geqslant 2$ 阶方阵, 它的**伴随矩阵**定义为

$$A^{\vee}=\begin{pmatrix} A_{11} & A_{21} & \cdots & A_{n1} \\ A_{12} & A_{22} & \cdots & A_{n2} \\ \vdots & \vdots & & \vdots \\ A_{1n} & A_{2n} & \cdots & A_{nn} \end{pmatrix}.$$

根据命题 4.11, 有

$$a_{i1}A_{j1}+a_{i2}A_{j2}+\cdots+a_{in}A_{jn}=\delta_{ij}\det A,$$

$$a_{1i}A_{1j}+a_{2i}A_{2j}+\cdots+a_{ni}A_{nj}=\delta_{ij}\det A.$$

由此可见

$$AA^{\vee}=A^{\vee}A=(\det A)E.$$

如果 $\det A\neq 0$, 则有 $A^{-1}=\dfrac{1}{\det A}A^{\vee}$. 定理得证. □

推论 4.18　方阵的行 (或列) 向量线性相关当且仅当其行列式为 0.

证明　方阵可逆当且仅当其行 (或列) 向量线性无关, 根据定理 3.25 和定理 4.17, 这等价于其行列式不等于 0. □

二　克拉默法则　如果线性方程组的系数矩阵是可逆方阵, 那么该方程组有唯一的解, 其解可以通过行列式得到, 这就是克拉默法则.

定理 4.19 (克拉默法则) 如果线性方程组

$$\begin{cases} a_{11}x_1 + \cdots + a_{1n}x_n = b_1, \\ \qquad \cdots\cdots \\ a_{n1}x_1 + \cdots + a_{nn}x_n = b_n \end{cases}$$

的系数矩阵可逆, 那么它有唯一解, 解公式如下:

$$x_k = \frac{\begin{vmatrix} a_{11} & \cdots & b_1 & \cdots & a_{1n} \\ \vdots & & \vdots & & \vdots \\ a_{n1} & \cdots & b_n & \cdots & a_{nn} \end{vmatrix}}{\begin{vmatrix} a_{11} & \cdots & a_{1k} & \cdots & a_{1n} \\ \vdots & & \vdots & & \vdots \\ a_{n1} & \cdots & a_{nk} & \cdots & a_{nn} \end{vmatrix}}, \quad k = 1,\ 2,\ \cdots,\ n, \tag{4.9}$$

其中分子由常数列代替系数矩阵的行列式 $\det(a_{ij})$ 的第 k 列而得到.

证明 把线性方程组写成矩阵的形式 $AX = B$, 则有 $X = A^{-1}B$. 所以这个线性方程组有唯一的解.

用 D_k 记 (4.9) 中的分子. 在 D_k 中把 b_i 用 $a_{i1}x_1 + a_{i2}x_2 + \cdots + a_{in}x_k$ 代入, 利用行列式的性质知 $D_k = x_k \det A$. 所以 $x_k = D_k/\det A$. 这一点也可以通过 $X = A^{-1}B$, $A^{-1} = A^{\vee}/\det A$ 和 (4.5) 看出.

另外, 当系数矩阵是单位矩阵 E 时, 定理显然成立. 方程组 $AX = B$ 可以通过初等变换化成 $EX = C$ 的形式, 在这一过程中比值 $D_k/\det A$ 不变, 所以定理对一般情况也成立. 这给出定理的第三个证明. □

当未知元个数很多时, 克拉默法则的理论价值大于实际求解的价值. 比如斐波拉契数列给出了线性方程组 (1.14), 其系数矩阵是下三角的, 行列式值为 1, 但求出 x_n 却不是一件容易的事情.

三 矩阵的子式与矩阵的秩的联系 设 $A = (a_{ij})$ 是 $m \times n$ 矩阵. 处于第 $i_1, \cdots, i_k$ 行和 $j_1, \cdots, j_k$ 列的交叉处的元素形成一个方阵

$$\begin{pmatrix} a_{i_1j_1} & a_{i_1j_2} & \cdots & a_{i_1j_k} \\ \vdots & \vdots & & \vdots \\ a_{i_kj_1} & a_{i_kj_2} & \cdots & a_{i_kj_k} \end{pmatrix},$$

称为 A 的一个 k 阶**子阵**, 其行列式称为 A 的一个 k 阶**子式**, 记作

$$M\begin{pmatrix} i_1 & \cdots & i_k \\ j_1 & \cdots & j_k \end{pmatrix}.$$

子式 $\tilde{M}$ 称为 M 的**上级**如果 M 是由 $\tilde{M}$ 去掉某一行和某一列得到的.

引理 4.20 设 A 为 $m \times n$ 矩阵. 命 $r = \min\{m, n\}$. 那么 A 的秩为 r 当且仅当 A 有一个 r 阶子式不为零.

证明 不妨假设 $r = m$. 假设 A 的秩为 r. 由于 A 的秩等于其行秩和列秩, 所以, A 有 r 个列向量是线性无关的. 这 r 个列向量形成 A 的一个 r 阶子阵. 因该子阵的列向量线性无关, 所以它的行列式不等于零.

反之, 假设 A 有一个 r 阶子式不为零. 这个 r 阶子式的列向量也是 A 的列向量. 由定理 4.17 和定理 3.25 知, 这些列向量是线性无关的, 所以 A 的秩为 r. □

命题 4.21 矩阵的秩等于其非零子式的阶数中的最大者.

证明 设矩阵 A 的秩为 r, 那么 A 有 r 个行向量线性无关. 这 r 个行向量形成的矩阵的子式也是 A 的子式, 根据引理 4.20, 其中有一个 r 阶子式不为零.

如果 A 有一个 s 阶子式不为零, 根据引理 4.20, 矩阵 A 相应的 s 个行向量线性无关. 所以非零子式的阶数不超过矩阵的秩, 其中最大的阶数等于矩阵的秩. □

命题 4.22 假设一个矩阵的某个子式非零, 但这个子式的任何上级都是 0, 那么该子式的阶就是矩阵的秩.

证明 设这个非零子式是 $M\begin{pmatrix} i_1 & \cdots & i_r \\ j_1 & \cdots & j_r \end{pmatrix}$. 根据引理 4.20, 矩阵 A 中相应于这个子式的行向量组 $\mathcal{A}_{i_1}, \cdots, \mathcal{A}_{i_r}$ 是线性无关的. 由假设，这个子式的上级 $M\begin{pmatrix} i_1 & \cdots & i_r & i \\ j_1 & \cdots & j_r & j \end{pmatrix}$ 均为 0. 于是矩阵 $[\mathcal{A}_{i_1}, \cdots, \mathcal{A}_{i_r}, \mathcal{A}_i]$ 的列秩是 r, 进而行秩也是 r(见定理 3.12). 根据引理 3.4(1), $\mathcal{A}_i$ 是 $\mathcal{A}_{i_1}, \cdots, \mathcal{A}_{i_r}$ 的线性组合. 所以 $\mathcal{A}_{i_1}, \cdots, \mathcal{A}_{i_r}$ 是 A 的行向量集合的极大线性无关组, 从而该子式的阶 r 就是矩阵的秩. □

命题 4.22 提供了一个求矩阵秩的有效方法: 从矩阵的任何一个非零子式 M 出发, 计算其上级子式. 如果上级子式全为零, 则已得到矩阵的秩, 否则对任一个非零的上级子式 $\tilde{M}$, 计算 $\tilde{M}$ 的上级子式. 如此下去, 最后会得到一个非零子式 N, 其

所有的上级子式全为零. 于是 N 的阶就是矩阵的阶. 而且, 矩阵中相应于 N 的行向量 (相应地, 列向量) 形成矩阵的行向量极大线性无关组 (相应地, 列向量极大线性无关组) . 然而, 通过初等变换求矩阵的秩一般难以看出矩阵的行向量极大线性无关组和列向量极大线性无关组.

习 题 4.3

1. 设 A 是 $n \geqslant 2$ 阶方阵, $A^\vee$ 是其伴随矩阵. 证明

(1) $({}^tA)^\vee = {}^t(A^\vee)$;

(2) $(\lambda A)^\vee = \lambda^{n-1}A^\vee$;

(3) $\det A^\vee = (\det A)^{n-1}$;

(4) $(A^\vee)^\vee = (\det A)^{n-2}A$ 如果 $n > 2$, $(A^\vee)^\vee = A$ 如果 $n = 2$;

(5) 如果 B 是另一个 n 阶矩阵, 有 $(A \cdot B)^\vee = B^\vee \cdot A^\vee$.

2. 证明 n 阶方阵的伴随矩阵的秩只有三个可能: 0,1, n.

3. 证明: 齐次线性方程组只有零解当且仅当系数矩阵的秩等于方程组中未知元的个数. 特别地, 当方程组中的方程的个数等于未知元的个数时, 方程组只有零解当且仅当系数矩阵的行列式不等于零.

4. 假设齐次线性方程组

$$\begin{cases} a_{11}x_1 + & \cdots + & a_{1n}x_n & = 0, \\ \cdots\cdots & & & \\ a_{n-1,1}x_1 + & \cdots + & a_{n-1,n}x_n & = 0 \end{cases}$$

的系数矩阵的秩为 $n-1$, 那么

(1) 它的基础解系由一个向量组成;

(2) $D = [D_1, \ -D_2, \ \cdots, \ (-1)^{n-1}D_n]$ 形成方程组的一个基础解系, 其中 D_i 是系数矩阵去掉第 i 列得到的矩阵的行列式. 于是方程组的任意解的形式为 λD.

5. 设 A 是 $r \times n$ 矩阵, 秩为 r 且 $r \leqslant n-2$. 利用 A 的一些 r 阶子式和 0 给出齐次线性方程组 $AX = 0$ 的一个非零解.

6. (比内特–柯西公式) 设 $A = (a_{ij})$ 和 $B = (b_{ij})$ 分别是 $n \times m$ 和 $m \times n$ 矩阵. 命 $C = AB$. 证明

(1) 如果 $n > m$, 则 $\det C = 0$;

(2) 如果 $n \leqslant m$, 则

$$\det C = \sum_{1 \leqslant i_1 < i_2 < \cdots < i_n \leqslant m} A_{i_1 i_2 \cdots i_n} B_{i_1 i_2 \cdots i_n},$$

其中 $A_{i_1 i_2 \cdots i_n}$ 是 A 的第 $i_1, i_2, \cdots, i_n$ 列形成的 n 阶行列式, $B_{i_1 i_2 \cdots i_n}$ 是 B 的第 $i_1, i_2, \cdots, i_n$ 行形成的 n 阶行列式 (提示: 行列式是行的多重线性函数).

7. 设 A 和 B 分别是 $p \times n$ 矩阵和 $n \times k$ 矩阵, 它们各自由第 $i_1, i_2, \cdots, i_m$ 行和第 $j_1, j_2, \cdots, j_m$ 列交叉处元素形成的子式, 分别记作

$$A\begin{pmatrix} i_1 & \cdots & i_m \\ j_1 & \cdots & j_m \end{pmatrix}, \quad B\begin{pmatrix} i_1 & \cdots & i_m \\ j_1 & \cdots & j_m \end{pmatrix}.$$

命 $C = AB$. 证明:

$$C\begin{pmatrix} i_1 & \cdots & i_m \\ j_1 & \cdots & j_m \end{pmatrix} = \sum_{1 < k_1 < k_2 < \cdots < k_m \leqslant n} A\begin{pmatrix} i_1 & \cdots & i_m \\ k_1 & \cdots & k_m \end{pmatrix} B\begin{pmatrix} k_1 & \cdots & k_m \\ j_1 & \cdots & j_m \end{pmatrix}.$$

如果 $m \leqslant n$, $C\begin{pmatrix} i_1 & \cdots & i_m \\ j_1 & \cdots & j_m \end{pmatrix} = 0$ 如果 $m > n$.

8. (拉普拉斯定理) 设 $A = (a_{ij})$ 是 n 阶方阵. 其 k 阶子式 $M\begin{pmatrix} i_1 & \cdots & i_k \\ j_1 & \cdots & j_k \end{pmatrix}$ (定义见 4.3 节第三部分) 的余子式 $\bar{M}\begin{pmatrix} i_1 & \cdots & i_k \\ j_1 & \cdots & j_k \end{pmatrix}$ 是 A 去掉第 $i_1, i_2, \cdots, i_k$ 行和第 $j_1, j_2, \cdots, j_k$ 列后得到的矩阵的行列式. 取定 $i_1, i_2, \cdots, i_k$, 则有

$$\det A = \sum_{1 \leqslant j_1 < j_2 < \cdots < j_k \leqslant n} (-1)^{i_1 + \cdots + i_k + j_1 + \cdots + j_k} M\begin{pmatrix} i_1 & \cdots & i_k \\ j_1 & \cdots & j_k \end{pmatrix} \bar{M}\begin{pmatrix} i_1 & \cdots & i_k \\ j_1 & \cdots & j_k \end{pmatrix}.$$

9. 假设 A 是 n 阶可逆方阵, $X = (x_{ij})$ 是 n^2 个未知元形成的方阵. A 的逆矩阵 A^{-1} 是方程 $AX = E$ 的解. 该矩阵方程可以分解成 n 个列向量方程 $A\mathcal{X}^j = \mathcal{E}^j$. 利用克拉默法则证明定理 4.17 中 A^{-1} 的公式.

4.4　小结: 行列式的刻画

行列式函数有着丰富的性质, 在 4.3 节中利用行列式的性质给出克拉默法则三个证明, 可以看出行列式的应用是很灵巧的. 行列式很多的性质都唯一刻画了行列式函数. 常用的有如下的刻画.

(1) 函数 $D: M_n(\mathbb{R}) \to \mathbb{R}$ 如果是方阵的行的多重线性函数, 对行有斜对称性, 在单位矩阵处取值 1, 则 D 是行列式函数.

(2) 函数 $D: M_n(\mathbb{R}) \to \mathbb{R}$ 如果把方阵的某一行加到另一行不改变函数的值, 而某一行乘以一个数得到的方阵的函数值等于这个数乘以原方阵的函数值, 在单位矩阵处取值 1, 则 D 是行列式函数.

(3) 函数 $D_n: M_n(\mathbb{R}) \to \mathbb{R}$ 如果有如下联系

$$D_n(A) = a_{11}D_{n-1}(A_{11}) - a_{12}D_{n-1}(A_{12}) + \cdots + (-1)^{n+1}D_{n-1}(A_{1n}),$$

其中 A_{1i} 是 A 去掉第一行和第 i 列后得到的 $n-1$ 阶方阵 (此处不是代数余子式), 而且 D_1 是恒等映射 $M_1(\mathbb{R}) = \mathbb{R} \to \mathbb{R}$, $(a) \to a$, 那么 D_n 是行列式函数.

(4) 函数 $: M_n(\mathbb{R}) \to \mathbb{R}$ 与乘法相容, 即 $D(AB) = D(A) \cdot D(B)$, 且在初等矩阵 $F_{s,t}$, $F_s(a)$, $F_{s,t}(a)$ (此处 a 允许为 0) 的值分别是 -1, a, 1, 则 D 是行列式函数.

当然, 刻画 (1), (2), (3) 中行向量可以用列向量代替.

第 5 章　群、环、域

在探索线性方程组的求解过程中, 向量空间、置换、矩阵、线性映射等对象相继产生, 世界变得缤纷多彩. 在这纷杂的表象后面, 最本质的是两个元素通过适当的规则产生另一个元素. 把这一本质抽象出来能使我们在更高的观点下看待原来的对象, 并使我们的认识深入下去. 两个元素通过适当的规则产生另一个元素其实可以看做是一种运算. 采用这样的运算观点, 代数的内容就变得异常丰富, 它关心的是运算的性质, 当然这性质的表现形式是各异的. 带有运算的集合中最基本的是群、环、域, 在概念上, 它们是自然产生的, 是我们熟知的加法、乘法、整数集合、有理数集合、实数集合、置换集合、矩阵集合等的抽象与推广.

5.1　二 元 运 算

一　运算就是若干个元素通过适当的规则产生另一个元素, 用映射来表述是最方便的.

定义 5.1　设 X 是非空集合, n 是正整数. 非空集合 X 上的一个 n 元**运算**就是一个映射 $f: X^n \to X$.

例子是丰富的.

一元运算:

设 X 是非 0 实数全体或 n 阶可逆实矩阵全体, $x \to x^{-1}$ 是一元运算.

设 X 是 n 阶实方阵全体, $A \to {}^tA$ 是一元运算.

设 X 是实数集, $x \to x^m$ 和 $x \to e^x$ 都是一元运算.

……

二元运算:

数的加法、乘法; 矩阵的加法, 方阵间的乘法; 置换的合成; 一个集合到自身的映射的合成; ……

自然产生的、有背景的运算是最重要的. 二元运算是最受人们关注的运算, 三元或更多元的运算似乎没有得到一般的关注. 二元运算的符号一般沿用我们熟悉的符号如 $\times$, $\cdot$, $+$, $\circ$, $*$ 等, 或干脆省去符号, 有时为了需要或区分, 也会用一些特殊的符号如 $\diamondsuit, \heartsuit$ 等. 对一个集合上的元素 a, b, 二元运算产生的元素可能会有如下的记法

$$ab,\ a\times b,\ a\cdot b,\ a+b,\ a\circ b,\ a*b,\ a\diamondsuit b,\ a\heartsuit b,\ \cdots$$

等等.

要想得到有意思的二元运算, 必须对其附加条件. 熟知的运算和例子给出了启示.

定义 5.2 带有二元运算的集合 X 称为**半群**如果这个二元运算满足结合律. 如果用 $\cdot$ 记这个二元运算, 结合律说的是

$$(a\cdot b)\cdot c = a\cdot(b\cdot c), \quad \forall a,b,c\in X.$$

记号 $(a\cdot b)\cdot c$ 的含义是先计算 $a\cdot b$, 把得到的元素再与 c 做运算. 有时会把这个半群记作 $(X,\cdot)$ 以明确所涉及的二元运算是 $\cdot$, 如果不产生歧义, 会简单记作 X.

交换性和单位元也是值得提出的. 集合 X 上的二元运算 $\cdot$ 称为**交换的**如果 $a\cdot b = b\cdot a$ 对于所有的 $a,b\in X$. 这时也称 $(X,\cdot)$ 是交换的. 元素 $e\in X$ 称为运算的**单位元**(**或中性元**) 如果 $e\cdot a = a\cdot e = a$ 对所有的 $a\in X$. 如果 e' 是另一个单位元, 则有 $e = e'e = e'$. 所以每个运算的单位元至多一个. 有单位元的半群称为**幺半群**.

例 5.3 非负整数全体对于加法和乘法都成为幺半群, 单位元分别是 0 和 1. 偶数全体对于加法成为幺半群, 单位元是 0, 对于乘法是半群, 但不是幺半群. 对 n 阶实方阵全体而言, 矩阵的加法和乘法都使其成为幺半群, 单位元分别是零矩阵和单位矩阵.

例 5.4 特别重要的幺半群是一个集合 Ω 上的**变换** (集合到自身的映射) 全体

$$M(\Omega) = \{\, f: \Omega\to\Omega \,\},$$

在映射的合成下成为幺半群, 单位元是恒等映射. 这个幺半群通常有很多重要的子集, 在映射的合成下成为 (幺) 半群. 例如, 对有限集合 Ω, 可逆的变换全体就是这个集合的置换全体 $S(\Omega)$, 在映射的合成下是幺半群, 它的重要性在行列式的定义

中已经显示. 又如, 对线性空间 V, 其上的线性变换全体 $\mathcal{L}(V)$ 也是变换全体的子集, 在映射的合成下是幺半群.

定义 5.5 一个半群 X 的子集 S 如果在原有运算下也成为半群, 则这个子集 S 称为半群 X 的**子半群**. 如果 X 是幺半群, 子半群 S 还含有幺半群 X 的单位元, 则 S 称为 X 的**子幺半群**.

例 5.6 $(\mathbb{Z},\times)$ 是 $(\mathbb{R},\times)$ 的子幺半群. 偶数全体在乘法下是 $(\mathbb{R},\times)$ 的子半群但不是子幺半群.

二 结合律的性质 运算的结合律对多个元素的运算的表达简化是必不可少的. 设 $\cdot$ 是集合 X 上的二元运算, 为简便, 将把 $a\cdot b$ 简单记作 ab. 设 $a_1,a_2,\cdots,a_n$ 是 X 中的元素. 不改变元素的顺序, 这 n 个元素做运算的方式是很多的,

$$(\cdots((a_1a_2)a_3)\cdots a_{n-1})a_n,(\cdots(a_1(a_2a_3))\cdots a_{n-1})a_n,\cdots,a_1(a_2(\cdots(a_{n-1}a_n)\cdots)).$$

如果这个运算是结合的, 那么上面这些不同的运算方式给出的结果都是一样的, 从而这些括号的位置对结果是没有影响的, 所以括号可以去掉. 即有如下命题.

命题 5.7 设 X 上的二元运算 $\cdot$ 是结合的. 对 X 中的任意 n 个元素 $a_1,\cdots,a_n$, 归纳定义乘积 $a_1a_2\cdots a_n$ 如下:

$$a_1a_2\cdots a_n=(a_1a_2\cdots a_{n-1})\cdot a_n.$$

那么对于任意的 $1\leqslant i\leqslant n-1$, 有

$$a_1a_2\cdots a_n=(a_1\cdots a_i)\cdot(a_{i+1}\cdots a_n). \tag{5.1}$$

证明 对 n 做归纳法. 当 $n=1,2$ 时, 结果由定义给出. 假设对任意的 $1\leqslant i<n-1$, 总有

$$a_1a_2\cdots a_{n-1}=(a_1\cdots a_i)\cdot(a_{i+1}\cdots a_{n-1}).$$

现证等式 (5.1) . 当 $i=n-1$, 要证的等式是定义给出的. 设 $1\leqslant i<n-1$, 则有

$$\begin{aligned}a_1a_2\cdots a_n&=(a_1\cdots a_{n-1})\cdot a_n\\&=((a_1\cdots a_i)\cdot(a_{i+1}\cdots a_{n-1}))\cdot a_n\quad(\text{归纳假设})\\&=(a_1\cdots a_i)\cdot((a_{i+1}\cdots a_{n-1})\cdot a_n)\quad(\text{结合律})\\&=(a_1\cdots a_i)\cdot(a_{i+1}\cdots a_{n-1}a_n)\quad(\text{归纳假设和定义})\end{aligned}$$

命题证毕. □

三　幂与倍数　在半群中, 上述命题允许我们定义一个元素的幂 (如果运算写成乘法) 或倍数 (如果运算写成加法) . 如果半群 X 中的运算写成乘法, 对 $a \in X$ 和正整数 n, 定义 $a^n = a\,a \cdots a$ (n个 a 相乘). 那么有

$$a^m a^n = a^{m+n}, \quad (a^m)^n = a^{mn}, \quad m, n\text{为正整数}.$$

对幺半群, **定义 a^0 为单位元** e.

如果半群 X 中的运算写成加法, 那么 n 个相同的元素做运算会写成倍数的形式: $na = a + \cdots + a$. 此时有

$$ma + na = (m+n)a, \quad m(na) = mna, \qquad m, n\text{为正整数}.$$

加法幺半群的单位元一般记作 0, 也称为**零元**. 约定 X 的一个元素的 0 倍为 0, 即 $0a = 0$. 注意这里的 0 有两重身份, 既是整数也是半群中的单位元.

四　可逆元素　对幺半群 $(X, \cdot)$ 有可逆元的概念. 设 e 为单位元, 称 X 中的元素 a 为**可逆的**如果存在 $b \in X$ 使得

$$ab = e = ba.$$

这时元素 b 称为 a 的**逆元**. 如果 $ac = ca = e$, 那么 $c = ce = c(ab) = (ca)b = eb = b$, 所以可逆元 a 的逆元是唯一的, 通常记作 a^{-1} (如果运算写成加法形式, a 的逆元一般记作 $-a$, 称为 a 的**负元**).

如果 a, b 可逆, 那么 $(ab)(b^{-1}a^{-1}) = a(bb^{-1})a^{-1} = aa^{-1} = e$, $(b^{-1}a^{-1})(ab) = e$, 所以 ab 可逆, **其逆为** $b^{-1}a^{-1}$. 从而, 幺半群中的可逆元全体形成一个子幺半群. 这个子幺半群常常是很重要的, 如有限集合的变换全体形成的幺半群中的可逆元全体构成的子幺半群, 方阵关于乘法形成的幺半群中的可逆元形成的子幺半群等.

对幺半群中的可逆元 a, 可以定义负整数幂 (如果运算是乘法形式)

$$a^n = (a^{-1})^{-n}, \quad \text{其中 } n \text{ 是负整数};$$

或负整数倍数 (如果运算是加法形式) : $na = (-n)(-a)$.

下面的命题的形式是熟悉又亲切的.

命题 5.8　设 a 是一个乘法幺半群中的可逆元, 那么对于任意的整数 m, n, 有

$$a^m a^n = a^{m+n}, \quad (a^m)^n = a^{mn}.$$

(对加法幺半群的可逆元 a, 则是 $ma+na=(m+n)a, m(na)=(mn)a$).

证明　如果 m,n 是正整数, 结论从定义得出. 如果 m 或 n 为 0, 譬如 $m=0$, 要证的等式分别成为

$$ea^n=a^n,\quad e^n=a^0,$$

而这是成立的. 对 $n=0$, 情况类似.

假设 $m<0,\ n>0$. 此时

$$(a^m)^n=((a^{-1})^{-m})^n=(a^{-1})^{-mn}=a^{mn}.$$

对另一个等式, 需要分情况讨论.

如果 $m+n=0$, 则有

$$a^ma^n=(a^{-1})^{-m}a^n=\underbrace{a^{-1}a^{-1}\cdots a^{-1}}_{n\text{ 个}}\underbrace{a\,a\cdots a}_{n\text{ 个}}=e=a^{m+n}.$$

如果 $m+n>0$, 则

$$a^ma^n=(a^{-1})^{-m}a^n=(a^{-1})^{-m}a^n=\underbrace{a^{-1}a^{-1}\cdots a^{-1}}_{m\text{ 个}}\underbrace{a\,a\cdots a}_{n\text{ 个}}=a^{n-(-m)}=a^{m+n}.$$

如果 $m+n<0$, 则

$$a^ma^n=(a^{-1})^{-m}a^n=(a^{-1})^{-m}a^n=\underbrace{a^{-1}a^{-1}\cdots a^{-1}}_{m\text{ 个}}\underbrace{a\,a\cdots a}_{n\text{ 个}}=(a^{-1})^{-m-n}=a^{m+n}.$$

类似地, 可以知道对 $m>0,\ n<0$ 的情形, 有 $a^ma^n=a^{m+n},\ (a^m)^n=a^{mn}$.

假设 $m<0,\ n<0$, 则

$$a^ma^n=(a^{-1})^{-m}(a^{-1})^{-n}=(a^{-1})^{-m-n}=a^{m+n}.$$

因为 $a^ma^{-m}=a^{m-m}=e$, 所以 $(a^m)^{-1}=a^{-m}$, 从而

$$(a^m)^n=((a^m)^{-1})^{-n}=(a^{-m})^{-n}=a^{(-m)(-n)}=a^{mn}.\qquad\square$$

习 题 5.1

1. 设 S 是集合, 定义乘法为 $ab = b$. 证明 S 是半群. 什么情况下这个半群有单位元?

2. 设 $M = \mathbb{Z} \times \mathbb{Z}$. 定义 $(a, b) \cdot (c, d) = (ac + 2bd, ad + bc)$. 证明 M 是交换的幺半群, 单位元是 $(1, 0)$. 而且, 对非零元有消去律, 即如果 $(a, b) \neq (0, 0)$, $(a, b)(c, d) = (a, b)(x, y)$, 则 $(c, d) = (x, y)$. 计算 $(a, a)^n$ 和 $(2a, a)^n$.

3. 本题是半群与自动化联系的一个例子. 一台机器接受八字母串 (即八个字母构成的序列, 可以毫无意义), 输出的八字母串由第一个串的前 5 个字母后面接上第二个串的后 3 个字母. 证明: 八字母串集合在这个合成法下是半群. 如果输出的是第一个串的前 4 个字母后面接上第二个串的后 4 个字母, 八字母串集合在这个合成法下是否是半群? 这些运算是否有单位元? 对任意的八字母串 A 计算 A^n.

4. 设 M 是幺半群. 任取 M 中的元素 t, 定义集合 M 上的新运算 $* : x * y = xty$. 证明: $(M, *)$ 是半群. 运算 $*$ 在什么情况下有单位元?

5. 设 S 是半群, u 是 S 外的元素. 命 $M = S \cup \{u\}$. 延拓 S 的运算至 M: $ua = a = au$ 对任意 $a \in M$. 证明 M 是幺半群.

6. 在整数集上定义运算 $m \circ n = m + n + mn = (m + 1)(n + 1) - 1$. 证明: 运算 $\circ$ 有单位元, $(\mathbb{Z}, \circ)$ 是幺半群. 找出这个半群的所有可逆元.

7. 证明集合

$$M_n^0(\mathbb{R}) = \left\{ (a_{ij}) \in M_n(\mathbb{R}) \;\middle|\; \sum_{j=1}^{n} a_{ij} = 0,\ i = 1, 2, \cdots, n \right\}$$

在矩阵的乘法下是半群. 它是否为幺半群?

5.2 群

非负整数全体对于加法或乘法成为幺半群, 在这个半群中除了单位元没有可逆元. 整数全体、有理数集、实数集对于加法成为幺半群, 非零实数全体和非零有理数全体对于乘法是幺半群, 这些幺半群中每个元素都有逆元. 有限集合的置换全体对映射的合成是幺半群, 每个元素都有逆元; n 阶实方阵全体对于矩阵加法是幺半群, 每个元素都有逆元.

显然, 在数的研究与应用中, 如果仅仅停留在非负整数, 没有相反数 (加法逆元) 和倒数 (乘法逆元), 很难想象数学能发展起来. 单从这一点就知道幺半群中逆元的重要性. 于是, 所有元素都可逆的幺半群受到特别的重视是很自然的, 并专门有一个名称——**群**.

一 定义 5.9 群就是所有元素都可逆的幺半群. 换句话说, 群是一个集合 G, 其上有一个二元运算 $\cdot$, 对任意的 $a, b, c \in G$, 有

(1) 结合律: $(a \cdot b) \cdot c = a \cdot (b \cdot c)$.

(2) 有单位元: 存在 $e \in G$ 使得 $e \cdot a = a \cdot e = a$.

(3) 存在 $a' \in G$ 使得 $a \cdot a' = a' \cdot a = e$. 这个元素 a' 称为 a 的逆, 记作 a^{-1}.

如同半群的情形, 我们有子群的概念. 一个群的子集称为这个群的**子群**如果这个子集含有单位元, 在原有运算下成为群. 一个群有两个平凡的子群：它自身和仅含单位元的子群. 群 G 的子群 H 称为**真子群**如果 $H \neq G$.

如果群 G 的运算是交换的：$a \cdot b = b \cdot a$, 则称这个群为**交换群**, 也称为**阿贝尔群**.

例 5.10 整数对于加法成为交换群. 非零实数集合对于乘法是交换群.

例 5.11 集合 $\{1, 2, \cdots, n\}$ 上的置换全体 S_n 对映射的合成是群, 偶置换全体 A_n 是 S_n 的子群.

例 5.12 可逆 n 阶实方阵全体对于矩阵的乘法是群, 记作 $GL_n(\mathbb{R})$, 称为**一般线性群**. 它有很多重要的子群. 如其中行列式为 1 的矩阵全体是子群, 记作 $SL_n(\mathbb{R})$, 称为**特殊线性群**.

例 5.13 幺半群中的可逆元全体是群.

如果群 G 只含有有限多个元素, 则称 G 是**有限群**, 否则称 G 为**无限群**. 群 G 所含元素的个数记作 $\operatorname{Card} G$ 或 $|G|$, 也称为群 G 的**阶**.

约定 在抽象地谈群时, 我们一般默认群运算是写成乘法形式的, 并且省去运算符号, 除非另有说明.

二 循环群 最简单的群是循环群. 从命题 5.8 知, 对于群 G 中的元素 a, 如下集合

$$\langle a \rangle = \{ a^m \mid m \in \mathbb{Z} \}$$

是 G 的子群, 称为**由 a 生成的子群**. 这就是一个循环群. 如果 G 的一个子群 H 含有 a, 那么它包含 a 的所有的幂, 所以 $\langle a \rangle$ 是 H 的子群. 于是 $\langle a \rangle$ 为含 a 的最小

的子群.

定义 5.14 一般地, 称一个群 G 为**循环群**如果它由一个元素生成, 即存在群中的元素 a 使得

$$G = \langle a \rangle = \{ a^m \mid m \in \mathbb{Z} \}.$$

元素 a 称为这个群的 (一个) **生成元**.

除了只含一个或两个元素的群, 循环群的生成元不是唯一的, 因为 a 是生成元意味着 a^{-1} 也是生成元.

例 5.15 整数加法群 $(\mathbb{Z}, +)$ 是循环群, 因为 $\mathbb{Z}$ 作为加法群由 1 生成, 也由 -1 生成, 即此时有

$$\mathbb{Z} = \langle 1 \rangle = \langle -1 \rangle.$$

例 5.16 乘法群 $\{1, -1\}$ 由 -1 生成.

例 5.17 有限群中一个元素生成的循环群总是有限群. 如置换群 S_n 中的循环 $(12\cdots n)$ 生成的循环群含有 n 个元素.

三 元素的阶 对一个群中的元素 a, 考虑它的所有整数幂

$$\cdots,\ a^{-n},\ \cdots,\ a^{-2},\ a^{-1},\ a^0,\ a,\ a^2,\ a^3,\ \cdots,\ a^n,\ \cdots \tag{5.2}$$

它们有可能都不相同, 譬如非零实数形成的乘法群中取 $a = 2$; 也可能有相同的, 譬如取有限群中的任意元素.

如果上面的 a 的整数幂序列中间没有相同的, 就称 a 的**阶**是无穷 (或无限) 的, a 也称为**无限阶元**. 如果上面的序列中有相同的, 比如 $a^i = a^j$, $i > j$, 那么 $a^{i-j} = e$ 是单位元. 在使得 $a^k = e$ 的正整数 k 中必有一个最小的, 记作 q. 这时称 a 为**有限阶元**, 阶为 q, 也称 a 为 q**阶元**. 群中一个元素的阶和它生成的循环群的阶 (基数) 的联系是密切的, 事实上, 我们有如下命题.

命题 5.18 一个群中的元素 a 的阶等于它生成的子群 $\langle a \rangle$ 的基数 $\mathrm{Card}\,\langle a \rangle$. 而且, 当 a 是 q 阶元时, 有

$$\langle a \rangle = \{ e, a, a^2, \cdots, a^{q-1} \},$$

且 $a^n = e$ 当且仅当 $n = hq$, $h \in \mathbb{Z}$.

证明　如果 a 的阶无限, 结果是显然的. 现假设 a 的阶是 q. 任意整数 n 都可以写成

$$n = hq + r, \quad h \in \mathbb{Z}, \quad 0 \leqslant r \leqslant q - 1.$$

于是

$$a^n = a^{hq}a^r = (a^q)^h a^r = e^h a^r = a^r.$$

根据阶的定义, $e, a, a^2, \cdots, a^{q-1}$ 两两不同, 所以它们构成 $\langle a \rangle$, 且 $a^n = e$ 当且仅当 $n = hq$, $h \in \mathbb{Z}$. □

四　循环群的子群　作为群中元素的阶这一概念的一个应用, 我们利用它讨论循环群的子群. 首先是无限循环群的情形. 此时群由无限阶元素生成, 所以具有如下形式

$$G = \{\cdots, a^{-n}, \cdots, a^{-2}, a^{-1}, a^0, a, a^2, a^3, \cdots, a^n, \cdots\}.$$

设 H 是 G 的非平凡子群, 即与 $\{e\}$ 和 G 都不相同的子群. 如果 a^m $(m \neq 0)$ 是 H 的元素, 那么其逆 a^{-m} 也是 H 的元素. 所以 H 含有 a 的正指数幂. 假设 k 是使得 $a^k \in H$ 的最小正整数, 那么 $a^{nk} \in H$ 对一切的整数 n. 如果 $a^m \in H$, 因为 $m = lk + r$, $l \in \mathbb{Z}$, $0 \leqslant r \leqslant k - 1$, 所以

$$a^r = a^m a^{-lk} \in H.$$

于是 $r = 0$. 从而

$$H = \{a^{nk} \mid n \in \mathbb{Z}\}.$$

现在讨论有限循环群的情形. 假设 G 由一个 q 阶元 a 生成, 那么

$$G = \{e, a, a^2, \cdots, a^{q-1}\}.$$

设 H 是 G 的非平凡子群, 含有 a^k, $2 \leqslant k \leqslant q - 1$, 但不包含 $a, a^2, \cdots, a^{k-1}$. 如果 H 含有 a^m, 因为 $m = lk + r$, $l \in \mathbb{Z}$, $0 \leqslant r \leqslant k - 1$, 所以

$$a^r = a^m a^{-lk} \in H.$$

于是 $r = 0$, 从而 m 是 k 的倍数. 特别地, 因为 $a^q = e \in H$, 所以 k 是 q 的因子. 设 $q = uk$, 则有

$$H = \{a^{nk} \mid 0 \leqslant n \leqslant u - 1\}.$$

我们把得到的结果表述成如下的命题.

命题 5.19 设 G 是循环群, 由元素 a 生成. 那么, 它的子群 H 一定有如下形式.

(1) 如果 G 是无限群 (即 a 的阶是无限的), 那么存在唯一的正整数 k 使得

$$H = \{ a^{nk} \,|\, n \in \mathbb{Z} \}.$$

(2) 如果 a 的阶是 q, 那么存在 q 的因子 k 使得

$$H = \left\{ a^{nk} \,\middle|\, 0 \leqslant n \leqslant \frac{q}{k} - 1 \right\}.$$

命题 5.20 假设 G 是 q 阶循环群, a 是生成元, 那么 a^k 是 G 的生成元当且仅当 k 与 q 是互素的, 即 $\gcd(k, q) = 1$.

证明 如果 a^k 是 G 的生成元, 那么存在整数 n 使得 $a = a^{kn}$. 于是 $kn = hq+1$, 所以 k 与 q 是互素的. 反之, 假设 k 与 q 是互素的, 那么存在整数 n, h 使得 $1 = kn + hq$. 从而 $a^{kn} = a^{1-hq} = a$. 所以 a^k 是 G 的生成元. □

把命题 5.19 应用到整数加法群 ($\mathbb{Z}$, +) 上, 可以得到如下有意思的结果. 这里可以看到群论方法的价值. 对于任意的不全为 0 的整数 $a_1, a_2, \cdots, a_n$, 如下元素

$$k_1 a_1 + k_2 a_2 + \cdots + k_n a_n, \quad k_1, k_2, \cdots, k_n \in \mathbb{Z},$$

形成 $\mathbb{Z}$ 的加法子群 H. 根据命题 5.19, 存在正整数 d 使得

$$H = d\mathbb{Z} = \{ dk \,|\, k \in \mathbb{Z} \}.$$

这样, 存在整数 $k_1, \cdots, k_n$ 和整数 b_i 使得

$$d = k_1 a_1 + k_2 a_2 + \cdots + k_n a_n, \quad a_i = b_i d, \quad i = 1, \cdots, n.$$

所以 d 是所有 a_i 的因子. 并且, 如果 d' 整除所有的 a_i, 那么 d' 整除 d. 于是 d 是 $a_1, \cdots, a_n$ 的最大公因子, 且可以写成 $a_1, \cdots, a_n$ 的整系数线性组合.

五 同态与同构 数学对象一般通过映射建立联系. 对于群, 我们关注的是保持运算的映射. 这类映射称为群同态, 是研究群的基本工具.

定义 5.21 设 G 和 G' 是群. 映射 $\varphi : G \to G'$ 称为**群同态**如果

$$\varphi(ab) = \varphi(a)\varphi(b), \quad \forall a, b \in G.$$

如果群同态 φ 是双射, 则称之为**群同构**. 如果在 G 和 G' 之间存在群同构映射, 则称 G 和 G' 是**同构的**.

以下是群同态的一些简单性质.

(1) 群同态把单位元映到单位元;

(2) 群同态把逆元映到逆元, 即 $\varphi(a^{-1}) = (\varphi(a))^{-1}$;

(3) 群同构的逆映射也是群同构, 即如果 $\varphi : G \to G'$ 是群同构, 那么 $\varphi^{-1} : G' \to G$ 也是群同构.

(4) 群同态 $\varphi : G \to G'$ 的**核**

$$\ker \varphi = \{g \in G \mid \varphi(g) = e',\ \text{其中 } e' \text{ 是 } G' \text{ 的单位元}\}$$

与像 $\mathrm{Im}\,\varphi$ 分别是 G 和 G' 的子群.

证明　(1) 设 e 和 e' 分别是 G 和 G' 的单位元. 由于

$$\varphi(e) = \varphi(e^2) = \varphi(e)\varphi(e),$$

所以

$$\varphi(e) = \varphi(e)\varphi(e)^{-1} = e'.$$

(2) 对 $a \in G$, 有 $e = aa^{-1} = a^{-1}a$, 所以

$$e' = \varphi(e) = \varphi(aa^{-1}) = \varphi(a)\varphi(a^{-1}) = \varphi(a^{-1}a) = \varphi(a^{-1})\varphi(a).$$

于是

$$\varphi(a^{-1}) = (\varphi(a))^{-1}.$$

(3) 仅需证明

$$\varphi^{-1}(xy) = \varphi^{-1}(x)\varphi^{-1}(y), \quad \forall x, y \in G'.$$

由于 φ 是双射, 所以对 x 和 y 分别在 G 中存在唯一的元素 a 和 b 使得

$$\varphi(a) = x, \quad \varphi(b) = y.$$

于是 $a = \varphi^{-1}(x)$, $b = \varphi^{-1}(y)$. 把映射 φ^{-1} 作用在等式 $xy = \varphi(a)\varphi(b) = \varphi(ab)$ 上即得

$$\varphi^{-1}(xy) = \varphi^{-1}(\varphi(ab)) = (\varphi^{-1}\varphi)(ab) = \mathrm{Id}_G(ab) = ab = \varphi^{-1}(x)\varphi^{-1}(y),$$

其中 Id_G 是 G 上的恒等映射.

(4) 可以看出

$$\varphi(a)=e',\ \varphi(b)=e' \Rightarrow \varphi(ab)=\varphi(a)\varphi(b)=e'\cdot e'=e',\quad \text{且}$$

$$\varphi(a^{-1})=\varphi(a)^{-1}=(e')^{-1}=e'.$$

所以核 $\ker\varphi$ 是 G 的子群. 由于

$$\varphi(a)\varphi(b)=\varphi(ab),\quad \varphi(a)^{-1}=\varphi(a^{-1}),\quad \varphi(e)=e',$$

所以像 $\mathrm{Im}\,\varphi$ 是 G' 的子群. □

命题 5.22 (1) 两个群同态的合成仍是群同态, 即如果 $\varphi: G\to G'$ 和 $\psi: G'\to G''$ 是群同态, 那么 $\psi\varphi: G\to G''$ 是群同态.

(2) 两个群同构的合成仍是群同构, 即如果 $\varphi: G\to G'$ 和 $\psi: G'\to G''$ 是群同态, 那么 $\psi\varphi: G\to G''$ 是群同构.

证明 留作练习. □

六 例子与结论 下面是一些群同态和群同构的例子和结论, 从中可以看到来自不同背景的群经过同构和同态建立了密切的联系, 这种联系对研究群的性质是极其重要的.

命题 5.23 两个循环群 G 和 K 同构当且仅当它们有相同的阶.

证明 如果 G 和 K 同构, 显然它们的阶相同. 反之, 假设它们的阶相同. 如果都是无限阶的, 那么两个群可以写成如下形式,

$$G=\{\cdots,\ a^{-n},\ \cdots,\ a^{-2},\ a^{-1},\ a^0,\ a,\ a^2,\ a^3,\ \cdots,\ a^n,\ \cdots\},$$
$$K=\{\cdots,\ b^{-n},\ \cdots,\ b^{-2},\ b^{-1},\ b^0,\ b,\ b^2,\ b^3,\ \cdots,\ b^n,\ \cdots\}.$$

根据命题 5.8, 映射 $\varphi: G\to K,\ a^m\to b^m,\ m\in\mathbb{Z}$, 是群同构.

如果它们的阶是有限的, 设为 q, 那么两个群可以写成如下形式

$$G=\{\,a^0,\ a,\ a^2,\ \cdots,\ a^{q-1}\,\},$$
$$K=\{\,b^0,\ b,\ b^2,\ \cdots,\ b^{q-1}\,\}.$$

根据命题 5.18, 映射 $\varphi: G\to K,\ a^m\to b^m,\ 0\leqslant m\leqslant q-1$ 是群同构. □

例 5.24　设 G 是 q 阶循环群, 由元素 a 生成, 那么映射

$$\varphi:\mathbb{Z}\to G,\quad n\to a^n$$

是群同态. 这由命题 5.8 推出. 一般地, 对于任意 G 中的元素 a, 映射 $\mathbb{Z}\to G$, $n\to a^n$ 是群同态.

例 5.25　以下映射是群同态.

(1) 行列式函数: $GL_n(\mathbb{R})\to\mathbb{R}^*$, 其中 $\mathbb{R}^*=\mathbb{R}-\{0\}$ 是非零实数乘法群.

(2) 符号映射: $S_n\to\{\pm1\}$, $\sigma\to\varepsilon_\sigma$.

(3) 指数映射: $(\mathbb{R},+)\to(\mathbb{R}^*,\times)$, $x\to \mathrm{e}^x$. 指数映射还建立了实数加法群和正实数乘法群之间的同构.

(4) 绝对值映射: $\mathbb{R}^*\to\mathbb{R}^*$, $a\to|a|$.

(5) 平凡映射: $G\to\{1\}$, $a\to 1$, $\forall a\in G$. □

定理 5.26　(1) 设 X 为 n 元集, 那么 X 的置换群 $S(X)$ (即 X 的可逆变换全体在映射合成下形成的群) 与置换群 S_n 同构.

(2) 设 G 是有限群, 阶为 n, 那么 G 同构于置换群 S_n 的一个子群.

证明　(1) 设 $X=\{x_1,x_2,\cdots,x_n\}$. 对每一个置换 $\sigma\in S_n$, 定义可逆映射

$$f_\sigma:X\to X,\quad x_i\to x_{\sigma(i)},\quad i=1,2,\cdots,n.$$

如果 S_n 中的置换 σ 与 τ 是不同的, 那么 $f_\sigma\neq f_\tau$, 于是我们得到单射

$$\varphi:S_n\to S(X),\quad \sigma\to f_\sigma.$$

这是一个群同态, 因为

$$f_\sigma f_\tau(x_i)=f_\sigma(x_{\tau(i)})=x_{\sigma(\tau(i))}=x_{\sigma\tau(i)}=f_{\sigma\tau}(x_i),$$

从而 $\varphi(\sigma\tau)=f_{\sigma\tau}=f_\sigma f_\tau=\varphi(\sigma)\varphi(\tau)$. 由于 $S(X)$ 含有 $n!$ 个元素, 与 S_n 的阶一样, 所以单射 φ 也是满射, 从而是双射. 于是 φ 是群同构.

(2) 对 $g\in G$, 定义映射

$$L_g:G\to G,\quad x\to gx.$$

那么 L_g 是可逆映射, 从而在 G 的置换群 $S(G)$ 中. 由于

$$L_gL_h(x)=L_g(L_h(x))=L_g(hx)=g(hx)=(gh)x=L_{gh}(x),\quad \forall x\in G,$$

且$L_e = \mathrm{Id}_G$, 其中 e 是 G 的单位元, 所以所有的 L_g, $g \in G$ 形成 $S(G)$ 的一个子群 H. 考虑映射

$$L: G \to H, \quad g \to L_g.$$

易见, L 是群同构. 根据 (1), H 同构于 S_n 的一个子群, 所以 G 同构于 S_n 的一个子群. □

例 5.27 对置换群 S_n 中每一个元素 σ, 定义一个 n 阶方阵 $A_\sigma = (a_{ij})$ 如下:

$$a_{ij} = \begin{cases} 1, & \text{如果} i = \sigma(j), \\ 0, & \text{否则}. \end{cases}$$

那么映射

$$\mathcal{A}: S_n \to GL_n(\mathbb{R}), \quad \sigma \to A_\sigma$$

是群同态, 而且是单射.

例 5.28 映射

$$\varphi: GL_n(\mathbb{R}) \to GL_{n+1}(\mathbb{R}), \quad A \to \begin{pmatrix} A & 0 \\ 0 & 1 \end{pmatrix}$$

是群同态.

例 5.29 设 G 是群. 对任意的 $g \in G$, 考虑映射

$$\tau_g: G \to G, \quad x \to gxg^{-1}.$$

我们有 $\tau_g(xy) = gxyg^{-1} = (gxg^{-1})(gyg^{-1}) = \tau_g(x)\tau_g(y)$. 所以, τ_g 是群同态. 而且对 $g, h \in G$ 有

$$\tau_g\tau_h(x) = \tau_g(hxh^{-1}) = ghxh^{-1}g^{-1} = (gh)x(gh)^{-1} = \tau_{gh}.$$

注意 $\tau_e = \mathrm{Id}_G$, 所以从 $\tau_g\tau_{g^{-1}} = \tau_{g^{-1}}\tau_g = \tau_e = \mathrm{Id}_G$ 可知 τ_g 是可逆的, 从而是群同构. 由于 $\tau_g\tau_h = \tau_{gh}$, 所以这些群同构 τ_g, $g \in G$ 形成 $S(G)$ 的子群, 记作 $\mathrm{Inn}(G)$, 称为 G 的**内自同构群**. 映射

$$\tau: G \to \mathrm{Inn}(G), \quad g \to \tau_g$$

是群同态. 内自同构群 $\mathrm{Inn}(G)$ 是平凡的当且仅当 G 是交换的.

七 半群的乘法表 (凯莱表) 对有限或可数 (阶) 半群 $G = \{g_1, g_2, \cdots, g_n, \cdots\}$, 可以用如下的乘法表 (亦称为**凯莱表**) 展示半群的乘法.

	g_1	g_2	$\cdots$	g_n	$\cdots$
g_1	g_1^2	g_1g_2	$\cdots$	g_1g_n	$\cdots$
g_2	g_2g_1	g_2^2	$\cdots$	g_2g_n	$\cdots$
$\vdots$	$\cdots$	$\cdots$	$\cdots$	$\cdots$	$\cdots$
g_n	g_ng_1	g_ng_2	$\cdots$	g_n^2	$\cdots$
$\vdots$	$\cdots$	$\cdots$	$\cdots$	$\cdots$	$\cdots$

半群的很多信息可以从乘法表中读出, 比如交换性、是否成为群等. 如果 G 是群, 则 G 的一个元素在乘法表中的每一行恰好出现一次, 在每一列也是如此. 不过, 当 (半) 群的阶很大时, 乘法表的规律可以变得很复杂, 通过乘法表比较两个 (半) 群是很不容易的事情.

八 群与对称 群是研究对称的基本工具. 几何图形的对称常常是经过某些反射、旋转、平移等运动 (变换) 后具有的不变性, 而这些运动 (变换) 都在运动群 (由反射、旋转、平移等生成的群) 中, 以圆和等边三角形为例等 (图 5-1).

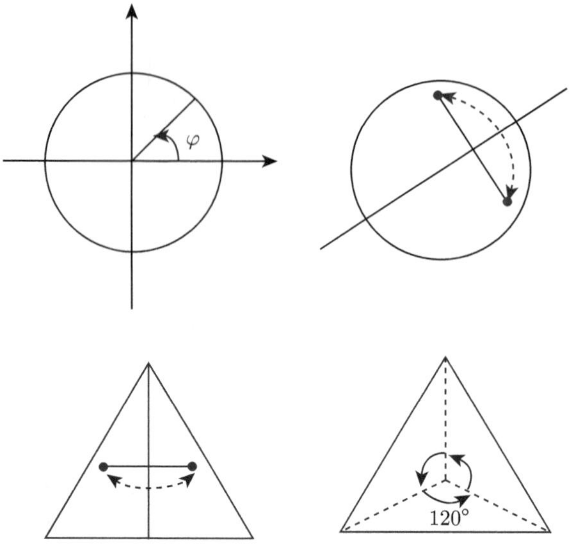

图 5-1

在平面上, 以原点为圆心的圆对于任何绕原点的旋转都是不变的, 一条平面曲线如果于任何绕原点的旋转都是不变的必是以原点为圆心的圆. 平面上绕原点的旋转全体是一个交换群. 于是以原点为圆心的圆就是这个群下不变的曲线. 对每一条过原点的直线, 有相应的反射. 这些反射同样保持以原点为圆心的圆不变. 这些反射生成的群 (非交换) 也保持这些圆不变. 以原点为中心的等边三角形仅对角度

为 $2\pi/3$ 和角度为 $4\pi/3$ 的旋转不变, 还仅对三角形三条中线相应的反射不变. 这一点可以解释圆比等边三角形更对称：保持等边三角形不变的旋转和反射比保持圆不变的旋转和反射少得多, 也就是说保持等边三角形不变的变换群比保持圆不变的变换群小得多.

习 题 5.2

1. 写出置换群 S_3 的乘法表.

2. 命 $G = \{(a,b) \in \mathbb{R}^2 \mid a \neq 0\}$. 定义 $(a,b)(c,d) = (ac, ad+b)$. 证明 G 因此成为群, 单位元是 (1,0).

3. 证明：实数集 $\mathbb{R}$ 上的一类变换：$x \to ax+b(a,\ b \in \mathbb{R},\ a \neq 0)$ 全体在映射合成下为群.

4. 证明：实数集上的平移 $x \to x+b$ 组成的集合是第 3 题中的群的子群.

5. 证明：如果一个幺半群 (单位元记作 1) 中的元素 a 有右逆 b(即 $ab=1$) 和左逆 c(即 $ca=1$), 那么 $b=c$, a 是可逆元, 逆为 $a^{-1}=b$. 证明 a 可逆且以 b 为逆元当且仅当 $aba=a$ 和 $ab^2a=1$ 成立.

6. 设 α 是平面上绕原点的旋转, ρ 是关于 x 轴的反射. 证明：$\rho\alpha\rho^{-1}=\alpha^{-1}$.

7. 设 G 是幺半群 M 的非空子集. 证明 G 是子群当且仅当 G 中每个元素在 M 中可逆且对于任意 $g,h \in G$ 有 $gh^{-1} \in G$.

8. 设 G 是半群, 具有如下性质：

(1) G 含有右单位元 1_r, 即 $a1_r = a$ 对任意的 $a \in G$;

(2) G 中的每个元素 a 有右逆, 即存在 $b \in G$ 使得 $ab=1_r$. 证明：G 是群.

9. 证明：在群中方程 $ax=b$ 和 $ya=b$ 都有唯一解. 反之, 如果一个半群有此性质, 则含有单位元且是群.

10. 证明：(1) 在群中左右消去律都成立, 即 $ax=ay \Longrightarrow x=y$, $xa=ya \Longrightarrow x=y$;

(2) 左右消去律都成立的有限半群一定是群.

11. 有限群的阶数如果是偶数, 那么其中有 2 阶元, 即存在非单位元 a 使得 a^2 是单位元.

12. 证明：一个群不会是两个真子群的并.

13. 证明: (1) 群 $GL_2(\mathbb{R})$ 中的元素 $x=\begin{pmatrix}0&1\\-1&0\end{pmatrix}$ 和 $y=\begin{pmatrix}0&1\\-1&-1\end{pmatrix}$ 的阶分别是 4 和 3;

(2) 群 $\langle xy\rangle$ 是无限循环群. 这件事在交换群中能发生吗?

14. 证明一个群的任意多个子群的交仍是这个群的子群.

15. 设 S 是群 G 的子集. 证明所有如下形式的元素组成 G 的一个非空子群,

$$t_1t_2\cdots t_n, n=1,2,\cdots;\quad t_i\in S \text{ 或 } t_i^{-1}\in S, 1\leqslant i\leqslant n.$$

它称为由 S 生成的子群, 记作 $\langle S\rangle$, S 称为其生成元集. 证明 G 的任何包含 S 的子群都包含 $\langle S\rangle$, 即 $\langle S\rangle$ 是 G 的包含 S 的子群中的最小者.

16. 设 a,b 是一个群中的元素. 如果 a 和 b 都是有限阶元, 且它们的阶互素, $ab=ba$, 则 $\langle a,b\rangle=\langle ab\rangle$.

17. 证明 $S_n=\langle (12),(23),\cdots,(n-1,n)\rangle$.

18. 证明 $S_n=\langle (12),(123\cdots n)\rangle$.

19. 给出正有理数的乘法群的一个生成元集. 这个群是否存在有限生成元集.

20. 在一个群中如果有等式 $(ab)^m=1$, 是否有 $(ba)^m=1$, 其中 a,b 是群中的元素, 1 是群的单位元.

21. 设 H 是群 G 的有限非空子集. 如果 H 对乘法封闭, 那么 H 是 G 的子群.

22. 设 $\varphi: G\to G'$ 是满群同态. 证明: 如果 G 是循环群, 则 G' 是循环群; 如果 G 是交换群, 则 G' 是交换群.

23. 证明: 实数加法群到非零复数乘法群的映射 $f(x)=\mathrm{e}^{\mathrm{i}x}$ 是群同态. 确定 f 的像与核 $\ker f=\{x\in\mathbb{R}\mid f(x)=1\}$.

24. 证明: (1) 形如 $M=\begin{pmatrix}A&B\\0&C\end{pmatrix}$ 的 n 阶实方阵, 其中 $A\in GL_r(\mathbb{R})$, $C\in GL_{n-r}(\mathbb{R})$, 形成 $GL_n(\mathbb{R})$ 的一个子群 H; (2) 映射 $H\to GL_r(\mathbb{R})$, $M\to A$ 是群同态. 确定其核.

25. 确定整数加法群到自身的所有群同态. 确定它们中哪些是单射, 哪些是满射, 哪些是同构.

26. 证明映射 $A\to({}^tA)^{-1}$ 是 $GL_n(\mathbb{R})$ 的自同构.

27. 设 G 是群. 对 $a\in G$, 定义 G 的右平移 a_R 为映射 $G\to G$, $x\to xa$. 证明在映射合成下 G 的右平移全体 G_R 是群, 且映射 $a\to a_R^{-1}$ 是 G 到 G_R 的群同构.

28. 把函数的合成定义为函数间的乘法, 于是函数 $f = 1/x$, $g = (x-1)/x$ 生成一个群. 证明这个群与对称群 S_3 同构.

29. 在同构的意义下分类所有的 6 阶群 (提示: 证明 G 没有 4 阶和 5 阶元, 然后分情况讨论: G 有 6 阶元, G 没有 6 阶元但有 3 阶元, G 只有 1 阶和 2 阶元).

5.3 环

整数集合、有理数集合、实数集合、n 阶实方阵全体等都有两个运算, 分别是加法和乘法. 这两个运算都是重要的, 通过分配律联系在一起. 前面群的观点只讨论一种运算, 要把两种运算一起讨论我们需要新的概念——**环**. 以上集合连同其上的加法和乘法一起都是环的例子.

一 定义 5.30 一个集合 R 称为**环**, 如果它有两个二元运算 $+, \cdot$, 分别称为加法和乘法, 满足如下条件:

(1) $(R, +)$ 是交换群 (阿贝尔群);

(2) $(R, \cdot)$ 是半群;

(3) 乘法对加法有分配律: $a(b+c) = ab + ac, \quad (b+c)a = ba + ca, \forall a, b, c \in \mathrm{R}$.

如果 $(R, \cdot)$ 是交换半群, 则称 R 为**交换环**. 如果 $(R, \cdot)$ 是幺半群, 则称 R 是**带 1** (乘法单位元) **的环**.

约定 带 1 的环中, 乘法单位元总是不等于加法零元. (否则, 这个环只含一个元素, 那是无趣的.)

例 5.31 (1) 整数集连同其上的加法和乘法称为整数环; 这是一个交换环;

(2) 实数上的 n 元多项式环 $\mathbb{R}[x_1, \cdots, x_n]$. 这也是交换环. 我们将在第 6 章对多项式环做进一步的讨论;

(3) 实数上的 n 阶方阵全体 $M_n(\mathbb{R})$ 是环. 这是一个非交换环;

(4) 函数环 R^X. 设 $(R, +, \cdot)$ 是环, X 是集合. 命

$$R^X = \{\text{所有映射} : X \to R\},$$

定义 R^X 上的加法 $+$ 和乘法 $\cdot$ 如下

$$(f+g)(x)=f(x)+g(x),\quad (f\cdot g)(x)=f(x)\cdot g(x),\quad \forall f,g\in R^X,\ x\in X.$$

易见, $(R,+)$ 是阿贝尔群推出 $(R^X,+)$ 是阿贝尔群, $(R,\cdot)$ 是半群蕴涵 $(R^x,\cdot)$ 是半群, $(R,+,\cdot)$ 的分配率蕴涵 $(R^X,+,\cdot)$ 的分配律.

交换环与代数几何密切相关. 实际上, 现代代数几何是建立在交换环的理论上的.

环 R 的子集 L 称为 R 的**子环**如果 L 是 R 的加法子群和乘法半群的子半群. 如果 R 是带 1 的环, 还要求 1 在 L 中. 例如, 整数环是实数环的子环, 也是有理数环的子环. n 阶实方阵环 $M_n(\mathbb{R})$ 中上三角矩阵全体 $B_n(\mathbb{R})$ 是 $M_n(\mathbb{R})$ 的子环.

二 环的加法单位元也称为**零元**, 一般记作 0. **抽象地讨论环及其性质时, 乘法符号一般用 $\cdot$ 或省去, 如果乘法是幺半群, 乘法单位元一般记作 1**.

假设 R 是带 1 的环. 以下是几个简单却又常用的性质, 其中 $a,b\in R$.

(1) 元素 a 的加法逆元可以记作 $-a$, 所以有 $a+(-a)=(-a)+a=0$;

(2) $(-1)a=a(-1)=-a$;

(3) $0\cdot a=a\cdot 0=0$;

(4) $-ab=(-1)ab=(-a)b=a(-b)$.

证明 (3) $0\cdot a=(0+0)\cdot a=0\cdot a+0\cdot a$, 所以 $0\cdot a=0$. 类似可证 $a\cdot 0=0$.

(2) $(-1)a+a=(-1+1)a=0\cdot a=0$, 所以 $(-1)a=-a$. 类似可证 $a(-1)=-a$.

(4) $-ab=(-1)ab=(-a)b$ 由 (2) 和结合律得到. 因为 $ab+a(-b)=a(b+(-b))=a\cdot 0=0$, 所以 $a(-b)=-ab$. □

三 整数的剩余类环 本节的一个重点是整数的剩余类环. 设 m 是正整数. 在整数之间定义二元关系 $\sim$ 如下,

$$a\sim b \text{ 当且仅当 } m|(a-b),\quad \text{即 } a-b=mc,\quad c\in\mathbb{Z}.$$

容易验证这个二元关系 $\sim$ 有如下性质:

(1) 自反性: $a\sim a$, $\forall a\in\mathbb{Z}$;

(2) 对称性：$a \sim b$ 蕴涵 $b \sim a$;

(3) 传递性：$a \sim b$ 且 $b \sim c \Rightarrow a \sim c$.

所以 $\sim$ 是整数集上的等价关系. 对 $a \in \mathbb{Z}$, 其所在的等价类记作 $\bar{a}$. 因为对任意的整数 a 和 i, 有

$$\overline{a} = \overline{a + im},$$

所以在这个等价关系下, 整数集有 m 个等价类, 分别含有 $0, 1, \cdots, m-1$. 于是, 这 m 个等价类可以记作

$$\overline{0},\ \overline{1},\ \overline{2},\ \cdots,\ \overline{m-1},$$

它们形成的集合记作 $\mathbb{Z}_m$.

我们在 $\mathbb{Z}_m$ 上定义加法和乘法如下：

$$\overline{i} + \overline{j} = \overline{i+j}, \quad \overline{i} \cdot \overline{j} = \overline{i \cdot j}.$$

命题 5.32 如上定义的加法和乘法是合理的, 在这些运算下 $\mathbb{Z}_m$ 是交换环.

证明 首先要证明这个定义是合理的, 即如果 $\overline{i} = \overline{k}$, $\overline{j} = \overline{l}$, 那么 $\overline{i} + \overline{j} = \overline{k} + \overline{l}$, $\overline{i} \cdot \overline{j} = \overline{k} \cdot \overline{l}$. 假设 $k = i + am$, $l = j + bm$, 则有

$$\overline{k} + \overline{l} = \overline{(i+am) + (j+bm)} = \overline{(i+j) + (am+bm)} = \overline{i+j} = \overline{i} + \overline{j},$$

$$\overline{k} \cdot \overline{l} = \overline{(i+am)(j+bm)} = \overline{ij + (bi + aj + abm)m} = \overline{ij} = \overline{i} \cdot \overline{j}.$$

所以在 $\mathbb{Z}_m$ 上所定义的加法和乘法是合理的. 易见在加法下 $\mathbb{Z}_m$ 是交换群, 单位元是 $\overline{0}$; 在乘法下是交换幺半群, 单位元是 $\overline{1}$. 整数运算的分配律给出 $\mathbb{Z}_m$ 上乘法对加法的分配律. 所以 $\mathbb{Z}_m$ 是交换环. □

注意 $\mathbb{Z}_m$ 是有限环. 这个环在数论中十分有用, 也是环论中一个特别有价值的例子.

四 零因子、整环 在矩阵环, 剩余类环中有可能出现 $ab = 0$ 但 $a \neq 0, b \neq 0$, 在整数环或实多项式环中没有这个现象. 这个差别对于环来说是很重要的. 于是有相应的概念.

定义 5.33 设 R 是环, a, b 是 R 中的非零元. 如果 $ab = 0$, 那么 a 称为 (R 的) **左零因子**, b 称为 (R 的) **右零因子**. 零元本身称为**平凡的零因子**. 如果 R 没有非 0 的零因子, 则称 R 为**无零因子环**. 带 1 的无零因子交换环称为**整环**.

例 5.34　(1) 在 $M_2(\mathbb{R})$ 中, $A=\begin{pmatrix}0&1\\0&0\end{pmatrix}$ 既是左零因子也是右零因子.

(2) 在 $\mathbb{Z}_8$ 中, $\bar{2}$ 是零因子, 因为 $\bar{2}^3=\overline{2^3}=\bar{8}=0$.

五　同态　环之间的联系依然是通过保持运算的映射. 有如下定义.

定义 5.35　设 R 和 R' 是环, 映射 $\varphi: R\to R'$ 称为**环同态**, 如果

(1) φ 是加法群同态;

(2) $\varphi(ab)=\varphi(a)\,\varphi(b),\quad \forall a,b\in R$.

如果环同态 φ 是双射, 则称 φ 为**环同构**, R 和 R'**同构**, 这时 φ 的逆也是环同构. 如果 R 和 R' 的乘法半群都有单位元, 分别记为 1 和 $1'$, 那么还要求 $\varphi(1)=1'$.

例 5.36　(1) 映射 $\varphi:\mathbb{R}\to M_n(\mathbb{R}),\quad \lambda\to \mathrm{diag}(\lambda,\lambda,\cdots,\lambda)$ 是环同态.

(2) 设 R 是环, X 是集合, $x\in X$, 则映射 $\psi_x: R^X\to R,\quad f\to f(x)$ 是环同态.

(3) 设 $1\leqslant k<n$ 是整数, $a_{k+1},\cdots,a_n\in\mathbb{R}$, 则映射

$$\varphi:\mathbb{R}[x_1,\cdots,x_n]\to\mathbb{R}[x_1,\cdots,x_k],\quad f(x_1,x_2,\cdots,x_n)\to f(x_1,\cdots,x_k,a_{k+1},\cdots,a_n)$$

是环同态, 其中 $\mathbb{R}[x_1,\cdots,x_n]$ 是 $\mathbb{R}$ 上的 n 元多项式函数环.

定义 5.37　环同态 $\varphi: R\to R'$ 的**核**定义为

$$\ker\varphi=\{\,a\in R\,|\,\varphi(a)=0\,\},$$

其中 0 是 R' 的加法单位元.

例 5.38　(1) 设 m 是正整数, 则映射

$$\varphi:\mathbb{Z}\to\mathbb{Z}_m,\quad a\to\bar{a}$$

是环同态. 这个同态的核是 $m\mathbb{Z}=\{\,km\,|\,k\in\mathbb{Z}\,\}$.

(2) 映射 $\varphi:\mathbb{R}[x]\to\mathbb{R}$, $f(x)\to f(0)$ 是环同态. 它的核是

$$\ker\varphi=\{\,a_1x+a_2x^2+\cdots+a_nx^n\,|\,n=1,2,3,\cdots;\ a_1,\cdots,a_n\in\mathbb{R}\,\}.$$

习 题 5.3

1. 设 C 是实数集上的 (实值) 连续函数全体. 定义其加法为 $(f+g)(x)=f(x)+g(x)$, 乘法为 $(f\cdot g)(x)=f(g(x))$. 证明: $(C,+)$ 是交换群, $(C,\cdot)$ 是幺半群. $(C,+,\cdot)$ 是否为环?

2. 证明: 在环 R 中有 $n(ab)=a(nb)$ 如果 n 是整数. 如果定义 $b-c=b+(-c)$, 则有 $a(b-c)=ab-ac$.

3. 命 $\mathbb{Q}[\sqrt{2},\sqrt{3}]$ 是 $\mathbb{C}$ 中含所有有理数和 $\sqrt{2},\sqrt{3}$ 的子环中的最小者. 是否有 $\mathbb{Q}[\sqrt{2},\sqrt{3}]=\mathbb{Q}[\sqrt{2}+\sqrt{3}]$? 是否有 $\mathbb{Z}[\sqrt{2},\sqrt{3}]=\mathbb{Z}[\sqrt{2}+\sqrt{3}]$?

4. 确定下面的集合 S 是否是环 R 的子环.

(1) $S=\{a/b\,|\,a,b\in\mathbb{Z},\ b\neq 0且\ 3\nmid b\}$, $R=\mathbb{Q}$.

(2) S 是函数 $1,\cos nt,\ \sin nt,\ n\in\mathbb{Z}$ 的整系数线性组合全体 (注意线性组合都是有限和), R 是 t 的所有实值函数集.

5. 确定下列环中的可逆元: (1) $\mathbb{Z}_{12}$, (2) $\mathbb{Z}_8$, (3) $\mathbb{Z}_m$.

6. 假设集合 R 上有两个运算, 除加法的交换律外满足环的所有其他公理. 利用分配律证明加法是交换的, 从而 R 是环.

7. 设 X 是集合, $P(X)$ 是 X 的所有子集形成的集合. 定义 $P(X)$ 的加法和乘法如下: $A+B=A\cup B-A\cap B$, $A\cdot B=A\cap B$. 证明: 在这些运算下 $P(X)$ 是环, 且其加法群的非零元素的阶都是 2.

8. 设 R 是有单位元的环, $x\in R$. 如果存在正整数 n 使得 $x^n=0$, 则 $1+x$ 是可逆元.

9. 证明: 如果在环中 $1-ab$ 可逆, 那么 $1-ba$ 也可逆.

10. 设 R 是环, S 是 R 的子集. 证明:

$$C(S)=\{a\in R\,|\,ax=xa,\ \forall x\in S\}$$

是 R 的子环.

11. 确定环同态 $\varphi:\mathbb{R}[x,y,z]\to\mathbb{R}[t],\ f(x,y,z)\to f(t,t^2,t^3)$ 的核.

12. 设 $\varphi:R\to R'$ 是环同态. 证明: $\ker\varphi$ 对加法和乘法封闭. 如果 $x\in\ker\varphi$, 则对 R 中的任意元素 a, 有 $ax\in\ker\varphi$ 和 $xa\in\ker\varphi$.

13. 如果环中的任意元素 x 的平方等于自身, 证明该环是交换环. 若任意元素的立方等于自身, 结论是否成立?

5.4　域

一　比起整数环、方阵环等, 有理数环和实数环有个显著的特点: 每个非零元对于乘法都有逆, 这一点对于有理数和实数都是非常有用的. 这类环有很多独特深刻的性质, 也有自身的理论和方法, 所以专门有一个术语.

定义 5.39　一个有乘法单位元的环称为**体** (或**斜域**) 如果环中的每个非零元都有乘法逆元. 一个有乘法单位元的环称为**域**如果这个环是交换的且环中的每个非零元都有乘法逆元.

例 5.40　有理数全体 $\mathbb{Q}$ 和实数全体 $\mathbb{R}$ 在通常的加法和乘法下是域, 分别称为有理数域和实数域.

例 5.41　最有名的体 (斜域) 应是四元数体 $\mathbb{H}$, 它是四维的实向量空间, 有一个基: $1, i, j, k$, 从而 $\mathbb{H}$ 的元素都有形式 $a+bi+cj+dk$, $a,b,c,d \in \mathbb{R}$, 乘法满足结合律, 对加法有分配律, 且

$$i^2=j^2=k^2=-1, \quad ij=-ji=k, \quad jk=-kj=i, \quad ki=-ik=j.$$

命题 5.42　整数剩余类环 $\mathbb{Z}_m$ 是域当且仅当 m 是素数.

证明　首先注意 $\mathbb{Z}_m$ 是交换环. 如果 m 是合数, 那么存在整数 a, b 使得 $1 < a, b < m$ 且 $m = ab$. 于是, 在 $\mathbb{Z}_m$ 中 $\bar{a} \neq \bar{0}$, $\bar{b} \neq \bar{0}$, 但 $\bar{a}\,\bar{b} = \overline{ab} = \bar{m} = \bar{0}$. 所以 $\mathbb{Z}_m$ 不是域.

假设 m 是素数. 对任意的数 $1 \leqslant a \leqslant m-1$, 有 $\gcd(a, m) = 1$, 所以存在整数 x, y 使得 $ax + my = 1$. 于是

$$\bar{a}\bar{x} = \overline{ax} = \overline{ax+my} = \bar{1}.$$

从而此时 $\mathbb{Z}_m$ 是域. □

对带 1 的环 R, 其乘法可逆元全体记作 $U(R)$, 这是一个乘法群. 如果 p 是素数, 那么 $U(\mathbb{Z}_p) = \{\bar{1}, \bar{2}, \cdots, \overline{p-1}\}$. 下面这个定理显示群论和域论对数论的益处.

定理 5.43 (费马小定理)　设 a 是整数, p 是素数. 如果 a 与 p 互素 (即 $\gcd(a, p) = 1$), 那么

$$p \mid (a^{p-1}-1), \quad 即 \quad a^{p-1} \equiv 1 (\operatorname{mod} p).$$

证明 首先 $\overline{a} \in \mathbb{Z}_p$ 是非零的, 所以可逆, 从而 $\bar{a}U(\mathbb{Z}_p) = U(\mathbb{Z}_p)$. 换句话说, 有

$$\{\overline{a}\cdot\overline{1}, \overline{a}\cdot\overline{2}, \cdots, \overline{a}\cdot\overline{(p-1)}\} = \{\overline{1}, \overline{2}, \cdots, \overline{p-1}\}.$$

于是

$$\prod_{k=1}^{p-1}(\overline{a}\overline{k}) = \prod_{k=1}^{p-1}\overline{k}, \quad \text{即} \quad \overline{a}^{p-1}\left(\prod_{k=1}^{p-1}\right) = \prod_{k=1}^{p-1}\overline{k}.$$

所以 $\overline{a}^{p-1} = \overline{1}$, 即 $a^{p-1} \equiv 1(\operatorname{mod} p)$. □

欧拉定理的证明类似.

二 素域 设 K 是域, L 是 K 的子集. 称 L 为 K 的**子域**如果 L 是 K 的加法子群, 乘法子幺半群, 且 L 中非零元的逆都在 L 中. 此时 K 也称为 L 的**扩域**.

例如, 有理数域是实数域的子域. 有理数域有很多有意思的扩域. 常用的一个例子是: 所有形如 $a+b\sqrt{2}$ $(a,b\in\mathbb{Q})$ 的数组成的集合是一个域, 因为当 $a+b\sqrt{2}\neq 0$ 时, $\dfrac{1}{a+b\sqrt{2}} = \dfrac{a}{a^2-2b^2} - \dfrac{b}{a^2-2b^2}\sqrt{2}$, 域的其他公理显然满足. 这个域记作 $\mathbb{Q}(\sqrt{2})$, 称为由 $\mathbb{Q}$ 添加 $\sqrt{2}$ 得到的扩域. 类似地, 对任意的素数 p, 所有形如 $a+b\sqrt{p}$ $(a,b\in\mathbb{Q})$ 的数组成的集合是一个域, 记作 $\mathbb{Q}(\sqrt{p})$.

域 L 称为域 K 的**真子域**如果 L 是 K 的子域但 $L\neq K$. 称一个域为**素域**如果它除自身外没有其他的子域. 无疑, 素域是最简单的域. 两个域称为**同构**的如果他们作为环是同构的. 同构的域可以认为是一样的.

定理 5.44 (1) 有理数域和 $\mathbb{Z}_p$ (p 为素数) 是素域;

(2) 任一素域必同构于有理数域或某个有限域 $\mathbb{Z}_p$.

证明 (1) 设 L 是有理数域 $\mathbb{Q}$ 的子域. 因为 $1\in L$, 所以 L 包含由 1 生成的加法子群 $\mathbb{Z}=\langle 1\rangle$. 由于 L 是域, 所以它包含非零整数 n 的乘法逆 n^{-1}, 也包含整数和整数逆的乘积, 所以包含任意的有理数 mn^{-1} $(n\neq 0)$. 我们已经看到 $L=\mathbb{Q}$, 所以 $\mathbb{Q}$ 是素域.

设 p 是素数, L 是域 $\mathbb{Z}_p$ 的子域. 因为 $\overline{1}\in L$, 所以 L 包含由 $\overline{1}$ 生成的加法子群 $\mathbb{Z}_p=\langle 1\rangle$. 所以 $L=\mathbb{Z}_p$, 即 $\mathbb{Z}_p$ 是素域.

(2) 设 K 是素域. 它的乘法单位元 e 生成的加法子群 H 由 me, $m\in\mathbb{Z}$ 构成. 因为 $(me)\cdot(ne)=(mn)e$, 所以 H 是 K 的子环. 有两种情况:

(i) H 是无限加法循环群;

(ii) H 是有限加法循环群.

在情形 (i), 根据命题 5.23 的证明, 映射 $\varphi: H \to \mathbb{Z},\ \ ne \to n,$ 是 H 与整数加法群 $(\mathbb{Z}, +)$ 之间的同构. 由于 $\varphi((me)\cdot(ne)) = mn = \varphi(me)\varphi(ne)$, 映射 φ 实际上是环同构. 设 m, n 为整数, s 和 t 为非零整数, 那么有

$$me\cdot(se)^{-1} + ne\cdot(te)^{-1} = (mte + nse)\cdot(ste)^{-1},$$
$$(me\cdot(se)^{-1})(ne\cdot(te)^{-1}) = mne\cdot(ste)^{-1},\quad (se\cdot(te)^{-1})^{-1} = te\cdot(se)^{-1}.$$

所以

$$K = \{\, me\cdot(se)^{-1} \mid m, s\in\mathbb{Z}, s\neq 0\,\}.$$

从而映射 $\varphi: H\to\mathbb{Z}$ 可以扩张成映射

$$\varphi': K\to\mathbb{Q},\quad me\cdot(se)^{-1}\to ms^{-1},\quad m, s\in\mathbb{Z}, s\neq 0.$$

这是一个域同构.

在情形 (ii), 必有某个正整数 m 使得 $me = 0$. 假设 p 是使得 $pe = 0$ 的最小的正整数, 那么 p 是素数. 否则 $p = ab$, $1 < a, b < p$. 于是 $ae\neq 0$, $be\neq 0$, 但 $ae\cdot be = (ab)e = pe = 0$, 这与 K 没有非平凡的零因子矛盾. 于是

$$H = \{\, 0,\ e,\ 2e,\ \cdots,\ (p-1)e\,\}.$$

对整数 $1\leqslant m\leqslant p-1$, 可以找到整数 s, t 使得 $sm + tp = 1$, 从而 $(me)^{-1} = se\in H$. 所以 $K = H$. 而且下面的映射

$$\psi: K\to\mathbb{Z}_p,\quad me\to\bar{m},\quad \forall m\in\mathbb{Z}$$

是域同构. □

三　域的特征　假设 K 是域, e 是乘法单位元. 在定理 5.44 的证明中我们看到有以下两种情况出现:

(1) 对任意非零的整数 m, 有 $me\neq 0$, 此时 K 所含的素域与有理数域同构;

(2) 存在素数 p 使得 $pe = 0$, 此时 K 所含的素域与 $\mathbb{Z}_p$ 同构. 而且, 对于任意的 $a\in K$, 有 $pa = p(ea) = pe\cdot a = 0$.

在第一种情况, 称域 K 的**特征**为 0, 记作 $\operatorname{char} K = 0$; 在第二种情况, 称域 K 的**特征**为 p, 记作 $\operatorname{char} K = p$.

在同构的意义下, 任何特征为 0 的域都是有理数域的扩域, 任何特征为 p 的域都是 $\mathbb{Z}_p$ 的扩域.

四 任意域上的线性方程组 前面几章在讨论实数域上的线性方程组、矩阵、行列式时, 对涉及的实数仅用到它们的加法和乘法运算, 以及运算的交换性和每个非零数有乘法逆. 实数的这些运算和性质对任一个域都是成立的. 所以前面的讨论可以在任意域上进行并有相应的结论. 也就是说, 对任意域, 其上的线性方程组有高斯消元法, 有行列式理论 (虽然体积的背景没有了, 但定义 4.2 和有关的结论适用)、矩阵的秩、方阵的可逆性判定、克拉默法则等.

任意域上的数学内容是丰富的, 比如有限域 P 上的一般线性群 $GL_n(P)$ 是一个特别有意思的有限群, 它还有一些很有意思的子群如正交群 $O_n(P)$, 辛群 $Sp_{2m}(P)$ (如果 $n=2m$) 等. 又如有限域在编码理论有广泛的应用. 至于任意域上的代数几何则是我们现在还不能提及的.

对任意有单位元的环 R, 都可以定义矩阵的加法和乘法、行列式. 也有一般线性群 $GL_n(R)$ (环 R 上可逆的 n 阶方阵全体) 和特殊线性群 $SL_n(R)$ (环 R 上行列式值为乘法单位元的 n 阶方阵). 对整数环, 这两个群与数论联系密切.

由于整数环到任意的域都有同态, 所以整系数的方程可以看做任意域上的方程, 只要把整数看做任意域的元素并注意在正特征 p 的域上, 整数 $ap+b$ 和 b 是相同的. 根据域的不同, 整系数方程的解有不同的形态. 例如方程 $x^2+1=0$ 在实数域内无解, 但在域 $\mathbb{Z}_5$ 内, 2 和 3 都是方程 $x^2+1=0$ 的解.

习 题 5.4

1. 域 $\mathbb{Q}(\sqrt{2})$ 和 $\mathbb{Q}(\sqrt{3})$ 是否同构?

2. 证明有限整环是域.

3. 设域 F 的特征为素数 p. 证明对于任意的 $a,b\in F$ 和正整数 m, 有

$$(a+b)^{p^m}=a^{p^m}+b^{p^m}.$$

(提示: 对 m 作归纳法).

4. 证明含有 5 个元素的环或同构于 $\mathbb{Z}_5$, 或是带有零乘法的环.

5. 证明矩阵 $\begin{pmatrix} a & b \\ -b & a \end{pmatrix}$, 其中 $a,b\in\mathbb{Z}_3$, 构成一个 9 元域, 且这个域的乘法群是 8 阶循

环群.

6. 设 p 是奇素数. 证明 $\mathbb{Z}_p$ 中的非零元有一半是平方元 (即是 $\mathbb{Z}_p$ 中某个元素的平方), 且如果 a 和 b 不是平方元, 则 ab 是平方元.

7. 证明: 自然同态 $\mathbb{Z} \to \mathbb{Z}_p$ 诱导的群同态 $SL_2(\mathbb{Z}) \to SL_2(\mathbb{Z}_p)$ 是满同态, 其中 p 是素数.

第 6 章 复数和多项式

复数和多项式都是我们熟悉的对象. 有了群环域这些概念后, 我们可以用新的视角看这些对象.

6.1 复 数 域

简单的方程 $x^2+1=0$ 在实数范围内没有根. 为了解这个方程和其他的方程, 人们硬性引入虚数 $\mathrm{i}=\sqrt{-1}$ 作为其根. 很长时间, 人们都把它看做是虚构的或没用的数, 如同 0 和负数刚开始出现的境况. 直到棣莫弗、欧拉[①]和高斯[②]的工作出现, 虚数和复数才得到广泛的认可和使用.

一 复数域 在实数上添加方程 $x^2+1=0$ 的根 $\mathrm{i}=\sqrt{-1}$, 并与其他实数作乘法、加法, 就得到了复数 $a+b\mathrm{i},\ a,b\in\mathbb{R}$. 复数之间的运算法则如下, 其中 a,b,c,d 是实数,

(1) $a+b\mathrm{i}=c+d\mathrm{i}$ 当且仅当 $a=c,\ b=d$;

(2) $(a+b\mathrm{i})+(c+d\mathrm{i})=(a+c)+(b+d)\mathrm{i}$;

(3) $(a+b\mathrm{i})\cdot(c+d\mathrm{i})=(ac-bd)+(bc+ad)\mathrm{i}$.

容易验证复数集合 $\mathbb{C}=\{a+b\mathrm{i}\,|\,a,b\in\mathbb{R}\}$ 在这些运算下是加法群, 乘法幺半群, 有分配律, 非零元 $a+b\mathrm{i}$ 有乘法逆 $(a-b\mathrm{i})/(a^2+b^2)$, 所以是一个域, 称为**复数域**. 复数中那些非实数的元素 $a+b\mathrm{i}\ (b\neq 0)$ 称为**虚数**, 形如 $b\mathrm{i}$ 的虚数称为**纯虚数**. 这些术语反映了人们在几百年前对复数的认识. 我们将通过二阶方阵构造一个与复数域同构的域, 也将在平面上实现复数, 从而把"虚数"变成实在的对象.

二 矩阵模型 先通过 2 阶实方阵构造一个与复数域 $\mathbb{C}$ 同构的域. 考虑

$$F=\left\{\left(\begin{array}{cc}a & b\\ -b & a\end{array}\right)\,\middle|\,a,\,b\in\mathbb{R}\right\}\subset M_2(\mathbb{R}).$$

---

① 欧拉公式: $\mathrm{e}^{\mathrm{i}\pi}+1=0$ 等.

② 证明了代数基本定理等.

命 $E=\begin{pmatrix}1&0\\0&1\end{pmatrix}, J=\begin{pmatrix}0&1\\-1&0\end{pmatrix}$, 那么 $\begin{pmatrix}a&b\\-b&a\end{pmatrix}=aE+bJ$. 所以 F 是 $M_2(\mathbb{R})$ 中的二维线性子空间. 而且, F 在矩阵加法和乘法下成为环, 因为

(1) 对加法封闭

$$\begin{pmatrix}a&b\\-b&a\end{pmatrix}+\begin{pmatrix}c&d\\-d&c\end{pmatrix}=\begin{pmatrix}a+c&b+d\\-(b+d)&a+c\end{pmatrix}.$$

(2) 有加法逆元 (负元)

$$-\begin{pmatrix}a&b\\-b&a\end{pmatrix}=\begin{pmatrix}-a&-b\\-(-b)&-a\end{pmatrix}.$$

(3) 对乘法封闭

$$\begin{pmatrix}a&b\\-b&a\end{pmatrix}\begin{pmatrix}c&d\\-d&c\end{pmatrix}=\begin{pmatrix}ac-bd&ad+bc\\-(ad+bc)&ac-bd\end{pmatrix}.$$

(4) 分配律来自一般矩阵运算的分配律.

环 F 有一些更有趣的性质: 乘法单位元的负元 $-E$ 有平方根 $\pm J$, 非零元有乘法逆.

(5) $J^2+E=0$,　因为 $\begin{pmatrix}0&1\\-1&0\end{pmatrix}\begin{pmatrix}0&1\\-1&0\end{pmatrix}=\begin{pmatrix}-1&0\\0&-1\end{pmatrix}=-E.$

(6) F 中的非零元有逆: 如果实数 $a\neq 0$ 或 $b\neq 0$, 即 $a^2+b^2\neq 0$, 则有

$$\begin{pmatrix}a&b\\-b&a\end{pmatrix}^{-1}=\frac{1}{a^2+b^2}\begin{pmatrix}a&-b\\b&a\end{pmatrix}=\begin{pmatrix}\dfrac{a}{a^2+b^2}&-\dfrac{b}{a^2+b^2}\\\dfrac{b}{a^2+b^2}&\dfrac{a}{a^2+b^2}\end{pmatrix}\in F.$$

所以 F 是域.

定理 6.1　映射 $\varphi: F\to\mathbb{C},\ aE+bJ\to a+bi$ 是域同构.

证明 我们有

$$
\begin{aligned}
\varphi(aE+bJ+cE+dJ) &= (a+c)+(b+d)\mathrm{i} = (a+b\mathrm{i})+(c+d\mathrm{i}) \\
&= \varphi(aE+bJ)+\varphi(cE+dJ), \\
\varphi((aE+bJ)(cE+dJ)) &= \varphi((ac-bd)E+(ad+bc)J) \\
&= (ac-bd)+(ad+bc)\mathrm{i} = (a+b\mathrm{i})(c+d\mathrm{i}) \\
&= \varphi(aE+bJ)\ \varphi(cE+dJ).
\end{aligned}
$$

所以 φ 保持加法与乘法. 显然 φ 是双射, 从而是域同构. □

域 F 可以看做是复数域的一个模型. 下面的练习给出它的来源.

练习 6.2 复数域 $\mathbb{C}$ 是实 2 维向量空间, 1, i 形成一个基. 对每一个复数 $z=a+b\mathrm{i}$, 用 z 乘是线性映射

$$f_z : \mathbb{C} \to \mathbb{C}, \quad u \to zu.$$

证明 这些线性映射形成一个域, 在基 1, i 下的矩阵形式就是 F.

三 复平面、棣莫弗公式 二维实向量空间 $\mathbb{R}^2$ 的元素具有形式 (a,b), $a,b\in\mathbb{R}$. 定义元素之间的乘法如下

$$(a,b)\cdot(c,d)=(ac-bd,ad+bc),$$

那么映射 $\mathbb{C}\to\mathbb{R}^2$, $a+b\mathrm{i}\to(a,b)$ 是保持加法与乘法的双射, 所以向量空间 $\mathbb{R}^2$ 带着上面定义的乘法成为域, 与复数域同构. 这样, 复数域 $\mathbb{C}$ 就有了几何的解释. 把复数 $a+b\mathrm{i}$ 与平面上的点 (a,b) 等同起来, 就可以得到复数的三角形式.

命 $O=(0,0)$ 为平面 $\mathbb{R}^2$ 的原点, $P=(a,b)$. 称线段 OP 的长度 $\sqrt{a^2+b^2}$ 为 $z=a+b\mathrm{i}$ 的**模**(**长**), 记作 $|z|$. 从正实轴 $\mathbb{R}^+=\{(a,0)\in\mathbb{R}^2\mid a\geqslant 0\}$ 到射线 OP 的角度 φ 称为 $z=a+b\mathrm{i}$ 的**辐角**, 记作 $\arg z$ (按逆时针方向旋转得到的角度为正值, 顺时针方向旋转得到的角度为负值), 如图 6-1 所示.

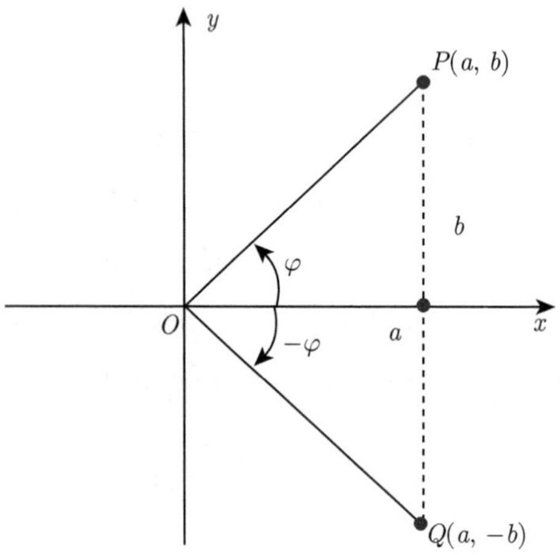

图 6-1

注意对于任意的整数 n, $\arg z+2n\pi$ 仍是 z 的辐角. 利用模长和辐角就可以得到 $z=a+b\mathrm{i}$ 如下十分有用的**三角形式**

$$z=|z|(\cos\varphi+\mathrm{i}\sin\varphi),$$

其中 $|z|=\sqrt{a^2+b^2}$.

命题 6.3 设 z 和 z' 是复数, 则

(1) $|zz'|=|z||z'|, \left|\dfrac{z}{z'}\right|=\dfrac{|z|}{|z'|}$;

(2) $\arg zz'=\arg z+\arg z'$;

(3) $\arg\dfrac{z}{z'}=\arg z-\arg z'$.

证明 (1) 命 $z=a+b\mathrm{i}$, $z'=c+d\mathrm{i}$. 从等式

$$(ac-bd)^2+(ad+bc)^2=(a^2+b^2)(c^2+d^2)$$

可得 $|zz'|=|z||z'|$.

假设 $z'\neq 0$. 则 $1=|z'^{-1}z'|=|z'^{-1}||z'|$. 所以 $|z'|^{-1}=|z'^{-1}|$. 于是

$$\left|\frac{z}{z'}\right|=|z||z'^{-1}|=\frac{|z|}{|z'|}.$$

(2) 设 $z = r(\cos\varphi + \mathrm{i}\sin\varphi)$, $z' = r'(\cos\varphi' + \mathrm{i}\sin\varphi')$ 为 z 和 z' 的三角形式, 那么

$$\begin{aligned} z \cdot z' &= r \cdot r'(\cos\varphi\cos\varphi' - \sin\varphi\sin\varphi' + \mathrm{i}(\cos\varphi\sin\varphi' + \sin\varphi\cos\varphi')) \\ &= r \cdot r'(\cos(\varphi + \varphi') + \mathrm{i}\sin(\varphi + \varphi')). \end{aligned}$$

所以, $\arg zz' = \arg z + \arg z'$.

(3) 由 (2) 知 $\arg z = \arg\left(z' \cdot \dfrac{z}{z'}\right) = \arg z' + \arg\dfrac{z}{z'}$, 所以

$$\arg\frac{z}{z'} = \arg z - \arg z'. \qquad \square$$

设复数 z 和 z' 的辐角分别是 φ 和 φ', 从命题知

$$zz' = |z||z'|(\cos(\varphi + \varphi') + \mathrm{i}\sin(\varphi + \varphi')), \tag{6.1}$$

$$\frac{z}{z'} = \frac{|z|}{|z'|}(\cos(\varphi - \varphi') + \mathrm{i}\sin(\varphi - \varphi')). \tag{6.2}$$

一个简单又十分有用的推论如下.

推论 6.4 (棣莫弗公式) 设 z 是复数, 其辐角为 φ, n 为任意整数, 则

$$z^n = |z|^n(\cos n\varphi + \mathrm{i}\sin n\varphi), \tag{6.3}$$

利用棣莫弗公式可以知道任意复数 z 都有 n 次方根. 假设 $y = |y|(\cos\psi + \mathrm{i}\sin\psi)$ 满足 $y^n = z = |z|(\cos\varphi + \mathrm{i}\sin\varphi)$. 因为

$$y^n = |y|^n(\cos n\psi + \mathrm{i}\sin n\psi),$$

所以 $|y|^n = |z|$, $\arg y^n = n\arg y = n\psi = \varphi + 2k\pi$. 由此可见

$$|y| = \sqrt[n]{|z|}, \quad \arg y = \frac{\varphi + 2k\pi}{n}.$$

如果 $z \neq 0$, 那么 z 有 n 个 n 次方根:

$$\sqrt[n]{|z|}\left(\cos\frac{\varphi + 2k\pi}{n} + \mathrm{i}\sin\frac{\varphi + 2k\pi}{n}\right), \quad k = 0, 1, \cdots, n-1.$$

如果 $z = 0$, 那么 0 是 z 的唯一的 n 次方根.

注意

$$\varepsilon_k = \cos\frac{2k\pi}{n} + \mathrm{i}\sin\frac{2k\pi}{n}$$

都是 1 的根. 所以当 z 是正实数时, 它的 n 次根为 $\sqrt[n]{z}\,\varepsilon_k$, $k=0,1,\cdots,n-1$. 对一般的非零复数 z, 如果 z' 是 z 的一个 n 次方根, 那么它的 n 次方根就是 $z'\varepsilon_k$, $k=0,1,\cdots,n-1$. 图 6-2 给出了 1 的 6 次方根.

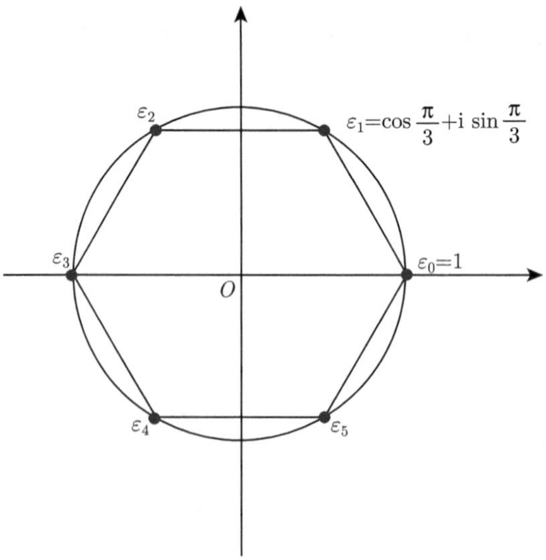

图 6-2

1 的 n 次方根 ζ 称为**本原的**如果它不是 1 的更低次的方根. 例如 ε_1 就是 1 的 n 次本原根, $\varepsilon_1^{-1}=\varepsilon_{n-1}$ 也是 1 的 n 次本原根. 由于 $\varepsilon_k=\varepsilon_1^k$, $\varepsilon_k^{-1}=\varepsilon_{n-k}$, $\varepsilon_0=1$, 所以, 1 的 n 次方根全体形成一个 n 阶循环群.

四　共轭　对复数 $z=a+b\mathrm{i}$, 称 $a-b\mathrm{i}$ 为 z 的**共轭**, 记作 $\bar{z}$. 共轭运算是复数的一元运算. 易见, 这个运算有如下性质:

(1) $\overline{z+z'}=\bar{z}+\overline{z'}$.

(2) $\overline{zz'}=\bar{z}\overline{z'}$.

(3) $\bar{\bar{z}}=z$.

由于映射 $\mathbb{C}\to\mathbb{C}$, $z\to\bar{z}$ 是双射, 所以共轭是 $\mathbb{C}$ 的域同构, 其平方为恒等映射. 以下事实是显然的.

(4) $z+\bar{z}$ 和 $z\bar{z}=|z|^2$ 均是实数, 分别是 $2a$ 和 a^2+b^2, 如果 $z=a+b\mathrm{i}$.

(5) $\bar{z}=z$ 当且仅当 z 是实数.

(6) $|z|=\sqrt{z\,\bar{z}}$.

五 实数域二次扩张的唯一性 下面的结论表明二维实向量空间上整环结构只有复数域. 从而通过添加实一元二次方程的根能得到的新的域只有复数域, 即实数域的二次扩张是唯一的.

定理 6.5 设 F 是实二维向量空间, 而且是交换无零因子环, 带有 1(即为整环), 则 F 是域, 与复数域 $\mathbb{C}$ 同构.

证明 命 1, e 为 F 的一个基, $\mathbb{R}$ 就可以等同 $\mathbb{R}\cdot 1$. 希望找到元素 j, 使得 $\mathrm{j}^2=-1$. 如果有, 则 $\mathrm{j}\notin\mathbb{R}\cdot 1$, 所以 $1,\mathrm{j}$ 形成 F 的一个基.

假设 j 存在, 那么 $e=a+b\mathrm{j}$, $b\neq 0$. 于是

$$\begin{aligned}e^2&=a^2-b^2+2ab\mathrm{j}=-a^2-b^2+2a(a+b\mathrm{j})\\&=-a^2-b^2+2ae.\end{aligned}$$

这启示了 j 的构造.

命 $e^2=\alpha+2\beta e$, $\alpha,\beta\in\mathbb{R}$. 置 $f=e-\beta$. 那么 $f\notin\mathbb{R}$, 从而

$$f^2=e^2-2\beta e+\beta^2=\alpha+\beta^2<0,\quad \text{因为} f\notin\mathbb{R}.$$

设 $f^2=-\delta$, 则 $\left(\dfrac{f}{\sqrt{\delta}}\right)^2=-1$. 取 $\mathrm{j}=\dfrac{f}{\sqrt{\delta}}$, 即有 $\mathrm{j}^2=-1$.

映射 $\mathbb{C}\to F$, $a+b\mathrm{i}\to a+b\mathrm{j}$ 是环同构, 所以, F 是域, 且与复数域同构. □

六 有理数域的二次扩张 虽然实数域的二次扩张是唯一的, 但有理数域却有无穷多的二次扩张. 一个有理系数的一元二次方程的根具有形式 $\alpha\pm\beta\sqrt{d}$, 其中 α,β 是有理数, d 是整数. 如果 $\sqrt{d}$ 不是有理数, 那么把这两个根和所有的有理数一起做加减乘除运算就得到一个新的域, 记作 $\mathbb{Q}(\sqrt{d})$, 称为 $\mathbb{Q}$ 的**二次域**.

如果 $d>0$, 则称 $\mathbb{Q}(\sqrt{d})$ 为**实二次域**; 如果 $d<0$, 则称 $\mathbb{Q}(\sqrt{d})$ 为**虚二次域**. 二次域是数论研究的对象, 有些问题至今尚未解决, 是否有无限多个类数为 1 的实二次域就是其中一个.

由于

$$(a+b\sqrt{d})+(u+v\sqrt{d})=(a+u)+(b+v)\sqrt{d},$$
$$(a+b\sqrt{d})\,(u+v\sqrt{d})=(au+bvd)+(av+bu)\sqrt{d},$$
$$(a+b\sqrt{d})^{-1}=\frac{a}{a^2-db^2}-\frac{b}{a^2-db^2}\sqrt{d},\quad \text{如果 } a+b\sqrt{d}\neq 0,$$

所以

$$\mathbb{Q}(\sqrt{d})=\{\,a+b\sqrt{d}\,|\,a,b\in\mathbb{Q}\,\}.$$

复数作为实数的二次扩域, 其中的一些概念如共轭和模, 可以推广至其他域的二次扩域. 对二次域 $\mathbb{Q}(\sqrt{d})$, 具体说来, 就是一个域自同构和借助这个自同构定义的范数. 易见, 映射

$$f: a+b\sqrt{d}\to a-b\sqrt{d}$$

是域 $\mathbb{Q}(\sqrt{d})$ 的自同构. 数 $\alpha=a+b\sqrt{d}\in\mathbb{Q}(\sqrt{d})$ 的**范数**定义为

$$N(\alpha)=\alpha f(\alpha)=a^2-db^2.$$

范数具有如下使用方便的性质:

(1) $N(\alpha)=0$ 当且仅当 $\alpha=0$.

(2) $N(1)=1$.

(3) $N(\alpha\beta)=N(\alpha)N(\beta)$.

(4) $N(\alpha^{-1})=N(\alpha)^{-1}$ 如果 $\alpha\neq 0$.

性质 (1) 和 (2) 是显然的. 性质 (3) 成立因为 f 保持乘法:

$$N(\alpha\beta)=\alpha\beta\, f(\alpha\beta)=\alpha\beta\, f(\alpha)f(\beta)=\alpha f(\alpha)\beta f(\beta)=N(\alpha)N(\beta).$$

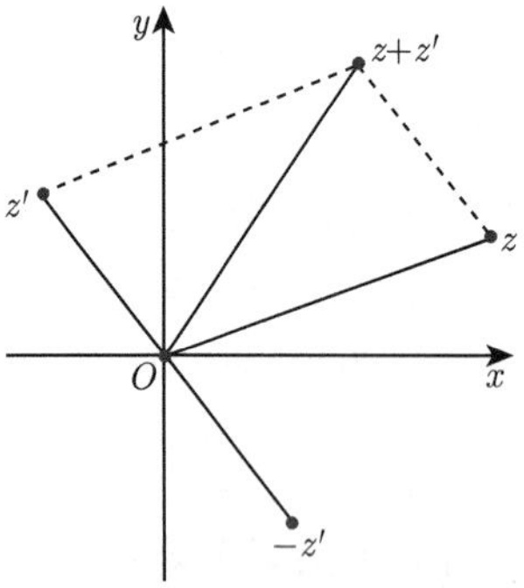

图 6-3

性质 (4) 从性质 (2) 和 (3) 推出.

七　复数的初等几何　平面上的点看做复数后就可以对平面上的点做加减乘除运算, 因此复数对平面上的几何讨论十分有用, 一些几何的性质可以通过复数运算刻画. 例如,

(1) 复数 z 的模就是以原点为起点, z 点为终点的向量的长. 复数的加减法可以通过平行四边形法则得到, 如图 6-3 所示.

由于三角形的两边和大于第三边, 两边差小于第三边, 所以

$$|z+z'| \leqslant |z|+|z'|, \tag{6.4}$$

$$|z|-|z'| \leqslant |z \pm z'| \leqslant |z|+|z'|. \tag{6.5}$$

(1) 平面上三个点 x, y, z 在一条直线上当且仅当比值 $(x-y)/(y-z)$ 是实数.

(2) 对两个复数 $z_1 = x_1 + \mathrm{i}y_1$ 和 $z_2 = x_2 + \mathrm{i}y_2$, 定义数量积

$$(z_1|z_2) = x_1x_2 + y_1y_2,$$

那么过点 x, y 的直线和过点 z, w 的直线垂直当且仅当 $((x-y)|(z-w)) = 0$.

两条直线垂直的数量积刻画有很多的应用, 其中之一是可以证明三角形的三条高交于一点.

(3) 平面上四个不同的点 x, y, z, w 共圆当且仅当它们的**交比**$[x, y, z, w] = \dfrac{x-y}{x-w} : \dfrac{z-y}{z-w}$ 是实数.

八　尺规作图与二次扩张　平面上的点看做复数后, 尺规作图的含义和能做到的范围就可以通过复数阐述, 这与二次扩张是密切相关的. 历史上, 尺规作图有三个著名的问题: 三等分一个角; 给了一个正方体, 构造另一个正方体, 其体积是原来正方体的两倍; 化圆为方, 即给了一个圆, 构造一个正方形, 其面积等于给定圆的面积. 这里允许使用的工具是圆规和没有刻度的直尺. 这些问题的答案都是否定的, 原因是尺规作图只涉及域的二次扩张, 而前两个问题涉及三次扩张, 最后一个问题的关键因素——圆周率是超越数. 圆周率的超越性证明超出这里的范围, 其他的问题我们作一个简要①的说明.

首先明确尺规作图的规则:

(1) 给定两个点作为最初的**已构造点**,

(2) 如果 a, b 是已构造的点, 那么连接这两点的直线是已构造的, 以 a 为圆心, 线段 ab 为半径的圆周是已构造的,

(3) 已构造的两条直线的交点, 已构造的两个圆周的交点, 已构造的直线和已构造的圆周的交点都是已构造的.

① 严格的说明需要对扩域作更多的分析.

点、直线、圆周称为**可构造的**如果它们可以通过使用这些规则有限次后得到. 注意直尺的作用仅是用于构造连接两点的直线和线段.

从规则知连接初始的两个已构造点的直线 ℓ 有无限多的已构造点. 下图所示, 对 ℓ 上的任何已构造点 p, 可以作一条过这一点且垂直于 ℓ 的直线. 图 6-4 中的数字是指明直线或圆周的作图顺序.

对已构造直线 k 和直线外的已构造点 p, 过点 p 且垂直于 k 的直线是可构造的 (图 6-5), 过点 p 且平行于 k 的直线也是可构造的 (图 6-6).

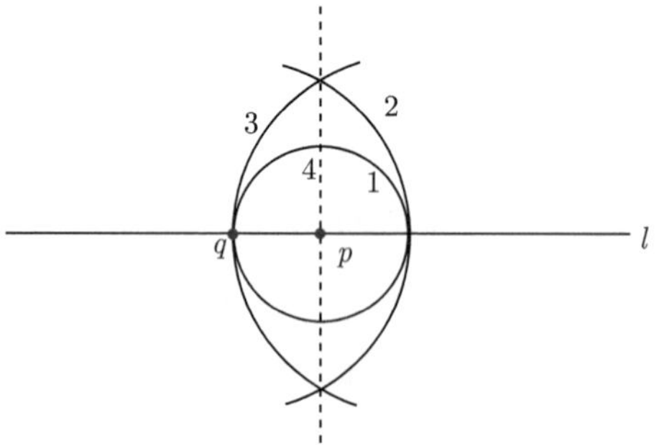

图 6-4

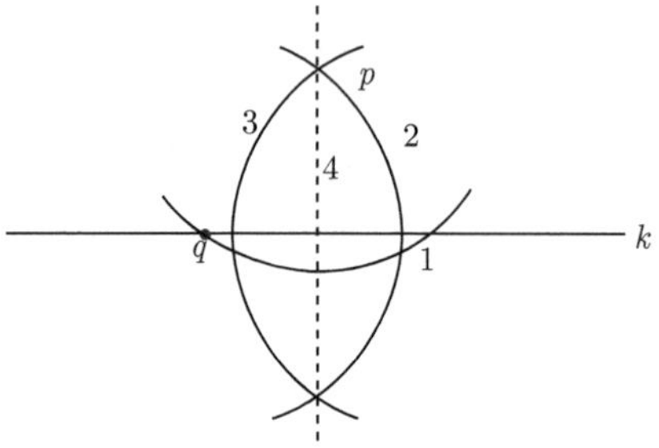

图 6-5

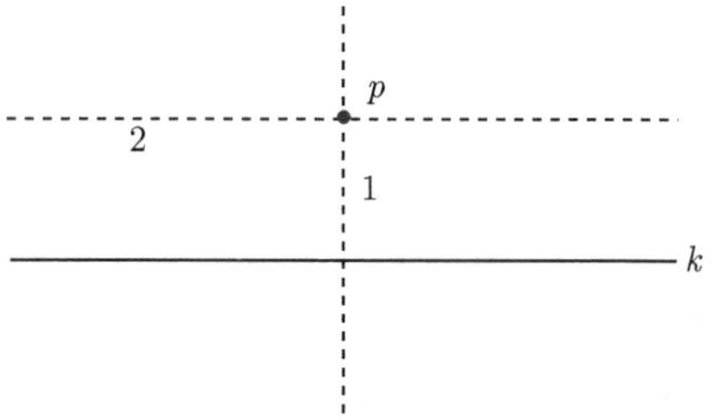

图 6-6

如果给定了一个长度, 那么在已构造直线 k 和其上的已构造点 p, 可以构造有这个长度的线段, 以 p 为一个端点 (图 6-7).

现在取平面上的直角坐标系, 使得初始的两个点的坐标分别是 (0,0), (1,0), 即对应的复数是 0 和 1. 称复数是**可构造的**如果相应的点是可构造的. 两条可构造的直线的方程的系数如果在实数域的一个子域 F 中, 那么它们的交点的坐标也在这个子域中. 如果一条可构造直线的方程和一个可构造圆周的方程在实数域的一个

子域 F 中, 那么它们的交点的坐标在这个子域中或在这个子域的二次扩张中. 于是可构造点的坐标在有理数域的若干次二次扩张后得到的域中, 这个域不会含有理数的三次方根以及有理数的二次扩域中的数的三次方根.

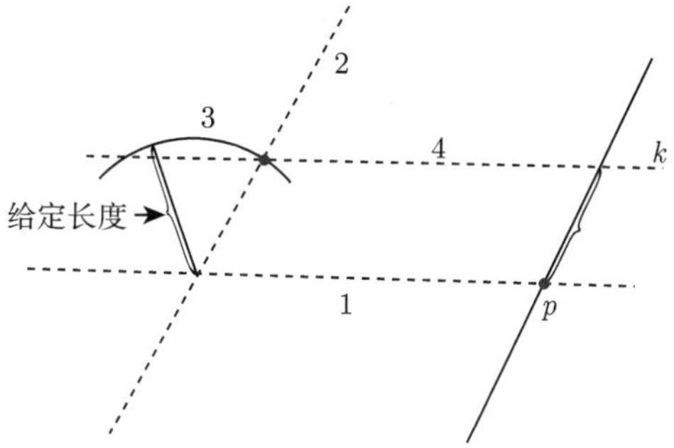

图 6-7

倍立方问题的实质是构造 2 的立方根, 但我们已经看到了 2 的立方根是不能通过尺规作图构造的.

至于三等分角问题, 我们考虑 60° 角的三分之一, 即 $\theta = 20^\circ = \pi/9$ 的可构造性. 这等价于 $\alpha = \cos\theta$ 的可构造性. 由于

$$2\alpha = (\cos\theta + \mathrm{i}\sin\theta) + (\cos(-\theta) + \mathrm{i}\sin(-\theta)),$$

所以

$$(2\alpha)^3 = \cos 3\theta + \mathrm{i}\sin 3\theta + \cos(-3\theta) + \mathrm{i}\sin(-3\theta) + 3(\cos\theta + \mathrm{i}\sin\theta + \cos(-\theta) + \mathrm{i}\sin(-\theta)),$$

即

$$8\alpha^3 = 1 + 6\alpha.$$

所以 α 不在有理数域的若干次二次扩张得到的域中, 从而不是可构造的. 于是三等分角不是尺规作图可以完成的.

可以证明可构造数全体形成复数域的一个子域. 而且, 如果 a 是可构造的, 那么 $\sqrt{a}$ 也是可构造的.

习　题　6.1

1. 设 ε 是 1 的 n 次本原根. 证明 ε^k 是 1 的 n 次本原根当且仅当 k 与 n 互素. 找出 1 的所有的 24 次本原单位根.

2. 证明二次域 $\mathbb{Q}(\sqrt{d})$ 的自同构只有恒等映射和映射 $f: a+b\sqrt{d} \to a-b\sqrt{d}$.

3. 设 A 和 B 是 n 阶实方阵. 证明: $\overline{\det(A+\mathrm{i}B)} = \det(A-\mathrm{i}B)$ (横线表示复共轭).

4. 设 A 和 B 是 n 阶实方阵,

$$C = \begin{pmatrix} A & B \\ -B & A \end{pmatrix} \in M_{2n}(\mathbb{R}).$$

借助复数域上的初等变换证明

$$\det C = |\det(A+\mathrm{i}B)|^2.$$

5. 设 $C=(c_{kl})$ 是 n 阶复方阵, $Z=[z_1,\cdots,z_n]$ 是复未知数. 那么齐次线性方程组 $CZ=0$ 有非零解当且仅当 $\det C = a+\mathrm{i}b = 0$. 这个条件等价于两个方程 $a=0$ 和 $b=0$, 涉及 $2n^2$ 个实数 a_{kl}, b_{kl}. 另一方面, 注意到 $c_{kl}=a_{kl}+\mathrm{i}b_{kl}$ 和 $z_k = x_k+\mathrm{i}y_k$, 可知齐次线性方程组 $CX=0$ 等价于一个含有 $2n$ 个实未知数 x_k, y_k 和 $2n$ 个方程的齐次线性方程组. 这时有非零解的条件是一个 $2n$ 阶实方阵的行列式等于零, 它是涉及 a_{kl}, b_{kl} 的一个方程. 这两个条件: 有一个含两个方程, 另一个仅含一个方程, 为什么是一回事 (提示: 利用习题 3 与 4)?

6. 证明

$$\begin{vmatrix} a_0 & a_1 & a_2 & \cdots & a_{n-1} \\ a_{n-1} & a_0 & a_1 & \cdots & a_{n-2} \\ a_{n-2} & a_{n-1} & a_0 & \cdots & a_{n-3} \\ \vdots & \vdots & \vdots & & \vdots \\ a_1 & a_2 & a_3 & \cdots & a_0 \end{vmatrix} = \prod_{k=0}^{n-1}(a_0+\varepsilon^k a_1+\varepsilon^{2k}a_2+\cdots+\varepsilon^{(n-1)k}a_{n-1}),$$

其中 ε 是 1 的 n 次本原根.

6.2 多项式环

我们熟悉的多项式的形式是 $a_0+a_1x+\cdots+a_nx^n$, 其中诸 a_i 是数, x 是未知元 (或称未知数, 不定元等) . 把未知数 x 换成一个确定的数 b, 就得到多项式的值 $a_0+a_1b+\cdots+a_nb^n$. 多项式的重要性是毋庸置疑的: 容易计算是其最重要的特性, 广泛出现则是其另一个特性. 微积分中的泰勒展开其实就是看中了多项式的容易计算. 多项式可以相加, 相乘. 这里涉及的运算是加法和乘法, 都是可以交换的.

把多项式的系数换成某一个交换环 R 中的元素, x 仍然是未知元, 形式上就得到任意交换环上的多项式. 这样, 多项式的内容就大为丰富了. 不过, 先要定义环上多项式这一概念.

一 **定义 6.6** 设 R 是带 1 的交换环, x 是未知元. 环 R 上 x 的**多项式**就是若干 x 的幂的线性组合, 系数在 R 中:

$$a_0 + a_1 x + \cdots + a_n x^n, \quad a_0, a_1, \cdots, a_n \in R.$$

所有这样的多项式形成的集合记作 $R[X]$.

如果 R 是实数域, 那么每个多项式都唯一确定了实数域上的一个多项式函数, 二者可以等同. 但对一般的环, 把多项式与多项式函数等同起来会遇到一些麻烦. 比如, 取 $R=\mathbb{Z}_p$, 对于任意的 $b \in \mathbb{Z}_p$, 都有 $b^p - b = 0$. 所以在 $\mathbb{Z}_p$ 上, 多项式函数 $x^p - x$ 与 0 函数是一样的. 显然, 我们并不希望 $x^p - x$ 是 0 多项式, 因为这会带来很多的混乱, 也无趣.

这样一来多项式 $R[x]$ 的存在性就是一个需要解决的问题. 现在的处境和复数的定义有点类似, 虽然可以形式地定义多项式及其加法和乘法, 但有让人不踏实的感觉. 把复数在实平面上实现的办法对多项式是有启发作用的. 多项式的本质是系数, 及其位置和顺序, 也就是说, 多项式 $a_0+a_1x+\cdots+a_nx^n$ 完全由序列 $a_0, a_1, \cdots, a_n$ 确定. 由于 n 可以是任意非负整数, 我们要考虑的序列也可以任意长, 所以我们把 $R[x]$ 与所有的无限序列

$$(a_0, a_1, a_2, \cdots, a_n, \cdots)$$

形成的集合等同起来, 要求序列中只有有限项不为零. 于是 $1 = x^0, x, x^2, \cdots, x^n$ 等对应的序列分别是

$$(1, 0, 0, 0, \cdots, 0, 0, 0, \cdots),$$

$$(0, 1, 0, 0, \cdots, 0, 0, 0, \cdots),$$

$$(0, 0, 1, 0, \cdots, 0, 0, 0, \cdots),$$

$$(0, 0, 0, 0, \cdots, 0, 1, 0, \cdots), \quad 1 \text{ 是第 } n+1 \text{ 个分量}.$$

从而环 R 上的一个多项式 $\sum\limits_k a_k x^k$ 就是一个无限序列 $(a_0, a_1, a_2, \cdots, a_n, \cdots)$ 的形式表达式, 该序列的元素都在 R 中, 只有有限项不为零. 多项式之间的加法和乘法的定义是熟知的:

(1) $\sum\limits_k a_k x^k$ 与 $\sum\limits_k b_k x^k$ 相等当且仅当对所有的 k 有 $a_k = b_k$;

(2) $\sum\limits_k a_k x^k + \sum\limits_k b_k x^k = \sum\limits_k (a_k + b_k) x^k$;

(3) $\left(\sum_k a_kx^k\right)\left(\sum_k b_kx^k\right)=\sum_k\left(\sum_{i+j=k}a_ib_j\right)x^k.$

显然, 如上定义的加法和乘法都是交换的, 满足结合律, 有乘法对加法的分配律. 而且, 加法有零元素, 对应的序列是 $(0, 0, 0, \cdots)$; $\sum_k a_kx^k$ 的负元是 $\sum_k(-a_k)x^k$; 乘法有单位元 1, 对应的序列是 $(1, 0, 0, \cdots)$. 我们把以上的讨论总结成下面的命题.

命题 6.7　设 R 是带 1 的交换环, 其上的多项式集合 $R[x]$ 在所定义的加法和乘法下成为带 1 的交换环, 称为 R 上的**多项式环**. 把 R 的元素与 $R[x]$ 中的常数多项式等同 (对应到序列 $(a,0,0,\cdots)$ 的多项式), 则 R 成为 $R[x]$ 的子环.

二　一些术语　设 $f=\sum_k a_kx^k\in R[x]$ 是多项式. 元素 a_i 称为 f 的**系数**, 也称为 x^i 的系数, 而 a_ix^i 称为 f 的**项**, x 的零次方幂的系数 a_0 称为 f 的**常数项**. 如果系数 a_i 为 0, 那么相应的项 a_ix^i 在书写时常常省去. 如果只有一个系数 a_m 不为 0, 则 $f=a_mx^m$ 称为**单项式**. 如果 f 的系数全为 0, 则称 f 为**零多项式**, 记作 0.

多项式 $f=\sum_k a_kx^k$ 的**次数**, 记作 $\deg f$, 就是使得 x^n 的系数 a_n 不等于 0 的最大整数 n. 例如 $f=0\cdot x^6+2x^5+x^3+1$ 的次数是 5, 即 $\deg f=5$. 次数为 n 的多项式常称为 **n 次多项式**, 1 次多项式也称为**线性多项式**. **零多项式的次数**约定为 $-\infty$, 并约定 $-\infty+(-\infty)=-\infty$, 且对任意的整数 n 约定 $-\infty+n=-\infty$, $-\infty<n$.

如果多项式 f 的次数为 n, 那么其中 x^n 的系数 a_n 称为 f 的**首项系数**. 如果 f 的首项系数为 1, 则称 f 为**首 1 多项式**.

对次数分别为 n 和 m 的两个多项式

$$f=a_0+a_1x+\cdots+a_nx^n,\quad g=b_0+b_1x+\cdots+b_mx^m,$$

有如下的不等式,

$$\deg(f+g)\leqslant\max\{\deg f,\deg g\},\quad \deg(fg)\leqslant\deg f+\deg g.$$

如果 $\deg f\neq\deg g$, 那么 $\deg(f+g)=\max\{\deg f,\deg g\}$. 如果 f 和 g 的首项系数的乘积 a_nb_m 不等于零 (例如 $a_n=1$ 或 $b_m=1$ 的情形), fg 的首项系数为 a_nb_m, 从而 $\deg(fg)=n+m=\deg f+\deg g$. 这个结论有一个有用的推论.

命题 6.8 如果 R 是整环, 那么 $R[x]$ 也是整环.

三 多项式的取值 每一个多项式

$$f = a_0 + a_1x + \cdots + a_nx^n \in R[x]$$

确定了 R 上的一个 R 值函数, 其在 $c \in R$ 处的值定义为

$$f(c) = a_0 + a_1c + \cdots + a_nc^n.$$

因为 $R[x]$ 中的运算法则与 R 中的运算法则是一致的, 所以对 $f, g \in R[x], \lambda \in R$ 有

$$(f+g)(c) = f(c) + g(c), \quad (fg)(c) = f(c)g(c), \quad (\lambda f)(c) = \lambda f(c).$$

也就是说多项式在 $c \in R$ 的取值实际上定义了一个环同态:

$$\varphi_c : R[x] \to R, \quad f \to f(c).$$

注意这个环同态完全由条件 $\varphi_c(x) = c$ 和 $\varphi_c(a) = a, \forall a \in R$ 确定.

反过来, 如果一个环同态 $\varphi : R[x] \to R$ 在 R 上是恒等映射:$\varphi(a) = a, \forall a \in R$, 那么 $\varphi(f)$ 就是 f 在 $c = \varphi(x) \in R$ 处的取值. 所以多项式的取值本质上是一类环同态.

一般的多项式取值的表述由下面的定理给出.

定理 6.9 设 R 和 R' 是带 1 的交换环, $R[x]$ 是 R 上的多项式环, $\varphi : R \to R'$ 是环同态. 则对任意的 $c \in R'$, 存在唯一的环同态 $\varphi_c : R[x] \to R'$ 使得对任意的 $a \in R$, 有 $\varphi_c(a) = \varphi(a)$ 且 $\varphi_c(x) = c$.

证明 先看唯一性. 对 $a \in R$, 用 a' 记 $\varphi(a)$. 如果同态 φ_c 存在, 那么对任意的 $a \in R$ 和非负整数 k, 有 $\varphi_c(ax^k) = \varphi(a)(\varphi_c(x))^k = a'c^k$. 所以对任意的多项式 $f = a_0 + a_1x + \cdots + a_nx^n \in R[x]$, 有

$$\varphi_c(f) = a'_0 + a'_1c + \cdots + a'_nc^n. \tag{6.6}$$

这说明, 如果 φ_c 存在, 多项式 f 的像必须是上面等式的右端, 这是唯一确定的, 从而 φ_c 是唯一的.

为说明存在性, 利用 (6.6) 定义映射 $\varphi_c : R[x] \to R'$. 对 $a \in R$ 有 $\varphi_c(a) = \varphi(a)$

且 $\varphi_c(x)=c$. 需要说明的是 φ_c 与加法和乘法相容. 验证是直截了当的:

$$\begin{aligned}\varphi_c\left(\sum_k a_kx^k+\sum_k b_kx^k\right)&=\varphi_c\sum_k(a_k+b_k)x^k\\&=\sum_k(a'_k+b'_k)c^k=\sum_k a'_kc^k+\sum_k b'_kc^k\\&=\varphi_c\left(\sum_k a_kx^k\right)+\varphi_c\left(\sum_k b_kx^k\right),\\\varphi_c\left(\sum_k a_kx^k\cdot\sum_k b_kx^k\right)&=\varphi_c\left(\sum_k(\sum_{i+j=k}a_ib_j)x^k\right)\\&=\sum_k\left(\sum_{i+j=k}a'_ib'_j\right)c^k=\sum_k a'_kc^k\cdot\sum_k b'_kc^k\\&=\varphi_c\left(\sum_k a_kx^k\right)\cdot\varphi_c\left(\sum_k b_kx^k\right).\end{aligned}$$

所以 φ_c 是满足要求的环同态. □

下面的推论是常用的.

推论 6.10　设 R 是带 1 的交换环 R' 的子环, 那么对任意的 $c\in R'$, 存在唯一的环同态 $\varphi_c:R[x]\to R'$ 使得

$$\forall a\in R \text{ 有 } \varphi_c(a)=a,\quad \text{且 } \varphi_c(x)=c.$$

证明　映射 $\varphi:R\to R'$, $a\to a$ 是环同态. 根据定理 6.8, 推论中的 φ_c 存在且唯一. □

四　带余除法 一般来说, 一个多项式不会被另一个多项式整除, 但是带余除法是可以做的, 如同在整数中的除法一样. 带余除法是多项式中的重要算法.

定理 6.11 (带余除法)　设 R 是带 1 的交换环, $f\in R[x]$ 是首 1 多项式, 那么对于任意的多项式 $g\in R[x]$, 存在唯一确定的多项式 $q,r\in R[x]$, 使得

$$g=qf+r,\quad \deg r<\deg f.$$

证明　设

$$\begin{aligned}f&=x^n+a_{n-1}x^{n-1}+\cdots+a_1x+a_0,\\g&=b_mx^m+b_{m-1}x^{m-1}+\cdots+b_1x+b_0,\quad b_m\neq 0.\end{aligned}$$

对 $m-n$ 作归纳法. 如果 $m=\deg g<\deg f=n$, 则令 $d=0$, $g=r$ 即可. 如果 $m=n$, 命 $q=b_m$, $r=g-b_mf$, 则有 $\deg r<n$. 如果 $m>n$, 置

$$g_1=g-b_mx^{m-n}f,$$

则有 $m_1=\deg g_1<m$, 从而 $m_1-n<m-n$. 由归纳假设, 存在 q_1, $r\in R[x]$ 使得

$$g_1=q_1f+r,\quad \deg r<\deg f.$$

于是 $g=qf+r$, 其中 $q=b_mx^{m-n}+q_1$.

还需要证明 q 和 r 的唯一性. 假设另有 $f=q'f+r'$, $\deg r'<n$, 则 $(q-q')f=r-r'$. 由于 f 的首项系数为 1, 所以 $\deg((q-q')f)=\deg(q-q')+\deg f$. 但 $\deg(r-r')<\deg f$, 所以只能有 $q=q'$, $r=r'$. □

推论 6.12 如果定理中 f 的首项系数在 R 中可逆, 那么带余除法公式依然成立. 特别地, 如果 R 是域, $f\neq 0$, 则带余除法公式成立.

证明 设 f 的首项系数为 a, 因为 a 可逆, 所以 $f=af_1$, 其中 f_1 的首项系数为 1. 于是对于任意的 $g\in R[x]$, 根据定理, 存在 q_1,r 使得 $g=q_1f_1+r$, $\deg r<\deg f_1=\deg f$. 命 $q=q_1a^{-1}$, 则有 $g=qf+r$, 而且 q 与 r 是唯一的. □

定理和推论证明中的 q 与 r 分别称为 f 除 g 的**商**与**余项**. 若 $r=0$, 则称 f**整除**g.

五 多元多项式 我们可以考虑多项式环 $R[x]$ 上的多项式环, 就能得到 R 上的二元多项式环 $R[x,y]$, 继续下去, 我们可以得到任意多元的多项式环 $R[x_1,x_2,\cdots,x_n]$. 多元多项式的一般形式是

$$\sum_{i_1i_2\cdots i_n}a_{i_1i_2\cdots i_n}x_1^{i_1}x_2^{i_2}\cdots x_n^{i_n},\quad a_{i_1i_2\cdots i_n}\in R.$$

如果继续沿用一元多项式的序列观点, 在符号上会令人感到费劲. 为了赋予多元多项式环表述的方便和严格的意义, 我们给出如下结论作为多元多项式环的定义.

定理 6.13 设 R 是带 1 的交换环, 所有如下的映射

$$f:\mathbb{N}^n\to R,\quad f\ \text{仅在}\ \mathbb{N}^n\ \text{中的有限多个元素处的值不为}\ 0,$$

形成的集合记作 $R[x_1,x_2,\cdots,x_n]$.

(1) 定义这些映射间的加法和乘法为

$$(f+g)(u)=f(u)+g(u), \qquad (fg)(u)=\sum_{\substack{v+w=u\\ v,w\in\mathbb{N}^n}} f(v)g(w).$$

那么 $R[x_1,x_2,\cdots,x_n]$ 是带 1 的交换环, 称为 R 上的 n**元多项式环** ($\mathbb{N}^n$ 中的加法定义为

$$(v_1,\cdots,v_n)+(w_1,\cdots,w_n)=(v_1+w_1,\cdots,v_n+w_n)).$$

(2) 如果 R 是整环, 那么 $R[x_1,x_2,\cdots,x_n]$ 也是整环.

(3) 映射 $\tau: R\to R[x_1,x_2,\cdots,x_n]$, $a\to f_a$, 是单射, 其中 $f_a(0,0,\cdots,0)=a$, 但 $f_a(u)=0$ 对 $\mathbb{N}^n$ 中任意其他元素 u.

证明　留作练习.

定理 6.14　用 e_i 记 $\mathbb{N}^n$ 中第 i 个单位元素, 即 e_i 的第 i 个分量为 1, 其余分量为 0. 命 $x_i(e_i)=1$, $x_i(u)=0$, 如果 $u\in\mathbb{N}^n$ 但 $u\neq e_i$. 通过定理 6.13(3) 中的映射 τ 把 R 等同于 $R[x_1,\cdots,x_n]$ 的一个子环, 那么 $R[x_1,\cdots,x_n]$ 中的元素 f 有如下形式

$$f=\sum_{u\in\mathbb{N}^n} f(u)x^u,$$

其中 $x^u=x_1^{u_1}x_2^{u_2}\cdots x_n^{u_n}$, 如果 $u=(u_1,u_2,\cdots,u_n)$ (约定: x_i^0 等于 R 的乘法单位元. 于是当 $u_i=0$, 则 x_i 不出现在 x^u 中).

证明　留作练习.

如同一元多项式的情形, 称 $f(u)$ 为多项式 $f=\sum_{u\in\mathbb{N}^n} f(u)x^u$ 的**系数**, 也称为 x^u 的系数, 而 $f(u)x^u$ 称为 f 的**项**, $f(0,\cdots,0)$ 称为 f 的**常数项**. 如果系数 $f(u)$ 为 0, 那么相应的项 $f(u)x^u$ 在书写时常常省去. 如果只有一个系数 $f(u)$ 不为 0, 则 $f=f(u)x^u$ 称为**单项式**. 如果 f 的系数全为 0, 则称 f 为**零多项式**, 记作 0.

非零单项式 ax^u 的**次数**定义为 $u_1+\cdots+u_n$ 如果 $u=(u_1,\cdots,u_n)$. 非零多项式 f 的次数定义为其非零项的次数的最大者, 记作 $\deg f$. 例如, $\mathbb{R}[x_1,x_2,x_3]$ 中的元素 $f=3x_1^2x_2x_3^4-2x_1x_2^2x_3^3+5x^5$ 的次数为 7. 如果 f 的非零项的次数都一样, 则称 f 为**齐次多项式**. 例如, $\mathbb{R}[x_1,x_2,x_3]$ 中的元素 $2x_1^2x_2x_3^3-2x_1x_2^2x_3^3+5x^5x_2$ 是齐次多项式. 零多项式的次数定义为 $-\infty$.

易见, $\deg(fg)\leqslant\deg f+\deg g$. 如果 R 是整环, 那么 $\deg(fg)=\deg f+\deg g$.

六　多元单项式的字典序　多元多项式的项不能通过次数排序, 因为同一次数的项可能不止一个. 但有时对单项式排序是有用的, 这时一般会考虑**字典序**. 对两

个单项式 $x^u = x_1^{u_1}x_2^{u_2}\cdots x_n^{u_n}$ 和 $x^v = x_1^{v_1}x_2^{v_2}\cdots x_n^{v_n}$, 记 $x^u \succ x^v$ 如果存在 i 使得 $u_1 = v_1, \cdots, u_{i-1} = v_{i-1}, u_i > v_i$. 也就是说, $x^u \succ x^v$ 是指在第一个指数不相等的未知元 x_i 处, x_i 在 x^u 中的指数比它在 x^v 中的指数大. 例如 $x_1^2x_2^3x_3 \succ x_1^2x_2^2x_3^5$, 虽然后者的次数比前者的次数大.

命题 6.15 单项式的字典序有如下性质:

(1) 如果 $x^u \succ x^v$ 且 $x^v \succ x^w$, 则 $x^u \succ x^w$ (传递性);

(2) 如果 $x^u \succ x^v$, 则对任意的单项式 x^w, 有 $x^u x^w \succ x^v x^w$;

(3) 如果 $x^u \succ x^v$ 且 $x^w \succ x^z$, 则 $x^u x^w \succ x^v x^z$.

证明 (1) 设在单项式 x^u, x^v, x^w 中指数有差别的第一个未知元是 x_i, 相应的指数分别是 k, l, m. 那么

$$k \geqslant l \geqslant m,$$

且两个不等式中至少一个是严格的, 所以 $k > m$.

(2) x_i 在 $x^u x^w$ 和 $x^v x^w$ 中的指数分别是 $u_i + w_i$ 和 $v_i + w_i$, 它们的差是 $u_i - v_i$, 所以指数间的不等式没有改变, 从而 $x^u x^w \succ x^v x^w$.

(3) 从 (2) 知 $x^u x^w \succ x^v x^w \succ x^v x^z$. □

如果 $x^u \succ x^v$, a, b 是 R 中的非零元, 我们也用记号 $ax^u \succ bx^v$. 非零多项式 $f \in R[x_1, \cdots, x_n]$ 的非零项 $f_u x^u$ 中有一个在字典序下是最大的, 称为 f 的**首项**.

命题 6.16 设 R 是整环, 那么 $R[x_1, \cdots, x_n]$ 中非零多项式 $f_1, \cdots, f_m$ 的首项的乘积等于 $f_1 \cdots f_m$ 的首项.

证明 只需考虑 $m = 2$ 的情形. 设 ξ_1 和 ξ_2 分别是 f_1 和 f_2 的首项, η_1 和 η_2 分别是 f_1 和 f_2 的任意非零项. 如果 $\eta_1 \neq \xi_1$ 或 $\eta_2 \neq \xi_2$, 根据命题 6.15 知

$$\xi_1\xi_2 \succ \eta_1\eta_2.$$

于是, 在乘积 $f_1 f_2$ 中合并同类项后 $\xi_1\xi_2$ 大于所有其他非零项. □

习 题 6.2

1. 对哪些正整数 n, 在多项式环 $\mathbb{Z}_n[x]$ 中, $x^2 + x + 1$ 整除 $x^4 + 3x^3 + x^2 + 7x + 5$?

2. 设 R 是带 1 的交换环. 命 $R[[x]]$ 为所有映射 $f:\mathbb{N}\to R$ 形成的集合. 定义这些映射间的加法和乘法为

$$(f+g)(k)=f(k)+g(k),\quad (fg)(k)=\sum_{\substack{i+j=k\\ i,j\in\mathbb{N}}} f(i)g(j).$$

证明: $R[[x]]$ 连同这些运算成为一个带 1 的交换结合环, 称为 R 上的**形式幂级数环**, 单位元 1 是映射 $0\to 1,\ k\to 0$ 如果 $k\neq 0$.

3. 记号同第 2 题. 命 $x\in R[[x]]$ 为映射 $1\to 1,\ k\to 0$ 如果 $k\neq 1$. 那么

(1) x^i 是映射: $i\to 1,\ k\to 0$ 如果 $k\neq i$. 从而 $R[[x]]$ 中的任意元素 f 有下面的形式

$$f=f(0)+f(1)x+f(2)x^2+f(3)x^3+\cdots.$$

(2) $R[x]$ 是 $R[[x]]$ 的子环.

(3) 确定 $R[[x]]$ 中的可逆元.

4. 记号同第 2 题. 对非零元 $f\in R[[x]]$, 定义 $\omega(f)$ 为最小的非负整数 k 使得 $f(k)\neq 0$. 约定 $\omega(0)=\infty$. 证明

(1) $\omega(f+g)\geqslant \min\{\,\omega(f),\omega(g)\,\}$.

(2) $\omega(fg)\geqslant \omega(f)+\omega(g)$.

(3) 如果 R 是整环, 则 $\omega(fg)=\omega(f)+\omega(g)$. 从而此时 $R[[x]]$ 是整环.

5. 确定 $\mathbb{Z}[x]$ 的所有环自同构. 对一般的多项式环 $R[x]$ 的自同构你能说什么?

6. 证明: 非零多项式 $f\in R[x_1,\cdots,x_n]$ 是 m 次齐次多项式当且仅当对任意的 $t\in R[x_1,\cdots,x_n]$ 有

$$f(tx_1,\cdots,tx_n)=t^m f(x_1,\cdots,x_n).$$

6.3 因式分解

整数能分解成素数的乘积, 这对研究整数的性质是非常有用的. 对一般环的元素, 如果有好的因式分解, 会是很有用的. 我们将会看到, 多项式环、欧几里得环等都有唯一因子分解的性质.

一　若干术语　设 R 是整环, a,b 是 R 中的元素. 称 b 是 a 的**因子**, 也称 a 是 b 的**倍元**, 或 b**整除**a, 记作 $b|a$, 如果存在 $c\in R$ 使得 $a=bc$. 如果 $a=bc$ 且 b 和 c 都不是可逆元, 则称 b 是 a 的**真因子**. 从定义知任何元素都是 0 的因子.

单位元 1 的因子称为**正则元**, 正则元和可逆元是一回事.

如果 $b|a$, $a|b$, 则称 a, b 是**相伴的**. 这时 $a = ub$, 其中 u 是正则元.

称 a 为**素元** (**或既约元**) 如果 a 不可逆且 a 不能写成两个不可逆元的乘积. 多项式环 $R[x]$ 中的素元称为**既约多项式** (**或不可约多项式**) 如果这个素元是正次数的多项式. 如果 a 是素元, u 是正则元, 那么 ua 也是素元.

整数环是理解这些术语的绝佳例子, 其中正则元只有 ± 1. 环 R 中的素元在更大的环中可以不是素元, 简单的例子如 2 在 $\mathbb{Z}$ 中是素元, 但在 $\mathbb{Z}[\mathrm{i}] = \{a + b\mathrm{i} \mid a, b \in \mathbb{Z}\}$ 中不是素元, 因为 $\mathrm{i}^2 = -1$, 所以 $2 = (1+\mathrm{i})(1-\mathrm{i})$, 而 $1+\mathrm{i}$ 和 $1-\mathrm{i}$ 在 $\mathbb{Z}[\mathrm{i}]$ 中都不是可逆元. 又如 x^2+1 在 $\mathbb{R}[x]$ 是既约多项式, 但在 $\mathbb{C}[x]$ 中不是既约的, 因为 $x^2+1 = (x+\mathrm{i})(x-\mathrm{i})$.

我们关心的是整除的性质和素因子分解.

二　整除的初等性质　下面是关于整除的一些性质. 设 R 是整环, a, b, c, s, t, $b_1, b_2, \cdots, b_m, c_1, c_2, \cdots, c_m, \cdots$, 等都是 R 的元素.

(1) 如果 $a \mid b$ 且 $b \mid c$, 则 $a \mid c$.

(2) 如果 $c \mid a$ 且 $c \mid b$, 则 $c \mid (a \pm b)$.

(3) 如果 $a \mid b$, 则 $a \mid bc$.

(4) 如果 a 整除 $b_1, b_2, \cdots, b_m$, 则 a 整除 $b_1c_1 + b_2c_2 + \cdots + b_mc_m$.

证明　(1) 从 $b = as$, $c = bt$ 得 $c = ast$.

(2) 从 $a = cs$, $b = ct$ 得 $a \pm b = cs \pm ct = c(s \pm t)$.

(3) 从 $b = as$ 得 $bc = asc$.

结合 (2) 和 (3) 就得到 (4) □

定义 6.17　整环 R 称为**唯一因子分解环**如果 R 中任意的非零不可逆元 a 都能以唯一的方式写成素元的乘积 $p_1p_2\cdots p_m$. "唯一"的含义是如果有两个若干素元的乘积相等:

$$p_1p_2\cdots p_m = q_1q_2\cdots q_n,$$

则 $m = n$, 且存在置换 $\sigma \in S_n$ 使得 p_i 与 $q_{\sigma(i)}$ 相伴 (即若适当选取 q_i 的下标, 则存在可逆元 $u_1, \cdots, u_n$ 使得 $p_1 = u_1q_1, \cdots, p_n = u_nq_n$). 约定可逆元 a 的素因子分解

就是 a 自身.

在一般的环中, 可以没有素因子分解, 也可以有素因子分解但没有唯一性. 这表明在一般环中的素因子分解并不是一个简单的问题.

例 6.18 设 x 是未知元, $R=\mathbb{R}[x^{\frac{1}{2^n}}\,|\,n\in\mathbb{N}]$, 那么 R 是整环, x 可以无限分解下去:

$$x=x^{\frac{1}{2}}\cdot x^{\frac{1}{2}}=x^{\frac{1}{4}}\cdot x^{\frac{1}{4}}\cdot x^{\frac{1}{4}}\cdot x^{\frac{1}{4}}=\cdots.$$

例 6.19 设 $R=\mathbb{Z}[\sqrt{-3}]=\{a+b\sqrt{-3}\,|\,a,b\in\mathbb{Z}\}$. 那么 R 是 $\mathbb{C}$ 的子环, 所以是整环. 在 R 中有

$$4=2\cdot 2=(1+\sqrt{-3})(1-\sqrt{-3}).$$

我们证明 $2,\ 1+\sqrt{-3},\ 1-\sqrt{-3}$ 都是 R 中的素元, 从而 R 不是唯一因子分解环.

对 R 中的非零元 $\alpha=a+b\sqrt{-3}$, 其范数定义为

$$N(\alpha)=a^2+3b^2=(a+b\sqrt{-3})(a-b\sqrt{-3})\in\mathbb{N}.$$

从定义可以看出, 如果 α 和 β 是 R 中的非零元, 则有

$$N(\alpha\beta)=N(\alpha)N(\beta),\qquad \text{而且 } N(\alpha)\geqslant 3 \text{ 如果 } \alpha\neq\pm 1,\ 0.$$

如果 α 在 R 中可逆, 那么 $N(\alpha^{-1})=N(\alpha)^{-1}$ 也是整数, 于是 $N(\alpha)=1$, 从而 $\alpha=\pm 1$. 所以 $2,\ 1+\sqrt{-3},\ 1-\sqrt{-3}$ 都不是可逆元. 假设 $\alpha\neq 0$ 是 R 中非可逆元, 如果 α 不是素元, 则 $\alpha=\beta\gamma$, 其中 β 和 γ 都不是可逆元. 从而 $N(\alpha)=N(\beta)N(\gamma)\geqslant 3\cdot 3=9$. 由于 $2,\ 1+\sqrt{-3},\ 1-\sqrt{-3}$ 的范数均为 4, 所以它们都是素元.

设 α 是 R 中的非零不可逆元. 如果 $\alpha=\alpha_1\alpha_2\cdots\alpha_m$, 诸 α_i 都是不可逆的, 则

$$N(\alpha)=N(\alpha_1)N(\alpha_2)\cdots N(\alpha_m)\geqslant 3^m.$$

从而因子的个数 m 是有界的, 因子数最多的分解必然是素因子分解. 所以 R 的非零元都有素因子分解.

下面的结论给出一个唯一因子分解环的判别准则.

定理 6.20 设 R 是整环, 其中每个非零元都有素因子分解, 则 R 是唯一因子分解环当且仅当对任意的 $a,b\in R$ 和任一素元 $p\in R$, 如果 $p|ab$, 则 $p|a$ 或 $p|b$.

证明 设 R 是唯一因子分解环, 且 $ab=pc$. 如果

$$a=a_1a_2\cdots a_i,\quad b=b_1b_2\cdots b_j,\quad c=c_1c_2\cdots c_k$$

分别是 a, b, c 的素因子分解, 则有

$$a_1a_2\cdots a_i\, b_1b_2\cdots b_j = pc_1c_2\cdots c_k.$$

于是 p 与某个 a_s 或 b_t 相伴, 从而 $p|a$ 或 $p|b$.

假设对任意的 $a, b \in R$ 和任一素元 $p \in R$, 如果 $p|ab$, 则有 $p|a$ 或 $p|b$. 要证 R 是唯一因子分解环. 设在 R 中有两个若干素元的乘积相等:

$$p_1p_2\cdots p_m = q_1q_2\cdots q_n,$$

要证 $m = n$, 且若适当选取 q_i 的下标, 则存在可逆元 $u_1, \cdots, u_m$ 使得 $p_1 = u_1q_1, \cdots, p_m = u_mq_m$.

对 m 作归纳法. 当 $m = 1$ 时, 上式左边是素元 p_1, 它不能分解成两个不可逆元的乘积, 所以 $n = 1$, 此时 $p_1 = q_1$. 现考虑 $m > 1$ 的情况. 由假设的条件, p_m 是 $q_1, q_2, \cdots, q_n$ 中某个元素的因子. 由于 R 是交换环, 不妨设 p_m 是 q_n 的因子. 因为 q_n 是素元, 所以 $p_m = u_mq_n$. 利用 R 中的消去律, 得

$$p_1p_2\cdots p_{m-1} = (u_m^{-1}q_1)q_2\cdots q_{n-1}.$$

由归纳假设, $m-1 = n-1$, 且若适当选取 q_i 的下标, 则存在可逆元 $u_1', u_2, \cdots, u_{m-1}$ 使得 $p_1 = u_1'u_m^{-1}q_1, \cdots, p_{m-1} = u_{m-1}q_{m-1}$. 取 $u_1 = u_1'u_m^{-1}$, 则 u_1 可逆, $p_1 = u_1q_1$. 定理得证. □

下面利用这个判别准则建立欧几里得环的唯一因子分解性, 在此之前先讨论整环中的最大公因子和最小公倍元.

三 最大公因子和最小公倍元 整数环中的最大公因子和最小公倍数等概念可以拓展到一般的整环去.

整环 R 中两个元素 a 和 b 的**最大公因子**, 记作 (a,b) 或 $\gcd\{a,b\}$, 是 R 中的一个元素 d, 满足如下条件:

(1) d 是 a 和 b 的因子;

(2) 如果 c 是 a 和 b 的因子, 则 c 是 d 的因子.

显然, 如果 d 是 a,b 的最大公因子, 那么与 d 相伴的元素也是 a,b 的最大公因子. 反之, 如果 c 和 d 都是 a,b 的最大公因子, 那么 $c|d$, $d|c$, 所以 c 和 d 是相伴的. 记号 (a,b) 或 $\gcd\{a,b\}$ 用于表示 a 和 b 任意的最大公因子. 但是两个元素的最大

公因子可以不存在, 例如在环 $\mathbb{Z}[\sqrt{-3}]$ 中, 4 和 $2(1+\sqrt{-3})$ 就没有最大公因子, 因为 2 和 $1+\sqrt{-3}$ 都是它们的极大公因子, 但两者没有整除关系.

元素 a 和 b 的**最小公倍元**, 记作 $[a,b]$ 或 $\operatorname{lcm}\{a,b\}$, 是 R 中的一个元素 m, 满足如下条件:

(1) m 是 a 和 b 的倍元;

(2) 如果 c 是 a 和 b 的倍元, 则 c 是 m 的倍元.

易见, 在相伴的意义下, a,b 的最小公倍元是唯一的, 即 a,b 的任意两个最小公倍元都是相伴的, 与 a,b 的最小公倍元相伴的元素是 a,b 的最小公倍元. 同样, 最小公倍元可以不存在, 例如在环 $\mathbb{Z}[\sqrt{-3}]$ 中, 2 和 $1+\sqrt{-3}$ 都是素元, 所以有最大公因子 1, 但没有最小公倍元, 因为 4 和 $2(1+\sqrt{-3})$ 都是它们的极小公倍元, 但两者没有整除关系. 这个例子还表明最大公因子和最小公倍元并不是对称的概念, 事实上, 下面的结论表明存在最小公倍元比存在最大公因子更强①.

定理 6.21 如果整环 R 中的元素 a 和 b 有最小公倍元, 则它们有最大公因子, 而且, 它们的任意的最大公因子和最小公倍元的乘积与 ab 相伴.

证明 如果 a,b 中有一个元素为 0, 譬如 $a=0$, 那么 $[a,b]=0$, $(a,b)=b$, 此时结论成立.

以下假设 a 和 b 都不等于零. 命 m 为 a 和 b 的最小公倍元, 那么 ab 是 m 的倍元, 所以存在 $d\in R$ 使得 $ab=dm$. 我们证明 d 是 a 和 b 的最大公因子. 因为存在 $s,t\in R$ 使得 $m=as=bt$, 所以 $ab=das=dbt$. 由消去律, 得 $b=ds$, $a=dt$, 所以 d 是 a 和 b 的因子. 如果 c 是 a 和 b 的因子, 那么存在 $u,v\in R$ 使得 $a=cu$, $b=cv$. 于是 cuv 是 a 和 b 的倍元, 从而是 m 的倍元, 所以存在 $x\in R$ 使得 $cuv=mx$. 从 $ab=dm$ 得 $ccuv=cmx=dm$. 由消去律, 得 $d=cx$, 所以 c 是 d 的因子. 我们已经证明 d 是 a 和 b 的最大公因子. 由于最大公因子和最小公倍元都是在相伴的意义下唯一, 所以 a 和 b 的任意的最大公因子和最小公倍元的乘积与 $dm=ab$ 相伴. □

如果整环 R 是唯一因子分解环, 那么 R 中任意两个非零元素 a 和 b 都有最小公倍元和最大公因子. 为看出这一点, 设 $p_1,p_2,\cdots,p_n$ 是 R 中的素元, 使得每个 p_i 整除 a 或 b, 且 a 的任意素因子或 b 的任意素因子都与某个 p_i 相伴. 那么

$$a=up_1^{s_1}p_2^{s_2}\cdots p_n^{s_n},\quad b=vp_1^{t_1}p_2^{t_2}\cdots p_n^{t_n},$$

① 这一段的讨论和下面的定理产生于中国科学院大学本科生 2014 年秋季学期提出的一个问题: 最小公倍元和最大公因子是否是对称的 (即是否是等价的).

其中 u, v 是可逆的, 诸 s_i 和 t_i 是非负整数, 约定 $p_i^0 = 1$. 利用定理 6.20 知

$$(a,b) = p_1^{x_1} p_2^{x_2} \cdots p_n^{x_n}, \quad [a,b] = p_1^{y_1} p_2^{y_2} \cdots p_n^{y_n},$$

其中 $x_i = \min\{ s_i, t_i \}$, $y_i = \max\{ s_i, t_i \}$, $i = 1, 2, \cdots, n$.

例 6.22 设 x 是未知元, $R = \mathbb{R}[x^{\frac{1}{2^n}} \mid n \in \mathbb{N}]$, 那么 R 中任意两个非零元都有最小公倍元和最大公因子, 但 R 不是唯一因子分解环.

显然可以对 R 中任意有限多个元素定义最大公因子和最小公倍元.

四 欧几里得环的唯一因子分解性 通过分解成素因子乘积的方式求两个元素的最大公因子和最小公倍元仅是理论上可以做的, 实际上一个元素分解成素因子乘积是非常困难的, 在整数环就可以看出这一点. 目前在整数环和域上的多项式环中求最大公因子最有效的办法是带余除法. 整数环和多项式环可以做带余除法的原因是可以比较整数的大小和多项式的次数大小. 把这一点抽象出来就得到尺度函数的概念. 整环 R 上的一个**尺度函数**就是从 R 的非零元集合到非负整数集合的一个映射: $\delta : R\backslash\{0\} \to \mathbb{N} = \{0, 1, 2, \cdots\}$. 如果希望得到带余除法, 则需要下面的定义.

定义 6.23 称一个整环 R 为**欧几里得环** (**欧氏环**) 如果有一个尺度函数 $\delta : R\backslash\{0\} \to \mathbb{N}$ 满足下面的条件:

对 R 中任意的元素 a 和非零元素 b, 存在 $q, r \in R$ 使得

$$a = qb + r$$

且 $\delta(r) < \delta(b)$ 或 $r = 0$.

注 很多书中对欧氏环还要求尺度函数满足条件 $\delta(ab) \geqslant \delta(b)$. 这一条件对求最大公因子的辗转相除法和证明唯一因式分解性都不是必要的, 但可使素因子分解的存在性证明简单一些.

整数环和域上的多项式环都是欧几里得环, 尺度函数分别是整数的绝对值和多项式的次数.

定理 6.24 欧氏环中任意两个元素 a 和 b 都有最大公因子 d. 而且, 它可以写成 $d = ua + vb$, 其中 u 和 v 都是 R 中的元素.

证明 如果 $b = 0$, 则有 $d = a = a \cdot 1 + 0 \cdot b$. 以下假设 $b \neq 0$, 那么存在 $q_1, r_1 \in R$ 使得

$$a = q_1 b + r_1$$

且 $\delta(r_1) < \delta(b)$ 或 $r_1 = 0$. 如果 $r_1 = 0$, 那么 $d = b = 0 \cdot a + 1 \cdot b$. 如果 $r_1 \neq 0$, 则存在 $q_2, r_2 \in R$ 使得

$$b = q_2 r_1 + r_2$$

且 $\delta(r_2) < \delta(r_1)$ 或 $r_2 = 0$. 如果 $r_2 = 0$, 终止计算, 否则用 r_2 除 r_1, 继续做带余除法, 如此下去, 得到一列等式:

$$\begin{aligned}
&r_1 = q_3 r_2 + r_3,\\
&r_2 = q_4 r_3 + r_4,\\
&\cdots\cdots\\
&r_{n-2} = q_n r_{n-1} + r_n,\\
&r_{n-1} = q_{n+1} r_n + r_{n+1}.
\end{aligned}$$

由于非零余项 r_i 的尺度 $\delta(r_i)$ 非负且随着 i 的增大而严格递减, 所以必然在某处为零. 设 $r_{n+1} = 0$. 从上面带余除法等式中最后一个往回推, 可知 r_n 整除 r_{n-1}, r_{n-2}, $\cdots$, r_2, r_1, b, a. 如果 $c \in R$ 整除 a, b, 从上面带余除法等式中的第一个开始往后推, 可知 c 整除 r_1, r_2, $\cdots$, r_{n-2}, r_{n-1}, r_n. 所以 $d = r_n$ 是 a 和 b 的最大公因子.

从上面带余除法等式中的第一个开始往后推, 可知 $r_i = u_i a + v_i b$, 其中 $u_i, v_i \in R$. 特别 $d = r_n = ua + vb$, 其中 $u = u_n$, $v = v_n$. □

定理中计算最大公因子的方法称为**辗转相除法** (也称为**欧几里得算法**), 这是十分有效的计算方法, 可在计算机上实现.

整环中的两个元素称为**互素**的如果它们的最大公因子可逆.

定理 6.25　欧氏环 R 中的两个元素 a 和 b 互素当且仅当存在 $u, v \in R$ 使得

$$1 = ua + vb.$$

证明　如果 a 和 b 互素, 则 1 是 a 和 b 的最大公因子, 由定理 6.22, 有 $u, v \in R$ 使得 $1 = ua + vb$. 反之, 如果 $1 = ua + vb$, 那么 a, b 的最大公因子是 1 的因子, 所以可逆, 从而 a 和 b 互素. □

推论 6.26　设 R 是欧氏环, a, b, c 是 R 中的元素.

(1) 如果 a 和 b 都与 c 互素, 则 ab 与 c 互素.

(2) 如果 a 整除 bc, a 和 b 互素, 则 a 整除 c.

(3) 如果 a 和 b 都是 c 的因子, 且 a 和 b 互素, 则 ab 是 c 的因子.

证明 (1) 由定理 6.25, 有 $1 = ua + vc$, $1 = sb + tc$, 两式相乘, 得

$$1 = usab + (uat + vsb + vtc)c.$$

由定理 6.25 知 ab 与 c 互素.

(2) 从 $1 = ua + vb$ 可得 $c = uac + vbc$. 而 a 整除 bc, 所以 a 整除 $uac + vbc = c$.

(3) 从 $1 = ua + vb$, $c = aa'$ 和 $c = bb'$ 得

$$c = uac + vbc = uabb' + vbaa' = ab(ub' + va').$$

所以 ab 整除 c. □

命题 6.27 欧氏环 R 中的非零元素都可以写成素元的乘积, 即有素因子分解.

证明 需要证明 R 中每个非零元素 a 都不能无限分解下去, 即不能分解成任意多个不可逆元的乘积. 假设不然, 则有非零元 a 可以无限分解下去. 设 $a = a_1b_1$, 其中 $a_1, b_1 \in R$ 都不可逆. 那么 a_1, b_1 中至少有一个可以无限分解下去, 不妨设为 b_1. 于是 $b_1 = a_2b_2$, 其中 $a_2, b_2 \in R$ 都不可逆, 且 b_2 可以无限分解下去. 如此重复下去, 我们得到一个序列

$$a = b_0,\ b_1,\ b_2,\ \cdots.$$

序列中每个元素 b_i 都可以无限分解下去, 而且 b_{i+1} 整除 b_i 但 $b_i = a_{i+1}b_{i+1}$ 不整除 b_{i+1} 因为 a_{i+1} 不可逆. 考虑集合

$$A = \{\alpha b_i \,|\, \alpha \in R\backslash\{0\},\ i = 0,\ 1,\ 2,\ 3,\ \cdots\}.$$

尺度函数 δ 在 A 中元素的取值必有一个最小, 设为 $\delta(\alpha b_k)$. 考虑带余除法

$$b_{k+1} = q\alpha b_k + r, \quad \delta(r) < \delta(\alpha b_k) \quad \text{或 } r = 0.$$

由于 $r = b_{k+1} - q\alpha b_k = (1 - q\alpha a_{k+1})b_{k+1}$, 如果 $r \neq 0$, 则 $r \in A$, 从而 $\delta(r) \geqslant \delta(\alpha b_k)$, 这与带余除法矛盾. 所以 $r = 0$, b_k 整除 b_{k+1}. 但我们已经知道 $b_k = a_{k+1}b_{k+1}$ 不整除 b_{k+1}. 这个矛盾表明 a 不能无限分解下去, 只能分解成有限多个不可逆元的乘积, 不可逆元因子数最多的那个分解就是 a 的素因子分解, 因为其中每个因子都不能分解成两个不可逆元的乘积, 从而是素元. □

从定理 6.20 和推论 6.26 (2) 得到如下结论.

定理 6.28 欧几里得环是唯一因子分解环. 欧氏环中的两个非零元素的最大公因子可以通过辗转相除法得到.

推论 6.29 整数环 $\mathbb{Z}$ 和域上的多项式 $P[x]$ 都是唯一因子分解环. 这些环中两个非零元素的最大公因子可以通过辗转相除法得到.

五 整系数多项式的因式分解 整系数的多项式分解是特别有意思的事情. 首先 $\mathbb{Z}[x]$ 中的多项式在 $\mathbb{Q}[x]$ 中可以分解成既约多项式的乘积. 问题是, 整系数多项式这些既约因子是否都是整系数的, 换一个说法是 $\mathbb{Z}$ 中的正次数既约多项式是否在 $\mathbb{Q}$ 中也是既约的. 我们将看到答案是肯定的.

设 $f = a_0 + a_1x + \cdots + a_nx^n \in \mathbb{Z}[x]$. 多项式 f 的系数的最大公因子 $\gcd\{a_0, a_1, \cdots, a_n\} = d(f)$ 称为 f 的**容度**. 为方便, 我们约定所考虑的整数的最大公因子总是非负的. 如果 $d(f) = 1$, 则称 f 为**本原多项式**.

例如, $f = 3x^2 + 2x + 3x^2 + 2x^3 + 5x^4 + 6x^5 \in \mathbb{Z}[x]$ 是本原多项式.

定理 6.30 (高斯引理) 设 $f,\ g \in \mathbb{Z}[x]$, 则 $d(fg) = d(f)d(g)$. 特别地, 本原多项式的乘积还是本原的.

证明 设 $f = a_0 + a_1x + \cdots + a_nx^n$, $g = b_0 + b_1x + \cdots + b_mx^m$ 均是本原的. 如果 fg 不是本原的, 则存在素数 p 使得 $p|d(fg)$. 可以找到整数 s, t, 使得 $p \nmid a_s$ 但 $p|a_0, p|a_1, \cdots, p|a_{s-1}$; $p \nmid b_t$, 但 $p|b_0, p|_1, \cdots, p|b_{t-1}$. 注意 fg 中 x^{s+t} 的系数为

$$a_sb_t + (a_{s-1}b_{t+1} + a_{s-2}b_{t+2} + \cdots + a_0b_{s+t}) + (a_{s+1}b_{t-1} + a_{s+2}b_{t-2} + \cdots + a_{s+t}b_0) = c_{s+t}.$$

由于 $p|c_{s+t}$, 对 $0 \leqslant i < s,\ 0 \leqslant j < t$, 有 $p|a_i,\ p|b_j$, 所以 $p|a_sb_t$. 但 $\mathbb{Z}$ 是唯一因子分解环, 所以 $p|a_s$ 或 $p|b_t$. 这与 s, t 的取法矛盾, 所以 p 不存在, 从而 fg 是本原的.

一般情况下有 $f = d(f)\xi,\ g = d(g)\eta$, 其中 $\xi, \eta \in \mathbb{Z}[x]$ 均是本原多项式. 从 $fg = d(f)d(g)\xi\eta$ 可得

$$d(fg) = d(f)d(g)d(\xi\eta) = d(f)d(g).$$

□

推论 6.31 如果整系数多项式 f 在 $\mathbb{Z}[x]$ 中既约, 那么 f 在 $\mathbb{Q}[x]$ 中也是既约的.

证明 如果 f 在 $\mathbb{Q}[x]$ 中非既约, 则 $f = gh$, 其中 $g, h \in \mathbb{Q}[x]$ 都是正次数的多项式. 设 g, h 的系数的分母的最小公倍数分别为 a, b, 则 $ag, bh \in \mathbb{Z}[x]$. 设

$ag = d(ag)\xi$, $bh = d(bh)\eta$, 其中 $\xi, \eta \in \mathbb{Z}[x]$ 均是本原多项式. 对 $abf = ag \cdot bh$ 应用高斯引理得

$$d(abf) = d(ag)d(bh).$$

由于 $d(abf) = abd(f)$, 所以 $f = d(f)\xi\eta$. 这与 f 在 $\mathbb{Z}[x]$ 中既约矛盾. □

如何判定整系数多项式的既约性不是一件容易的事情, 比如, 看上去十分简单的多项式 $x^{3n} + x + 1$ $(n \geqslant 1)$, 其既约性就不容易判断. 下面的判别法适用于一类多项式, 是很有用的.

定理 6.32 (艾森斯坦因既约性判别法) 设 $f = a_n x^n + a_{n-1}x^{n-1} + \cdots + a_1 x + a_0$ 是整系数多项式. 如果存在一个素数 p 使得

(1) a_n 与 p 互素;

(2) p 整除 $a_{n-1}, \cdots, a_1, a_0$;

(3) p^2 不整除 a_0,

那么 f 在 $\mathbb{Q}[x]$ 中是既约的.

证明 如果不成立, 则

$$f = (b_s x^s + b_{s-1}x^{s-1} + \cdots + b_0)(c_t x^t + c_{t-1}x^{t-1} + \cdots + c_0),$$

其中 s, t 是正整数, 诸 b_i, c_j 是整数, $c_t b_s \neq 0$.

由于 $a_0 = b_0 c_0$, p 整除 a_0, 而 p^2 不整除 a_0, 所以我们不妨设 p 整除 b_0, 但不整除 c_0. 因为 $a_n = b_s c_t$, p 不整除 a_n, 所以 p 不整除 b_s 和 c_t. 可以找到正整数 $1 \leqslant i \leqslant s$ 使得 p 整除 $b_0, b_1, \cdots, b_{i-1}$, 但不整除 b_i. 现在 $a_i = b_i c_0 + b_{i-1}c_1 + \cdots + b_0 c_i$. 由于 p 整除 $b_0 c_i, b_1 c_{i-1}, \cdots, b_{i-1}c_1$ 但不整除 $b_i c_0$, 所以 p 不整除 a_i. 这与条件 (2) 矛盾, 因为 $1 \leqslant i \leqslant s < s + t = n$. 结论得证. □

例 6.33 $f = 2x^5 + 3x^4 + 6x^3 + 12x^2 + 9x + 15$ 在 $\mathbb{Z}[X]$ 中不可约. 取 $p = 3$, 应用艾森斯坦既约性判别法即知.

例 6.34 设 p 是素数, 则 $f = x^{p-1} + x^{p-2} + \cdots + x + 1 \in \mathbb{Q}[x]$ 是不可约的. 事实上, 命 $x = y + 1$, 则有

$$\begin{aligned} f &= \frac{x^p - 1}{x - 1} = \frac{1}{y}((y+1)^p - 1) \\ &= y^{p-1} + \binom{p}{1} y^{p-2} + \cdots + \binom{p}{2} y + \binom{p}{1}. \end{aligned}$$

应用艾森斯坦既约性判别法即知 f 作为 y 的多项式在 $\mathbb{Q}[x]$ 是不可约的, 所以作为 x 的多项式在 $\mathbb{Q}[x]$ 是不可约的.

习　题　6.3

1. 设 a 和 b 是互素的正整数. 证明：存在整数 m 和 n 使得 ab 整除 $a^m + b^n - 1$.

2. 设 F 是域, f 和 g 是 $F[x]$ 中没有整除关系的两个多项式，d 是它们的最大公因子. 证明：

(1) 存在多项式 $u, v \in F[x]$ 使得 $d = uf + vg$ 且 $\deg u < \deg g - \deg d$;

(2) 在 (1) 中的 v 满足 $\deg v < \deg f - \deg d$;

(3) 在 (1) 中的多项式 u 和 v 是唯一的.

3. 用待定系数法确定 u, v 使得 $uf + vg = 1$:

(1) $f = x^4 - 4x^3 + 1, g = x^3 - 3x^2 + 1$;

(2) $f = x^3, g = (1-x)^2$.

4. 在 $\mathbb{Z}_p[x]$ 中找出下列多项式的素因子分解.

(1) $x^3 + x^2 + x + 1$, $p = 2$;

(2) $x^2 - 3x - 3$, $p = 5$;

(3) $x^2 + 1$, $p = 7$.

5. 在 $\mathbb{Q}[x]$ 中求出 $x^6 + x^4 + x^3 + x^2 + x + 1$ 和 $x^5 + 2x^3 + x^2 + x + 1$ 的最大公因子.

6. 多项式 $x^2 - 2$ 在 $\mathbb{Z}_8$ 中有多少个根?

7. 证明：奇素数 p 是 $\mathbb{Z}[\sqrt{-3}]$ 中的素元当且仅当 $x^2 + 3$ 在 $\mathbb{Z}_p[x]$ 是既约的.

8. 设

$$f(x, y) = a_0x^n + a_1x^{n-1}y + \cdots + a_{n-1}xy^{n-1} + a_ny^n \in \mathbb{Q}[x, y]$$

是非零齐次多项式. 证明：

(1) $f(x, y)$ 的既约因子也是齐次的.

(2) 假设 $a_0 \neq 0, a_n \neq 0$, 则 $f(x, y)$ 是既约的当且仅当 $f(x, 1) = a_0x^n + a_1x^{n-1} + \cdots + a_{n-1}x + a_n \in \mathbb{Q}[x]$ 是既约的.

9. 设 F 是域. 确定形式幂级数环 $F[[x]]$ 的素元并证明这个环是唯一因子分解环.

10. 设 x_{ij}, $1 \leqslant i,j \leqslant n$ 是未知元. 证明 $\det(x_{ij}) \in F[x_{11}, x_{12}, \cdots, x_{nn}]$ 是既约的 (提示: 每个 x_{ij} 在 $\det(x_{ij})$ 的单项中的幂至多为 1).

11. 证明下列多项式在 $\mathbb{Q}[x]$ 中是既约的.

(1) $x^5 - 12x^3 + 36x - 12$;

(2) $x^{105} - 9$;

(3) $(x-a_1)(x-a_2)\cdots(x-a_n)-1$, 其中 $a_1, a_2, \cdots, a_n$ 是互不相同的整数.

12. 设 $f = x^n + a_{n-1}x^{n-1} + \cdots + a_0 \in \mathbb{Z}[x]$. 证明 f 是 $\mathbb{Q}[x]$ 中的既约多项式如果 $a_0 \neq 0$ 且 $|a_{n-1}| > 1 + |a_0| + \cdots + |a_{n-2}|$.

6.4 分 式 域

整数环是一个典型的整环, 有理数域的元素都是整数的比, 也就是说, 有理数域其实可以通过整数环构造而得. 这个构造模式对一般的整环也是适用的, 即通过整环中元素的比构造一个域, 称为分式域, 原来的整环是这个分式域的子环.

一 整环的分式域 设 A 是整环, 其两个元素的比的含义需要明确. 整数的情形给我们启示: 是整数对的一个属性.

考虑所有的元素对 (a,b), 其中 $a, b \in A$, $b \neq 0$ 形成的集合. 在这个集合上定义等价关系 $\sim$ 如下:

$$(a,b) \sim (c,d) \Longleftrightarrow ad = bc.$$

这个二元关系的自反性与对称性是显然的. 设 $(a,b) \sim (c,d)$, $(c,d) \sim (e,f)$, 那么

$$adf = bcf = bde.$$

因为 $d \neq 0$, 由消去律, 得

$$af = be, \quad 即\ (a,b) \sim (e,f).$$

所以, 这个二元关系有传递性.

用 $Q(A)$ 记所有等价类的集合, (a,b) 所在的等价类记作 $\dfrac{a}{b}$ 或 a/b, 称为**分式**. 分式之间的加法和乘法定义如下:

$$\frac{a}{b}+\frac{c}{d}=\frac{ad+bc}{bd}, \quad \frac{a}{b}\frac{c}{d}=\frac{ac}{bd}. \tag{6.7}$$

需要证明定义的合理性, 即如果 $(a,b)\sim(a',b')$, $(c,d)\sim(c',d')$, 则有

$$(ad+bc,bd)\sim(a'd'+b'c',b'd'), \quad (ac,bd)\sim(a'c',b'd').$$

验证是直截了当的:

$$\begin{aligned}(ad+bc)b'd' &= adb'd'+bcb'd'\\ &= a'bdd'+bb'c'd\\ &= (a'd'+b'c')bd\\ acb'd' &= a'bc'd=a'c'bd.\end{aligned}$$

现在看一下这两个运算的性质. 首先它们都是交换的, 因为 A 的加法和乘法都是交换的. 加法有零元 $\frac{0}{1}$, 乘法有单位元 $\frac{1}{1}$:

$$\frac{0}{1}+\frac{a}{b}=\frac{a}{b}, \quad \frac{1}{1}\cdot\frac{a}{b}=\frac{a}{b}.$$

其次, $Q(A)$ 中每个元素都有负元, 每个非零元都有乘法逆元:

$$\begin{aligned}&\frac{-a}{b}+\frac{a}{b}=\frac{0}{b^2}=\frac{0}{1},\\ &\frac{a}{b}\cdot\frac{b}{a}=\frac{ab}{ab}=\frac{1}{1} \text{ 如果 } a\neq 0,\ b\neq 0.\end{aligned}$$

两个运算都是结合的:

$$\begin{aligned}\left(\frac{a}{b}+\frac{c}{d}\right)+\frac{e}{f}&=\frac{ad+bc}{bd}+\frac{e}{f}=\frac{adf+bcf+bde}{bdf},\\ \frac{a}{b}+\left(\frac{c}{d}+\frac{e}{f}\right)&=\frac{a}{b}+\frac{cf+de}{df}=\frac{adf+bcf+bde}{bdf},\\ \left(\frac{a}{b}\cdot\frac{c}{d}\right)\cdot\frac{e}{f}&=\frac{(ac)e}{(bd)f}=\frac{a(ce)}{b(df)}=\frac{a}{b}\cdot\left(\frac{c}{d}\cdot\frac{e}{f}\right).\end{aligned}$$

还有分配律:

$$\frac{a}{b}\cdot\left(\frac{c}{d}+\frac{e}{f}\right)=\frac{a}{b}\cdot\frac{cf+de}{df}=\frac{acf+ade}{bdf},$$

$$\frac{a}{b}\cdot\frac{c}{d}+\frac{a}{b}\cdot\frac{e}{f}=\frac{acbf+aebd}{bdbf}=\frac{(acf+ade)b}{(bdf)b}$$
$$=\frac{acf+ade}{bdf}.$$

这样一来, $Q(A)$ 在这两个运算下成为一个域, 称为 A 的**分式域**.

考虑映射 $\varphi: A\to Q(A)$, $a\to a/1$. 显然 $\varphi(a+b)=\varphi(a)+\varphi(b)$, $\varphi(ab)=\varphi(a)\cdot\varphi(b)$, $\varphi(a)\neq\varphi(b)$, 如果 $a\neq b$, 所以 φ 是环的单同态. 于是可以把 A 与 $\varphi(A)$ 等同, 即把 $a\in A$ 与 $\varphi(a)=a/1\in Q(A)$ 等同. 从而有熟悉的等式 $b\cdot a/b=a$. 以上所讨论的可以总结如下.

定理 6.35 设 A 是整环, 那么存在一个域 $Q(A)$, 称为 A 的**分式域**, 其元素形如 a/b $(a,b\in A,\ b\neq 0)$, 加法与乘法由 (6.7) 定义; 且 $a/b=c/d\Longleftrightarrow ad=bc$.

熟知的例子有 $Q(\mathbb{Z})=\mathbb{Q}$.

二 欧几里得环的分式域 设 R 是欧几里得环, $\delta: R\backslash\{0\}\to\mathbb{N}$ 是其尺度函数. 对任意 $a,b\in R$, 如果 $b\neq 0$, 则存在 $q,r\in R$ 使得 $a=qb+r$, $\delta(r)<\delta(b)$ 或 $r=0$. 于是在分式域 $Q(R)$ 中有

$$\frac{a}{b}=q+\frac{r}{b}. \tag{6.8}$$

如果 u 和 v 是 R 中互素的元素, 那么存在 $s,t\in R$ 使得 $1=su+tv$. 于是

$$\frac{a}{uv}=\frac{at}{u}+\frac{as}{v}.$$

任意非零元 $b\in R$ 都有素因子分解 $b=vp_1^{k_1}p_2^{k_2}\cdots p_n^{k_n}$, 其中 v 是可逆元, 诸 p_i 是互不相伴的素元, k_i 是正整数. 运用上式和推论 6.26 (1), 并对 n 作归纳法, 知存在 $a_1,\cdots,a_n\in R$ 使得

$$\frac{a}{b}=\frac{a_1}{p_1^{k_1}}+\frac{a_2}{p_2^{k_2}}+\cdots+\frac{a_n}{p_n^{k_n}}. \tag{6.9}$$

三 有理函数域 域 P 上的多项式环 $P[x]$ 的分式域称为**域 P 上的有理函数域**, 记作 $P(x)$. 其中的元素 f/g $(f,g\in P[x],\ g\neq 0)$ 称为**有理函数**, f 和 g 分别称为有理函数 f/g 的**分子**和**分母**. 每一个有理函数在 P 中分母不为零的地方定义了一个值在 P 中的函数, 确切地说, f/g, $f,g\in P[x]$ 在 $c\in P$ 处的值为 $f(c)/g(c)$. 有理函数的加法与乘法运算与它们确定的函数的加法和乘法的运算是类似的.

一个分式 f/g 的分子分母同乘一个非零的多项式或同时消去一个公因子, 得到的分式与原来的分式相同. 由于 $f/g=f_1/g_1\Longleftrightarrow fg_1=f_1g$, 此时有 $\deg f-\deg g=$

$\deg f_1 - \deg g_1$. 所以一个分式 f/g 的分子和分母的次数差 $\deg f - \deg g$ 不依赖这个分式的分子和分母的选取. 这个数称为**有理分式的次数**. 次数为负值的有理函数称为**真分式**. 由于零多项式的次数是 $-\infty$, 所以零多项式也是真分式.

如果有理函数 f/g 的分子和分母互素, 则称这个分式为**既约的**. 任意有理函数都可以写成既约分式的形式: 把分子分母的最大公因子同时从分子分母中消去, 就得到这个分式的既约形式. 如果两个既约分式相等, $f/g = f_1/g_1$, 则 $fg_1 = f_1 g$, 由推论 6.26 (2) 知 f 和 f_1 相伴, g 和 g_1 相伴, 故存在 P 中的非零元 c 使得 $f = cf_1$, $g = cg_1$. 所以有理函数的既约形式是唯一的.

由于域上多项式环中带余除法的商和余项都是唯一的 (推论 6.12), 由公式 (6.8) 得到如下命题.

命题 6.36 分式域 $P(x)$ 中每一个有理函数都能以唯一的方式分解成多项式与真分式的和.

真分式 f/g 称为**最简的**如果 g 是一个既约多项式 p 的幂, 而 $\deg f < \deg p$.

引理 6.37 设 p 是 $P[x]$ 中的既约多项式, 那么对任意的非零多项式 $f \in P[x]$, 存在唯一的 $q_0, q_1, \cdots, q_k \in P[x]$, 使得 $q_k \neq 0$, 诸 q_i 的次数小于 p 的次数, 且

$$f = q_0 + q_1 p + q_2 p^2 + \cdots + q_k p^k.$$

证明 利用带余除法得

$$\begin{aligned} f &= h_1 p + q_0, \\ h_1 &= h_2 p + q_1, \\ &\cdots\cdots \\ h_{k-1} &= h_k p + q_{k-1}, \\ h_k &= q_k, \end{aligned}$$

其中诸 q_i 都是唯一确定的, 其次数小于 p 的次数. 易见

$$f = q_0 + q_1 p + q_2 p^2 + \cdots + q_k p^k. \qquad \square$$

由于 $q_i p^i / p^n$ 要么是多项式, 要么是最简分式, 由这个引理和公式 (6.9) 知 $P(x)$ 中每个有理函数都可以写成多项式与最简分式的和. 对真分式, 则有下面更强的结论.

命题 6.38 分式域 $P(x)$ 中的真分式可以分解成最简分式的和, 而且和式中的最简分式是由真分式唯一确定的.

证明 设 $f/g\in P(x)$ 是真分式. 如果 $g=g_1g_2$, 同时 g_1 和 g_2 互素, 那么存在 $u_1,u_2\in P[x]$ 使得 $1=u_1g_1+u_2g_2$. 从而

$$f=fu_1g_1+fu_2g_2.$$

由带余除法知, 存在 $q,f_1\in P[x]$ 使得 $fu_2=qg_1+f_1$ 且 $\deg f_1<\deg g_1$. 命 $f_2=fu_1+qg_2$, 则有 $f=f_1g_2+f_2g_1$. 于是

$$\frac{f}{g}=\frac{f_1}{g_1}+\frac{f_2}{g_2}. \tag{6.10}$$

由于 f 和 f_1g_2 的次数均小于 g 的次数, 所以 $f_2g_1=f-f_1g_2$ 的次数小于 g 的次数, 由此知 f_2 的次数小于 g_2 的次数. 于是等式 (6.8) 中的分式都是真分式. 如果另有真分式分解 $f/g=h_1/g_1+h_2/g_2$, 则有 $(f_1-h_1)g_2=(h_2-f_2)g_1$. 于是 g_1 整除 $(f_1-h_1)g_2$. 但 g_1 和 g_2 互素, 所以 g_1 整除 (f_1-h_1). 可是, $\deg(f_1-h_1)<\deg g_1$, 所以 $f_1=h_1$. 即分解 (6.10) 是唯一的.

设 g 的首项系数为 λ, 那么 $f/g=\lambda^{-1}f/\lambda^{-1}g$. 所以不妨设 g 的首项系数为 1, 于是 g 有素因子分解

$$g=p_1^{k_1}p_2^{k_2}\cdots p_n^{k_n},$$

其中诸 p_i 是互不相同的首一既约多项式, k_i 是正整数. 对 n 做归纳法, 利用 (6.10), 可知有唯一的真分式分解

$$\frac{f}{g}=\frac{f_1}{p_1^{k_1}}+\frac{f_2}{p_2^{k_2}}+\cdots+\frac{f_n}{p_n^{k_n}}.$$

再对 f_i 和 p_i 运用引理 6.37 知命题成立. □

当 P 是实数域或复数域时, 把真分式分解成最简分式对于求真分式的积分是很重要的.

习 题 6.4

1. 如果 A 是域, 证明 $Q(A)$ 与 A 同构.

2. 如果整环 A 是域 P 的子环, 且 P 中每个元素都可以写成 ab^{-1}, $a,b\in A$, $b\neq 0$, 则 $Q(A)$ 与 P 同构.

3. 设 R 是唯一因子分解环. 证明: $R[x]$ 是唯一因子分解环.

4. 设 R 是整环, $f \in R$ 是非零元. 证明: 集合 $\{a/f^n \mid a \in R, n \in \mathbb{N}\}$ 是 $Q(R)$ 的子环.

5. 设 R 是唯一因子分解环, $p \in R$ 是素元. 证明: 集合 $\{a/b \mid a, b \in R, p \text{不整除 } b\}$ 是 $Q(R)$ 的子环.

6. 把下列分式写成最简分式之和.

(1) $\dfrac{x^2}{(x-1)(x+2)(x+3)}$;

(2) $\dfrac{x}{(x^2-1)^2}$.

7. 把下列实数域上的有理函数写成最简分式之和.

(1) $\dfrac{x^2}{x^4-16}$;

(2) $\dfrac{x}{(x+1)(x^2+1)^2}$;

(3) $\dfrac{1}{(x^4-1)^2}$;

(4) $\dfrac{1}{(x-a_1)\cdots(x-a_n)}$, 其中诸实数 a_i 互不相同.

第 7 章　多项式的根

我们回到一个熟悉的主题: 求多项式的根. 历史上, 它在代数学中是一个中心问题. 高斯把复数域上的多项式总有复数根这一结论称为代数基本定理, 由此可以看出在那以前求多项式根在代数学中的地位.

一元一次方程是简单的. 一元二次方程的根早在巴比伦时代人们就会求解. 一元三次和四次方程的求解公式直到十六世纪才得到. 此后人们试图得到五次或更高次的一元多项式方程的根式解, 结果发现五次或更高次的一元方程一般没有根式解. 群论就在这个探索过程中诞生了. 求多项式方程的根对实际问题和理论问题都是很重要的. 多元多项式方程组的根是代数几何研究的主题. 在过去一百多年中, 代数几何发展迅速, 现已成为一个庞大深刻的数学分支.

本章将简单讨论一元多项式的根, 重点在一元实多项式和复多项式.

7.1　多项式的根的一般性质

域 K 中的元素 c 称为多项式 $f \in K[x]$ 的**根**(或**零点**) 如果 $f(c) = 0$ ($f(c)$ 的定义见 6.2 节第三部分), 元素 c 也称为方程 $f(x) = 0$ 的根. 本节的多项式都是域 K 上的多项式.

一　根与线性因子　用线性多项式 $x - c$ 除多项式 f, 得到的余项的次数小于 1, 所以余项一定是 K 中的元素, 即有

$$f(x) = (x - c)q(x) + r, \quad r \in K. \tag{7.1}$$

由此可知

$$f(c) = r,$$

即余项等于 f 在 c 处的值. 这个结论称为**贝祖**(Bezout)**定理**. 该定理蕴涵

定理 7.1　域 K 中的元素 c 是多项式 $f \in K[x]$ 的根当且仅当 $x - c$ 整除 f.

比较等式 (7.1) 两边的系数可以得到求商 $q(x)$ 和余项 r 的简单算法, 称为**霍内**(Horner)**法**. 具体如下:

$$\begin{aligned}&a_0x^n+a_1x^{n-1}+\cdots+a_{n-1}x+a_n\\=&(x-c)(b_0x^{n-1}+b_1x^{n-2}+\cdots+b_{n-2}x+b_{n-1})+r.\end{aligned}$$

比较 x 的幂的系数, 得

$$\begin{aligned}a_0&=b_0,\\a_1&=b_1-cb_0,\\a_2&=b_2-cb_1,\\&\cdots\cdots\\a_{n-1}&=b_{n-1}-cb_{n-2},\\a_n&=r-cb_{n-1}.\end{aligned}$$

由此可得商 $q(x)$ 的系数和余项 r 的递归算法:

$$\begin{aligned}b_0&=a_0,\\b_1&=a_1+cb_0,\\b_2&=a_2+cb_1,\\&\cdots\cdots\\b_{n-1}&=a_{n-1}+cb_{n-2},\\r&=a_n+cb_{n-1}.\end{aligned}$$

系数、余项和递归算法可以用如下表格呈现:

	a_0	a_1	a_2	$\cdots$	a_{n-1}	a_n
c	b_0	b_1	b_2	$\cdots$	b_{n-1}	r

表中第二行的元素自 b_1 开始到 r, 都是其上方的元素加上 c 与左边的元素的乘积; b_0 等于其上方的元素 a_0.

例 7.2　多项式

$$f=3x^6-4x^5+7x^4-11x^3+6x-11$$

在 $x=5$ 处的值可用霍内法求出:

	3	−4	7	−11	0	6	−11
5	3	11	62	299	1495	7481	37394

所以 $f(5)=37394$.

利用定理 7.1 可以证明如下的结论.

定理 7.3 非零多项式的根的个数不超过其次数.

证明 设 c_1 是非零多项式 f 的根, 那么

$$f=(x-c_1)f_1,\quad f_1\in K[x].$$

设 c_2 是多项式 f_1 的根, 则有

$$f_1=(x-c_2)f_2,\quad f_2\in K[x],$$

从而

$$f=(x-c_1)(x-c_2)f_2.$$

如此下去, 最后得到如下等式

$$f=(x-c_1)(x-c_2)\cdots(x-c_m)g,\tag{7.2}$$

其中 $g\in K[x]$ 没有根. 元素 $c_1,c_2,\cdots,c_m$ 就是 f 的全部根. 的确, 对任意的 $c\in K$, 有

$$f(c)=(c-c_1)(c-c_2)\cdots(c-c_m)g(c),$$

而 $g(c)\neq 0$, 所以 $f(c)=0$ 当且仅当 c 等于某个 c_i. 于是 f 的根的个数不超过 m(可以比 m 少因为 $c_1,c_2,\cdots,c_m$ 中可能有些是相同的), 但是

$$m=\deg f-\deg g\leqslant\deg f.$$ □

上述定理的证明表明 f 的有些根在序列 $c_1,c_2,\cdots,c_m$ 中可能重复出现, 这时相应的根不应该只当做一个根. 需要根的重数这个概念澄清此问题.

定义 7.4 称 $c\in K$ 为多项式 $f\in K[x]$ 的 k**重根**(或k**重零点**), 如果 $(x-c)^k$ 整除 f 但 $(x-c)^{k+1}$ 不整除 f. 此时称 k 为根 c 的**重数**. 当 $k>1$ 时, c 称为 f 的**重根**. 1 重根称为**单根**.

现在可以得到较定理 7.3 更精细的结论.

定理 7.5　按重数计算根的个数 (即一个 k 重根算 k 个根), 则一个多项式根的个数不超过其次数. 而且, 这两个数相等当且仅当这个多项式是线性因子的乘积.

证明　在等式 (7.2) 中把相同的因子写在一起, 得到

$$f=(x-c_1)^{k_1}(x-c_2)^{k_2}\cdots(x-c_s)^{k_s}g, \tag{7.3}$$

其中, $c_1,c_2,\cdots,c_s$ 互不相同. 在 (7.3) 中挑出因子 $(x-c_i)^{k_i}$, 则有

$$f=(x-c_i)^{k_i}h_i,\quad 其中\ h_i(c_i)\neq 0.$$

所以, c_i 的重数是 k_i. 于是, 按重数计算, f 的根的个数为

$$k_1+k_2+\cdots+k_s=\deg f-\deg g\leqslant \deg f.$$

定理得证. □

二　韦达公式　如果多项式

$$f=a_0x^n+a_1x^{n-1}+\cdots+a_{n-1}x+a_n$$

的 (按重数计算的) 根的个数等于其次数, 那么 f 可以分解成线性因子的乘积 (定理 7.5):

$$f=a_0(x-c_1)(x-c_2)\cdots(x-c_n),$$

其中 $c_1,c_2,\ \cdots,c_n$ 是 f 的根, 一个根出现的次数就是这个根的重数. 展开上式的右边, 然后比较两边的系数, 得到如下公式

$$\begin{aligned}
&c_1+c_2+\cdots+c_n=-\frac{a_1}{a_0},\\
&c_1c_2+c_1c_3+\cdots+c_{n-1}c_n=\frac{a_2}{a_0},\\
&\cdots\cdots\\
&\sum_{i_1<i_2<\cdots<i_k}c_{i_1}c_{i_2}\cdots c_{i_k}=(-1)^k\frac{a_k}{a_0},\\
&\cdots\cdots\\
&c_1c_2\cdots c_n=(-1)^n\frac{a_n}{a_0}.
\end{aligned}$$

这些公式称为**韦达**(Vieté)**公式**. 它们建立了多项式系数与根的联系. 当首项系数为 1 时, 韦达公式的形式更简单.

韦达公式的重要特征是左边的表达式与根的排列顺序无关. 另一个值得强调的事实是: 多项式的系数可能在 K 的某个子域 (甚至子环) 中, 但根不在这个子域中,

可是根的一些代数表达式却在这个子域中. 例如 x^2-2 的系数是整数, 根是无理数, 两个根的和与积都是整数.

例 7.6 假设 p 是大于 2 的素数. 考虑有限域 $\mathbb{Z}_p$ 上的多项式 $x^{p-1}-1$. 由于这个域中的任意非零元的 $p-1$ 次幂都等于 1, 所以都是 $x^{p-1}-1$ 的根. 于是有分解式

$$x^{p-1}-1=(x-1)(x-2)\cdots(x-(p-1)).$$

运用韦达公式中的最后一个, 知在 $\mathbb{Z}_p$ 中有 $(p-1)!=-1$. 于是在 $\mathbb{Z}$ 中有

$$(p-1)!\equiv -1\,(\operatorname{mod} p),$$

即

$$(p-1)!+1\equiv 0\,(\operatorname{mod} p). \tag{7.4}$$

这个公式称为**威尔逊定理**, 它成立当且仅当 p 是素数. 事实上, 如果大于 1 的整数 p 不是素数, 则 $p=qr$, 其中 q,r 均大于 1. 从而 $(p-1)!=qt$, 所以 $(p-1)!+1\not\equiv 0\,(\operatorname{mod} q)$, 特别, $(p-1)!+1\not\equiv 0\,(\operatorname{mod} p)$.

例 7.7 多项式 $x^5-1\in\mathbb{C}[x]$ 有 5 个根:

$$\varepsilon_k=\cos\frac{2k\pi}{5}+i\sin\frac{2k\pi}{5},\quad k=0,1,2,3,4.$$

第一个韦达公式说这些根的和是 0, 所以这个和的实部是 0:

$$2\cos\frac{4\pi}{5}+2\cos\frac{2\pi}{5}+1=0.$$

命 $\cos\dfrac{2\pi}{5}=y$, 则 $\cos\dfrac{4\pi}{5}=2y^2-1$, 从而

$$4y^2+2y-1=0.$$

于是

$$\cos\frac{2\pi}{5}=\frac{\sqrt{5}-1}{4},\quad \cos\frac{4\pi}{5}=-\frac{\sqrt{5}+1}{4}.$$

三 多项式的导数与根的重数 根的重数与多项式的导数关系密切. 对于实多项式函数 f, 其导数 f' 仍是多项式函数. 虽然其他域上的多项式函数一般没有极限的概念, 但形式上, 可以定义任意域上的多项式的导数如下. 设

$$f=a_nx^n+a_{n-1}x^{n-1}+\cdots+a_1x+a_0\in K[x].$$

其**导数**定义为

$$f' = na_nx^{n-1} + (n-1)a_{n-1}x^{n-2} + \cdots + a_1 \in K[x].$$

如同实函数的情形, 任意域上 K 的多项式的导数具有如下性质, 它们完全确定了多项式的导数计算规则:

(1) $(\alpha f + \beta g)' = \alpha f' + \beta g'$, 其中 $\alpha,\ \beta \in K,\ f, g \in K[x]$;

(2) $(fg)' = f'g + fg'$;

(3) x 的导数是 1.

性质 (1) 从导数的定义与多项式和的定义直接得到, 性质 (3) 来自导数的定义. 至于性质 (2), 利用 (1) 和多项式乘积的定义, 就知道只要对单项式 x^k, x^l 的乘积验证即可:

$$\begin{aligned}(x^{k+l})' &= (k+l)x^{k+l-1} = (kx^{k-1})x^l + x^k(lx^{l-1})\\ &= (x^k)'x^l + x^k(x^l)'.\end{aligned}$$

利用 (2), 对 k 作归纳法, 则有下面的公式.

(4) $(f_1f_2\cdots f_k)' = \displaystyle\sum_{i=1}^{k} f_1\cdots f_{i-1}f_i'\cdots f_k$.

特别,

$$(f^k)' = kf^{k-1}f'.$$

注意当 $\mathrm{char}K = p > 0$, $(f^p)' = pf^{p-1} = 0$.

现在可以叙述并证明如下结论.

定理 7.8　设 K 是域, $f \in K[x]$, 那么 $c \in K$ 是 f 的重根当且仅当 $f(c) = f'(c) = 0$.

证明　设 $f = (x-c)^kg$, 其中 $g(c) \neq 0$. 那么

$$f' = k(x-c)^{k-1}g + (x-c)^kg'.$$

如果 $k \geqslant 2$, 则有 $f(c) = f'(c) = 0$. 如果 $k = 1$, 那么 $f'(c) = g(c) \neq 0$.　□

例 7.9 如果 K 的特征为 p, 它不整除 n, 那么多项式 x^n-1 只有单根, 因为其导数 nx^{n-1} 的根不是 x^n-1 的根.

设 $f\in K[x]$ 是 n 次多项式. 用 $(x-c)^n$ 除 f, 得

$$f=b_n(x-c)^n+f_{n-1},\quad f_{n-1}\in K[x],\quad \deg f_{n-1}\leqslant n-1.$$

再用 $(x-c)^{n-1}$ 除 f_{n-1}, 得

$$f_{n-1}=b_{n-1}(x-c)^{n-1}+f_{n-2},\quad f_{n-2}\in K[x],\quad \deg f_{n-2}\leqslant n-2.$$

如此重复下去, 可以得到

$$f=b_n(x-c)^n+b_{n-1}(x-c)^{n-1}+\cdots+b_1(x-c)+b_0. \tag{7.5}$$

易见, c 是 f 的 k 重根当且仅当 $b_0=b_1=\cdots=b_{k-1}=0$ 但 $b_k\neq 0$.

命题 7.10 如果 K 的特征为 0, 那么 $f\in K[x]$ 作为 $x-c$ 的多项式的系数是

$$b_i=\frac{f^{(i)}(c)}{i!}.$$

(如同微积分中的记号, $f^{(i)}$ 记 f 的 i 次导数).

证明 对等式 (7.5) 求导 i 次, 然后把 $x=c$ 代入, 即得结论. □

于是

$$f=f(c)+f'(c)(x-c)+\frac{f''(c)}{2}(x-c)^2+\cdots+\frac{f^{(n)}(c)}{n!}(x-c)^n,$$

该表达式称为 f(在 c 处) 的**泰勒展开**. 由此可得如下定理.

定理 7.11 假设 K 的特征为 0. 记号同上, 那么 c 是 f 的 k 重根当且仅当 $f^{(i)}(c)=0,\ 0\leqslant i\leqslant k-1$, 但 $f^{(k)}(c)\neq 0$ (注意 f 的 0 次导数 $f^{(0)}$ 就是 f 自身).

这个结论对正特征的域不成立. 例如, 域 $\mathbb{Z}_p$ 上的多项式

$$x^{(p-1)p}-1=(x^{p-1}-1)^p$$

有 $p-1$ 个 p 重根 (参见例 7.6), 但这个多项式的导数是 0.

多项式的泰勒展开也可以通过变量替换得到: 将 $x=y+c$ 代入, 得到 y 的多项式, 再把 $y=x-c$ 代入这个 y 的多项式, 则得到 f 在 c 处的泰勒展开. 例如对 $f=2x^2-3x-2$, $c=2$, 有

$$f=2(y+2)^2-3(y+2)-2=2y^2+5y=2(x-2)^2+5(x-2).$$

在 c 处的泰勒展开的系数, 还可以通过多次对 f 被 $x-c$ 除的带余除法得到: 用 $x-c$ 除 f, 得到余项 b_0 和商

$$b_1+b_2(x-c)+\cdots+b_n(x-c)^{n-1},$$

用 $x-c$ 除这个商, 得到余项 b_1, 如此下去, 得到所有的系数 b_i. 如果 K 的特征为 0, 这也得到 f 的各阶导数在 c 处的值.

例 7.12　考虑多项式

$$f=x^5-3x^4+2x^3+2x^2-3x+1\in\mathbb{R}[x]$$

在 1 处的泰勒展开. 运用霍内法求 $x-1$ 除多项式的余项. 每一次除都是从上一行得到下一行:

	1	−3	2	2	−3	1
1	1	−2	0	2	−1	0
	1	−1	−1	1	0	
	1	0	−1	0		
	1	1	0			
	1	2				
	1					

于是

$$f=2(x-1)^4+(x-1)^5.$$

所以, 1 是 f 的 4 重根, 且

$$f^{(4)}(1)=4!\cdot 2=48,\quad f^{(5)}(1)=5!=120.$$

四　重因子　多项式的导数不仅用于讨论多项式的线性因子的重数 (根的重数), 还用于讨论其他因子的重数. 域 K 上的多项式有素因子 (既约多项式) 分解

$$f=\lambda p_1^{k_1}p_2^{k_2}\cdots p_r^{k_r},\quad \lambda\in K,\tag{7.6}$$

分解式中的首一既约多项式 p_i 的幂 k_i 称为 p_i 在 f 中的**重数**, p_i 是 f 的 k_i**重因子**. 如果 $k_i>1$, 则称 p_i 是 f 的**重因子**. 要得到 f 的素因子分解是困难的, 可是, 要判断 f 是否有重因子却较容易.

定理 7.13　假设域 K 的特征为 0, p 是多项式 $f\in K[x]$ 的 k 重既约因子 ($k\geqslant 1$, $\deg p\geqslant 1$), 则 p 是 f' 的 $k-1$ 重因子. 特别, 当 $k=1$ 时, p 不整除 f'.

证明 由假设知 $f=p^k g$, 其中 g 不被 p 整除. 求导数得

$$f'=kp^{k-1}p'g+p^k g'=p^{k-1}(kp'g+pg').$$

由于 $kp'\neq 0$ 且次数小于 p 的次数, 所以 p 与 kp' 互素. 根据推论 6.26(1) 知 $kp'g$ 与 p 互素. 于是 p 不整除 $(kp'g+pg')$. □

推论 7.14 假设域 K 的特征为 0, 正次数的多项式 $f\in K[x]$ 的素因子分解由等式 (7.6) 给出, 则 f 与其导数 f' 的最大公因子有如下素因子分解式

$$\gcd\{f,\ f'\}=p_1^{k_1-1}p_2^{k_2-1}\cdots p_r^{k_r-1}.$$

(对多项式环, 最大公因子总是取首一多项式).

所以 f 没有重因子当且仅当 f 与 f' 互素.

证明 根据定理 7.13 和推论 6.26(3) 知

$$f'=p_1^{k_1-1}p_2^{k_2-1}\cdots p_r^{k_r-1}\cdot h,$$

(约定 $p_i^0=1$) 其中 h 与诸 p_i 互素. 由 6.3 节第三部分的讨论知推论成立. □

于是多项式

$$u=\frac{f}{\gcd\{f,\ f'\}}=\lambda p_1p_2\cdots p_r$$

的既约因子和 f 的既约因子一样, 但重数均为 1. 由于此处最大公因子和 u 都可以通过欧几里得算法求出, 所以求 u 并不需要知道 f 的素因子分解.

例 7.15 多项式

$$f=x^5+6x^4+2x^3-36x^2-27x+54\in\mathbb{R}[x]$$

的导数是

$$f'=5x^4+24x^3+6x^2-72x-27.$$

两者的最大公因子是 $(x+3)^2$. 最大公因子除 f 的商是 $(x+3)(x^2-3x+2)=(x+3)(x-2)(x-1)$. 所以

$$f=(x+3)^3(x-2)(x-1)$$

有 3 重根 -3, 单根 2 和 1.

五 多项式函数 多项式 $f \in K[x]$ 确定了一个函数

$$\tilde{f}: K \to K, \quad a \to f(a),$$

称为**多项式函数**. 所有这些函数形成一个环 K_{pol}, 称为 (K 上的)**多项式函数环**, 其中的加法和乘法分别定义为

$$(\tilde{f}+\tilde{g})(a)=\tilde{f}(a)+\tilde{g}(a), \quad (\tilde{f}\tilde{g})(a)=\tilde{f}(a)\tilde{g}(a).$$

定理 7.3 蕴涵如下有用的结论.

定理 7.16 如果 $f, g \in K[x]$ 的次数均 $\leqslant n$, 在 K 中 $n+1$ 个不同的元素处取值相同, 则 $f=g$.

证明 这两个多项式的差 h 的次数不超过 n, 但有 $n+1$ 个不同的根. 根据定理 7.3, h 只能是零多项式. □

映射 $K[x] \to K_{\text{pol}}, \quad f \to \tilde{f}$ 显然是满的环同态. 当 K 是有限域时, 这个同态不是单射, 因为 K 上的 K 值函数只有有限个, 而 K 上的多项式却有无限多个.

定理 7.17 当 K 是无限域时, 映射 $K[x] \to K_{\text{pol}}, \quad f \to \tilde{f}$ 是环同构.

证明 只要验证这是单射. 设 $f, g \in K[x]$ 是不同的多项式, 次数均小于 n. 那么它们的差 h 是非零多项式, 次数小于 n, 从而至多有 $n-1$ 个零点, 所以 $\tilde{h} \neq 0$, 即 $\tilde{f} \neq \tilde{g}$. □

由此可见, 对无限域, 可以把其上的多项式环与其上的多项式函数环等同起来. 当 K 是实数域时, 一个多项式在零点 (根) 处的泰勒展开给出了这个根的重数的几何含义. 具体说来就是, 如果 c 是多项式 $f \in \mathbb{R}[x]$ 的 k 重根, 那么在 c 附近, f 的表现很像 $b(x-c)^k$, 此处 $b=f^{(k)}(c)/k! \neq 0$. 更准确地说, 当 $k=1$ 时, f 的图像在 c 处穿过 x 轴, 当 $k>1$ 时, f 的图像与 x 轴在 c 处是 $k-1$ 阶相切的. 而且当 k 是奇数时, $f(x)$ 通过 c 时改变符号, 当 k 是偶数时, $f(x)$ 通过 c 时不改变符号, 见图 7-1.

经常需要根据函数 $\tilde{f}$ 的某些信息 (一般是某些元素处的取值) 重新构造多项式 f. 其中的一个问题是插值问题:

设 $b_0, b_1, \cdots, b_n$ 是 K 中的元素, $c_0, c_1, \cdots, c_n$ 是 K 中互不相同的元素, 要找一个次数 $\leqslant n$ 的多项式 $f \in K[x]$ 使得 $f(c_i)=b_i$, $i=0,1,2,\cdots,n$.

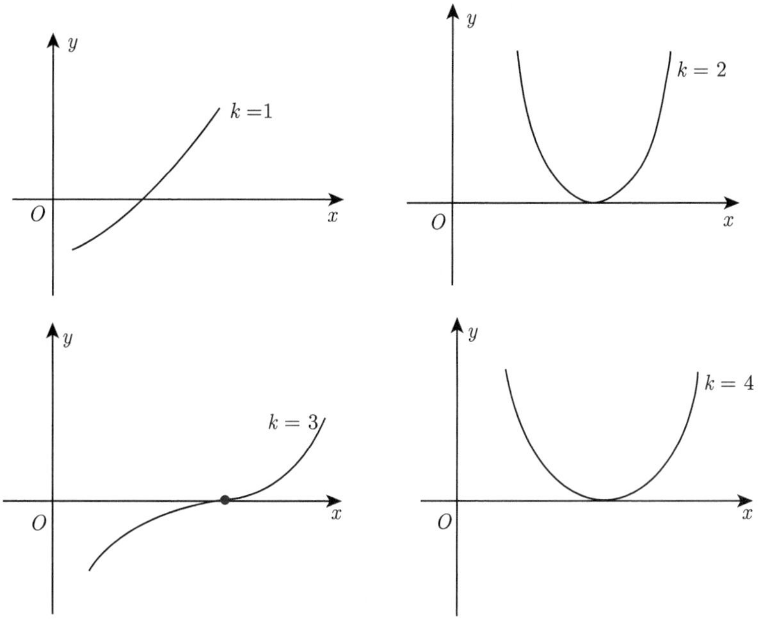

图 7-1

根据定理 7.17, 这个问题至多有一个解. 如下的**拉格朗日插值公式**表明, 满足要求的多项式 f 存在:

$$f(x)=\sum_{i=0}^{n} b_i \frac{(x-c_0)\cdots(x-c_{i-1})(x-c_{i+1})\cdots(x-c_n)}{(c_i-c_0)\cdots(c_i-c_{i-1})(c_i-c_{i+1})\cdots(c_i-c_n)}. \tag{7.7}$$

解的存在唯一性也可以从下面的线性方程组得到:

$$\begin{cases} a_0c_0^n+a_1c_0^{n-1}+\cdots+a_{n-1}c_0+a_n=b_0, \\ \cdots\cdots \\ a_0c_n^n+a_1c_n^{n-1}+\cdots+a_{n-1}c_n+a_n=b_n, \end{cases}$$

其中的未知元 $a_0, a_1, \cdots, a_n$ 是要求的多项式的系数. 方程组的系数矩阵的行列式是范德蒙德行列式, 它不等于 0, 所以方程组有唯一的解, 由克拉默公式给出. 显然, 拉格朗日插值公式形式整齐且容易记忆.

插值问题也可以通过**牛顿插值公式**解决:

$$f(x)=u_0+u_1(x-c_0)+u_2(x-c_0)(x-c_1)+\cdots+u_n(x-c_0)(x-c_1)\cdots(x-c_{n-1}),$$

其中的系数 $u_0, u_1, \cdots, u_n$ 可以通过依次代入值 $x=c_0$, $x=c_1$, $\cdots, x=c_{n-1}$, $x=c_n$ 后确定.

如果一个未知 (或复杂) 函数在某些点的值 (通过观察或实验) 已经知道, 人们常常用多项式近似地表示这个函数, 这时插值公式就变得十分有用.

习　题　7.1

1. 求 $x-c$ 除 $f(x)$ 的商和余项 $f(c)$:

(1) $f(x)=2x^4-2x^3+4x^2-5x+7, c=1$;

(2) $f(x)=3x^5+2x^3-3x^2+13x-12, c=-2$;

(3) $f(x)=-x^4+2\mathrm{i}x^3-(1-\mathrm{i})x^2-3x+5-\mathrm{i}, c=-\mathrm{i}$;

(4) $f(x)=x^4-(3+\mathrm{i})x^3+5x^2-(2-\mathrm{i})x+6+4\mathrm{i}, c=2-3\mathrm{i}$.

2. 求多项式 $f(x)$ 在 c 处的泰勒展开以及在 c 处的各阶导数:

(1) $f(x)=3x^5-4x^3+6x^2-8x+11, c=-2$;

(2) $f(x)=2x^4-3\mathrm{i}x^3+5x^2-5\mathrm{i}x+7+\mathrm{i}, c=2-\mathrm{i}$;

(3) $f(x)=x^4+2x^3-3x^2-6x+11, c=3$.

3. 确定多项式 $f(x)$ 在根 c 处的重数:

(1) $f(x)=x^5-5x^4+7x^3-2x^2+4x-8, c=2$;

(2) $f(x)=3x^5+2x^4+x^3-10x-8, c=-1$.

4. 多项式 x^5-ax^2-ax+1 在 a 取何值时以 -1 为一个根, 且重数至少是 2?

5. 证明 1 是以下多项式的三重根:

(1) $x^{2n}-nx^{n+1}+nx^{n-1}-1$;

(2) $(n-2m)x^n-nx^{n-m}+nx^m-(n-2m)$.

6. 证明多项式

$$1+x+\frac{x^2}{2!}+\cdots+\frac{x^n}{n!}$$

没有重根.

7. 证明非零实多项式

$$a_1x^{n_1}+a_2x^{n_2}+\cdots+a_kx^{n_k}\quad(n_1<n_2<\cdots<n_k)$$

的非零根的重数不超过 $k-1$.

8. 考虑递归方程

$$u(n+k)=a_0u(n)+a_1u(n+1)+\cdots+a_{k-1}u(n+k-1),\quad k\neq 0,a_0\neq 0.$$

置 $f(x)=x^k-a_{k-1}x^{k-1}-\cdots-a_0$. 证明:

(1) 函数 $u(n)=n^rc^n$, $r\geqslant 0$, $c\neq 0$ 是递归方程的解当且仅当 c 是 $f(x)$ 的根, 重数不小于 $r+1$;

(2) 如果 $c_1,\cdots,c_m$ 是 $f(x)$ 的所有的根, 重数分别是 $s_1,\cdots,s_m$, 那么, 递归方程的任何解都有如下形式

$$u(n)=\sum_{i=1}^{m}g_i(n)c_i^n,$$

其中 $g_i(x)$ $(i=1,\cdots,m)$ 是次数不超过 s_i-1 的多项式.

9. 设 K 是无限域, $f\in K[x_1,\cdots,x_n]$ 是非零多项式. 利用定理 7.17 并对 n 作归纳法证明: 存在 $a_1,\cdots,a_n\in K$ 使得 $f(a_1,\cdots,a_n)\neq 0$. 于是 $K[x_1,\cdots,x_n]$ 和域 K 上的 n 个变量的多项式函数环同构.

10. 如果 f 是域 K 上的既约多项式, $\mathrm{char}K=0$, 那么 $\mathrm{g.c.d}\{f,f'\}=1$, 其中 f' 是 f 的导数.

11. 假设域 K 上的多项式 f 的导数为 0. 证明:

(1) 如果 $\mathrm{char}K=0$, 则 f 为常数;

(2) 如果 $\mathrm{char}K=p>0$, 则 $f(x)=g(x^p)$, 其中 g 是某个多项式.

12. 假设一个次数小于 n 的多项式在 n 个连续的整数点上取值整数. 证明: 这个多项式在所有的整数点上取整数值. 这个多项式的系数是否都是整数?

13. 设 F 是有限域, 含 q 个元素. 证明: 任何映射 $f:F\to F$ 都可以唯一地表成一个次数小于 q 的多项式函数.

7.2 代数基本定理

一 我们已经知道域上的非零多项式的根的个数不超过其次数, 但它是否有根

却不清楚. 实际上, 这个多项式可以没有根, 例如 $x^9+6x+3\in\mathbb{Q}[x]$ 没有有理根, x^2+1 没有实数根, 等等. 代数基本定理说复数域不是这样的.

定理 7.18 (代数基本定理)　任何正次数的复系数多项式都有复数根.

域 K 称为**代数闭域**如果任意正次数多项式 $f\in K[x]$ 都有根 (即存在 $c\in K$ 使得 $f(c)=0$). 代数基本定理表明复数域是代数闭域. 这个定理有很多的证明, 或多或少都要用到分析数学, 实数的连续性是其核心的部分. 最易懂的证明是把复多项式看做复变量函数并利用其性质. 下面采用这个证明.

定义 7.19　称复数序列 z_k, $k\in\mathbb{N}$, 收敛于 z(记号: $z_k\to z$) 如果 $|z_k-z|\to 0$.

定义 7.20　称实数序列 x_k 趋于 ∞(记号: $x_k\to\infty$) 如果对于任意正数 L, 存在整数 N 使得 $k>N$ 时有 $x_k>L$.

定义 7.21　称复变量函数 $f(z)$ 为连续函数如果对任意复数 z, 当复数序列 z_k 收敛于 z 时, 序列 $f(z_k)$ 收敛于 $f(z)$ (这里如同数学分析中那样, 变量和变量的取值用同一符号).

定理 7.22　复多项式函数是连续函数.

证明　只要证明如下结论: 如果 $z_k\to z$, $w_k\to w$, 那么 $z_k+w_k\to z+w$, $z_kw_k\to wz$.

根据公式 (6.4), (6.5) 和命题 6.3(1), 有

$$|(z_k+w_k)-(z+w)|=|(z_k-z)+(w_k-w)|\leqslant|z_k-z|+|w_k-w|\to 0,$$

$$|z_kw_k-zw|=|(z_k-z)w_k+z(w_k-w)|\leqslant|z_k-z||w_k|+|z||w_k-w|\to 0.$$

定理得证. □

引理 7.23　设 $f\in\mathbb{C}[x]$ 是正次数的多项式. 如果 $|z_k|\to\infty$, 那么 $|f(z_k)|\to\infty$.

证明　命

$$f=a_nx^n+a_{n-1}x^{n-1}+\cdots+a_1x+a_0,\quad a_n\neq 0.$$

那么 (参见公式 (6.5) 和命题 6.3(1))

$$\begin{aligned}|f(z_k)|&=|z_k^n|\left|a_n+\frac{a_{n-1}}{z_k}+\cdots+\frac{a_1}{z_k^{n-1}}+\frac{a_0}{z_k^n}\right|\\&\geqslant|z_k^n|\left(|a_n|-\frac{|a_{n-1}|}{|z_k|}-\cdots-\frac{|a_1|}{|z_k^{n-1}|}-\frac{|a_0|}{|z_k^n|}\right).\end{aligned}$$

如果 $|z_k| \to \infty$, 那么括号中的表达式趋于 $|a_n|$, 而 $|z_k^n| \to \infty$, 所以 $|f(z_k)| \to \infty$. □

下面的引理是关键的.

引理 7.24 (达朗贝尔–阿尔冈) 设 $f \in \mathbb{C}[x]$ 是正次数的多项式, $f(z_0) \neq 0$, 那么在 z_0 的任意非空邻域 $\{w \mid |w - z_0| < \varepsilon\}$ 内存在 z 使得 $|f(z)| < |f(z_0)|$.

证明 将 $f(z)$ 在 z_0 处的泰勒展开除以 $f(z_0)$, 紧跟在 1 后面的一些项可能为 0, 于是有

$$\frac{f(z)}{f(z_0)} = 1 + b_p(z - z_0)^p + b_{p+1}(z - z_0)^{p+1} + \cdots + b_n(z - z_0)^n, \quad b_p \neq 0. \tag{7.8}$$

需要证明存在 z 使得

$$\left|\frac{f(z)}{f(z_0)}\right| < 1.$$

如果选的 z 离 z_0 充分近, 那么这个不等式的成立与否由 (7.8) 中等式的右边的前两项决定.

考虑如下形式的 z:

$$z = z_0 + tz_1,$$

其中 $0 < t < 1$, 而 z_1 是方程 $b_p y^p = -1$ 的一个根. 这时有

$$\frac{f(z)}{f(z_0)} = 1 - t^p + t^{p+1}\varphi(t),$$

其中 φ 是次数为 $n - p - 1$ 的复系数多项式. 命 C 为 φ 的系数的模的最大值, 那么

$$|\varphi(t)| \leqslant A = (n - p)C.$$

因此, 当 $t < \frac{1}{A}$ 时, 有

$$\left|\frac{f(z)}{f(z_0)}\right| \leqslant 1 - t^p + At^{p+1} < 1.$$

□

二 定理 7.18 的证明 设 $f \in \mathbb{C}[x]$ 是正次数的多项式. 命

$$M = \inf_z |f(z)|,$$

即 M 是函数 $f(z)$ 的值的模的下确界. 根据下确界的定义, 存在复数序列 z_k 使得

$$|f(z_k)| \to M. \tag{7.9}$$

如果序列 $|z_k|$ 是无界的, 那么存在子序列趋于 ∞, 引理 7.23 说, 这与 (7.9) 矛盾. 所以, 存在正数 C 使得

$$|z_k| \leqslant C, \quad \forall k.$$

命

$$z_k = x_k + y_k\mathrm{i}, \quad x_k, y_k \in \mathbb{R}.$$

那么

$$|x_k| \leqslant |z_k| \leqslant C, \quad |y_k| \leqslant |z_k| \leqslant C.$$

由波尔查诺-魏尔斯特拉斯定理知, 序列 x_k 含有收敛的子序列. 考虑这个子序列, 不妨仍用 x_k 记, 则有

$$x_k \to a.$$

类似地, 考虑序列 y_k 的收敛的子序列, 可以设

$$y_k \to b.$$

从定理 7.22 的证明知

$$z_k \to a + b\mathrm{i} = c.$$

由定理 7.22 知

$$f(z_k) \to f(c).$$

由于 $|\,|f(z_k)| - |f(c)|\,| \leqslant |f(z_k) - f(c)|$, 所以

$$|f(z_k)| \to |f(c)| = M.$$

如果 $M > 0$, 达朗贝尔 - 阿尔冈引理表明存在 z 使得 $|f(z)| < M$, 这与 M 的定义矛盾. 所以 $M = 0$, 即 $f(c) = 0$. □

推论 7.25　每一个复多项式都是其线性因子的乘积.

证明　根据定理 7.18, 在 (7.2) 中的 g 只能是零次多项式, 即为常数. □

推论 7.26　每一个 n 次复多项式有 n 个根 (按重数计算).

复数域的代数闭性是特别重要的性质, 7.3 节将会看到这个性质对进一步讨论实系数多项式是不可缺少的.

例 7.27　对复系数多项式 f 和复数 a, 用 $S_a(f)$ 记多项式 $f - a$ 的所有根的集合 (不计重数). 命 f, g 是复系数多项式, a, b 是两个不同的复数. 如果

$$S_a(f) = S_a(g), \quad S_b(f) = S_b(g),$$

则有 $f=g$.

由假设, 集合 $S_a(f)\cup S_b(f)$ 中的元素都是 $f-g$ 的零点. 设 f 和 g 的次数分别是 n 和 m. 我们证明 $|S_a(f)\cup S_b(f)|>n,m$. 显然 $S_a(f)$ 与 $S_b(f)$ 的交集为空. 由推论 7.25, 有

$$f-a=\alpha\prod_{i=1}^{\mu}(x-c_i)^{s_i},\quad f-b=\alpha\prod_{j=1}^{\nu}(x-d_j)^{t_j},\quad c_i,d_j\in\mathbb{C},$$

其中

$$\sum s_i=n=\sum t_j,\quad \mu+\nu=|S_a(f)\cup S_b(f)|.$$

根据定理 7.13, 有

$$f'=(f-a)'=(f-b)'=\prod_{i=1}^{\mu}(x-c_i)^{s_i-1}\prod_{j=1}^{\nu}(x-d_j)^{t_j-1}\cdot h.$$

因此 $(n-\mu)+(n-\nu)\leqslant\deg f'=n-1$, 从而

$$\mu+\nu\geqslant n+1.$$

类似可证 $\mu+\nu\geqslant m+1$.

由于 $f-g$ 的次数不超过 $\max\{n,m\}$, 根据定理 7.3, 得

$$f-g=0.$$

习 题 7.2

1. 设 n 是正整数. 求满足条件

$$f(f(x))=f(x)^n+a_1f(x)^{n-1}+\cdots+a_{n-1}f(x)+a_n$$

的所有 n 次复系数多项式 $f(x)$ (提示: 用代数基本定理).

2. 设实系数多项式 f 的所有复数根都是纯虚数. 证明: 它的导数 $f'(x)$ 的所有根, 除了一个例外, 也都是纯虚数.

7.3 实系数多项式

实系数多项式可以看做 $\mathbb{C}[x]$ 中的元素, 从而复数域的代数闭性可以用于讨论实系数多项式的性质.

一 实系数多项式的虚根 设 f 是次数为 n 的实系数多项式, 在 $\mathbb{C}[x]$ 中它可以分解成 n 个线性多项式的乘积, 即有 n 个复数根 (按重数计算). 实系数多项式的虚 (数) 根有特别的性质.

定理 7.28 设 c 是多项式 $f \in \mathbb{R}[x]$ 的虚根, 那么 $\bar{c}$ 也是 f 的根, 其重数与 c 的重数相同.

证明 命

$$f = a_n x^n + a_{n-1}x^{n-1} + \cdots + a_1 x + a_0, \quad a_n, a_{n-1}, \cdots, a_1, a_0 \in \mathbb{R}.$$

因为复共轭是复数域的自同构, 得

$$\begin{aligned} f(\bar{c}) &= a_n\bar{c}^n + a_{n-1}\bar{c}^{n-1} + \cdots + a_1\bar{c} + a_0 \\ &= \bar{a}_n\bar{c}^n + \bar{a}_{n-1}\bar{c}^{n-1} + \cdots + \bar{a}_1\bar{c} + \bar{a}_0 = \overline{f(c)} = \bar{0} = 0, \end{aligned}$$

即 $\bar{c}$ 也是 f 的根. 类似地, 可以证明

$$f^{(k)}(c) = 0 \Longleftrightarrow f^{(k)}(\bar{c}) = 0.$$

根据定理 7.11, c 和 $\bar{c}$ 有相同的重数. □

由艾森斯坦判别法知, $\mathbb{Q}[x]$ 中的既约多项式的次数可以是任意正整数, 但对实系数多项式, 情况是不一样的.

推论 7.29 (1) 实多项式环 $\mathbb{R}[x]$ 中的既约多项式的次数不超过 2.

(2) 环 $\mathbb{R}[x]$ 中的二次多项式是既约的当且仅当其判别式为负.

(3) 环 $\mathbb{R}[x]$ 中每个正次数的多项式都可以分解成一次和二次多项式的乘积, 其中的二次因子的判别式都为负.

证明 设 f 是 $\mathbb{R}[x]$ 中的既约多项式. 如果 f 的次数大于 1, 那么 f 没有实 (数) 根. 设 c 是 f 的虚根, 则 $\bar{c}$ 也是 f 的根. 根据定理 7.1 和推论 6.26(3), 知

$$(x-c)(x-\bar{c}) = x^2 - (c+\bar{c})x + c\bar{c} \in \mathbb{R}[x]$$

是 f 的因子. 所以 $f=a(x-c)(x-\bar{c})$ 是二次的, 其判别式为

$$a^2(c+\bar{c})^2-4a^2c\bar{c}=a^2(c-\bar{c})^2<0.$$

实二次多项式的判别式如果为负, 那么它没有实根, 所以在环 $\mathbb{R}[x]$ 中不能分解成两个线性多项式的乘积, 从而是环 $\mathbb{R}[x]$ 中的既约多项式. □

例 7.30 多项式 $f=x^{2n+1}+1$ 的根为

$$c_k=\cos\frac{2k+1}{2n+1}\pi+\mathrm{i}\sin\frac{2k+1}{2n+1}\pi,\quad 0\leqslant k\leqslant 2n,$$

其中只有一个实根 $c_n=-1$. 易见 $c_k=\bar{c}_{2n-k}$. 所以

$$\begin{aligned}f&=\prod_{k=0}^{2n}(x-c_k)=(x+1)\prod_{k=0}^{n-1}(x-c_k)(x-\bar{c}_k)\\&=(x+1)\prod_{k=0}^{n-1}\left(x^2-2x\cos\frac{2k+1}{2n+1}\pi+1\right).\end{aligned}$$

二 复数域和实数域上的最简分式 把有理函数写成多项式与最简分式的和对于讨论有理函数的积分是很有用的. 由于复数域上的既约多项式都是一次的, 所以复数域上的最简分式有如下形式:

$$\frac{\alpha}{(x-c)^k},\quad \alpha,\ c\in\mathbb{C}.$$

实数域上的既约多项式的次数不超过 2, 所以实数域上的最简分式形式如下:

$$\frac{\alpha}{(x-c)^k},\quad \frac{\alpha x+\beta}{(x^2+ax+b)^k},\quad \alpha,\ \beta,\ a,\ b,\ c\in\mathbb{R}.$$

如果知道真分式的分母的既约分解, 待定系数法是把真分式表成简约分式之和的有效方法. 下面通过几个例子说明这一方法.

例 7.31 设 $g=(x-1)^2(x^2+x+1)$ 是实数域上的既约分解, 那么

$$\frac{1}{g}=\frac{\alpha}{x-1}+\frac{\beta}{(x-1)^2}+\frac{\gamma x+\delta}{x^2+x+1},$$

其中 $\alpha,\ \beta,\ \gamma,\ \delta$ 是待定实数. 去分母得

$$1=\alpha(x-1)(x^2+x+1)+\beta(x^2+x+1)+(\gamma x+\delta)(x-1)^2. \tag{7.10}$$

比较两边 1, x, x^2, x^3 的系数得

$$\begin{aligned}-\alpha+\beta+\delta&=1,\\ \beta+\gamma-2\delta&=0,\\ \beta-2\gamma+\delta&=0,\\ \alpha+\gamma&=0.\end{aligned}$$

解方程, 得 $\alpha=-1/3$, $\beta=\gamma=\delta=1/3$. 所以

$$\frac{1}{g}=-\frac{1}{3(x-1)}+\frac{1}{3(x-1)^2}+\frac{x+1}{3(x^2+x+1)}.$$

把比较系数和赋值方法结合起来一般能更迅速确定有关的系数. 比如在等式 (7.9) 中取 $x=1$, 立见 $\beta=1/3$. 下一个例子显示赋值方法在一些情形的有效与方便.

例 7.32　设多项式 f 的次数小于 n, $g=(x-c_1)(x-c_2)\cdots(x-c_n)$, 其中 $c_1,c_2,\cdots,c_n$ 互不相同, 那么

$$\frac{f}{g}=\frac{\alpha_1}{x-c_1}+\frac{\alpha_2}{x-c_2}+\cdots+\frac{\alpha_n}{x-c_k}.$$

去分母, 得

$$f=\sum_{k=1}^{n}\alpha_k(x-c_1)\cdots(x-c_{k-1})(x-c_{k+1})\cdots(x-c_n).$$

在 c_k 处取值, 得

$$f(c_k)=\alpha_k(c_k-c_1)\cdots(c_k-c_{k-1})(c_k-c_{k+1})\cdots(c_k-c_n).$$

由于

$$g'=\sum_{k=1}^{n}(x-c_1)\cdots(x-c_{k-1})(x-c_{k+1})\cdots(x-c_n),$$

所以

$$\alpha_k=\frac{f(c_k)}{g'(c_k)},\quad 1\leqslant k\leqslant n.$$

从而得到**拉格朗日公式**

$$\frac{f}{g}=\sum_{k=1}^{n}\frac{f(c_k)}{g'(c_k)(x-c_k)}.\tag{7.11}$$

可以把这个公式与拉格朗日插值公式 (7.7) 比较.

取 $f=1$, $g=x^{2n+1}+1$. 由于

$$g'=(2n+1)x^{2n},\quad g'(c_k)=(2n+1)c_k^{2n}=-(2n+1)c_k^{-1},$$

从公式 (7.11) 和例 7.30 得

$$\frac{1}{x^{2n+1}+1}=-\frac{1}{2n+1}\sum_{k=0}^{2n}\frac{c_k}{x-c_k}.$$

这是复数域上的最简分式展开. 把上式右边含 c_k 和含 $\bar{c}_k=c_{2n-k}$ 的项合并, 就得到实数域上的最简分式展开:

$$\begin{aligned}\frac{1}{x^{2n+1}+1}&=\frac{1}{(2n+1)(x+1)}-\frac{1}{2n+1}\sum_{k=0}^{n-1}\left(\frac{c_k}{x-c_k}+\frac{\bar{c}_k}{x-\bar{c}_k}\right)\\&=\frac{1}{(2n+1)(x+1)}-\frac{2}{2n+1}\sum_{k=0}^{n-1}\frac{\left(\cos\dfrac{2k+1}{2n+1}\pi\right)x-1}{x^2-\left(2\cos\dfrac{2k+1}{2n+1}\pi\right)x+1}.\end{aligned}$$

三 实系数多项式的根 实系数多项式可能没有实根, 也可能有很多的实根. 实际问题和理论问题常常需要确定实系数多项式的实根的个数、实根的上下界、在给定区间内根的个数等问题. 连续函数的中值定理是解决这类问题的一个理论基础. 在给定的开区间内, 确定一个多项式的根的个数 (不计重数) 的一个有效方法是斯图姆定理.

命题 7.33 (1) 如果一个实系数多项式在 a 和 b 处的值有不同的正负号, 那么这个多项式在开区间 (a,b) 内有奇数个根 (按重数计算).

(2) 如果一个实系数多项式在 a 和 b 处的值有相同的正负号, 那么这个多项式在开区间 (a,b) 内有偶数个根 (按重数计算, 个数可能是 0).

证明 如果 f 在开区间 (a,b) 内没有零点, 根据中值定理, $f(a)$ 和 $f(b)$ 有相同的符号.

设实系数多项式 f 在开区间内 (a,b) 的零点是 $c_1<c_2<\cdots<c_m$. 命 $a_1=a$, $a_{m+1}=b$. 取 $a_2,\cdots,a_m$ 使得

$$c_i<a_{i+1}<c_{i+1},\quad i=1,2,\cdots,m-1.$$

那么在每个开区间 (a_i,a_{i+1}) $(1\leqslant i\leqslant m)$ 内, f 只有一个零点 c_i. 我们只要证明 $f(a_i),f(a_{i+1})$ 有不同的正负号当且仅当 c_i 的重数是奇数. 不妨假设 $m=1$, 即 f 在 (a,b) 内只有一个零点 $c=c_1$.

设 $f=(x-c)^k g$, 其中 g 在 (a,b) 内没有零点. 根据中值定理, $g(a)$, $g(b)$ 同号. 显然 $(a-c)^k$ 与 $(b-c)^k$ 有不同的符号当且仅当 k 是奇数. 从而 $f(a)$ 与 $f(b)$ 有不同的符号当且仅当 k 是奇数. □

由这个命题知, 奇次数的多项式 $f\in\mathbb{R}[x]$ 一定有实根. 事实上, 假设 f 的首项系数为正, 那么

$$\lim_{x\to+\infty} f(x)=+\infty, \quad \lim_{x\to-\infty} f(x)=-\infty.$$

所以, f 的函数值有正有负, 从而 f 有零点. 这个结论也可以从定理 7.28 推出.

例 7.34 对多项式

$$f=x^4-2x^2-3x+3,$$

有

$$f(2)=5>0, \quad f(1)=-1<0, \quad f(0)=3>0.$$

所以 f 在开区间 $(1,2)$ 和 $(0,1)$ 内都有零点.

当 $x\geqslant 2$ 时, $f'=4x^3-4x-3$ 取正值, 当 $x\leqslant 0$ 时, f' 取负值, 所以 f 在区间 $[2,+\infty)$ 上是递增的, 在区间 $(-\infty,0]$ 上是递减的, 从而 $f(x)>0$ 如果 $x\geqslant 2$ 或 $x\leqslant 0$. 于是 f 的零点都在区间 $(0,2)$ 内, 但在区间 $(0,1)$ 或 $(1,2)$ 内, 根的确切个数还不清楚, 可能是 1 个根, 也可能是 3 个根.

计算在给定的开区间内一个多项式的根的个数 (不计重数) 的一个有效方法是斯图姆定理. 我们需要一些概念.

定义 7.35 有限个非零实数构成的序列 $S=\{c_1,c_2,\cdots,c_m\}$ 的**变号数**就是序列 $c_1c_2, c_2c_3, \cdots, c_{m-1}c_m$ 中负数的个数, 记作 $V(S)$. 如果序列 S 中有 0, 则 $V(S)$ 定义为从 S 中删除所有的 0 得到的序列 S' 的变号数 $V(S')$.

例如, 序列 2, 1, 0, −3, 0, 4, 0, 0, −1 的变号数是 3.

引理 7.36 如果 $c_{i-1}c_{i+1}<0$, 那么

$$V(\{c_1,c_2,\cdots,c_m\})=V(\{c_1,\cdots,c_{i-1},c_{i+1},\cdots,c_m\}),$$

即移去 c_i 不影响序列的变号数.

证明 如果 $c_i=0$, 那么结论由定义得出. 如果 $c_i\neq 0$, 那么 $c_{i-1}c_i$ 和 c_ic_{i+1} 中只有一个是负数, 所以结论依然成立. □

定义 7.37 给定非零实系数多项式 $f(x)$ 和闭区间 $[a,b]$. 称多项式序列

$$f_0(x)=f(x),\ f_1(x),\ \cdots,\ f_s(x) \tag{7.12}$$

是多项式 $f(x)$ 在闭区间 $[a,b]$ 上的**斯图姆序列**(或**斯图姆组**) 如果这些多项式都是实系数多项式且以下条件成立:

(1) 最后一个多项式 $f_s(x)$ 在 $[a,b]$ 上没有根;

(2) 闭区间的两个端点不是 $f(x)$ 的根, 即 $f(a)f(b)\neq 0$;

(3) 对 $c\in[a,b]$ 和 $1\leqslant k\leqslant s-1$, 若 $f_k(c)=0$, 则 $f_{k-1}(c)f_{k+1}(c)<0$;

(4) 对 $c\in[a,b]$, 若 $f(c)=0$, 则乘积 $f_0(x)f_1(x)$ 在点 c 附近是 (严格) 递增的, 即存在 $\delta>0$ 使得 $f_0(x)f_1(x)$ 在开区间 $(c-\delta,c+\delta)$ 上是递增函数.

条件 (4) 等价于:

(4′) 乘积 $f_0(x)f_1(x)$ 当 x 递增经过点 c 时从负号变成正号, 即有开区间 $(c-\delta,c)$, 在其上 $f_0(x)f_1(x)<0$, 而在开区间 $(c,c+\delta)$ 上 $f_0(x)f_1(x)>0$.

也等价于:

(4″) $(f_0(x)f_1(x))'$ 在点 c 处的值大于 0 或 $(f_0(x)f_1(x))'$ 在 $(c-\delta,c+\delta)$ 上是非负的.

由条件 (3) 知斯图姆序列中相邻的多项式在 $[a,b]$ 上没有共同的根. 为简单起见, 对 $c\in[a,b]$, 序列 $f_0(c),\ f_1(c),\ \cdots,\ f_s(c)$ 的变号数记作 V_c 或 $V_c(f)$, 即

$$V_c=V_c(f)=V(\{f_0(c),\ f_1(c),\ \cdots,\ f_s(c)\}). \tag{7.13}$$

例 7.38 设

$$f(x)=1+x+\frac{x^2}{2!}+\cdots+\frac{x^n}{n!}$$

为**截断指数函数**, M 是充分大的正数, δ 是充分小的正数. 那么

$$f_0(x)=f(x),\ f_1(x)=1+x+\frac{x^2}{2!}+\cdots+\frac{x^{n-1}}{(n-1)!},\ f_2(x)=-f(x)+f_1(x)=-\frac{1}{n!}x^n$$

是 $f(x)$ 在闭区间 $[-M,-\delta]$ 上的斯图姆序列. 事实上, 定义中的前三个条件是显然的或容易验证的. 对第四个条件, 容易看出 $f(c)=0$ 蕴涵 $f_0(x)f_1(x)$ 的导数在 c 处取值为 $c^{2n}/(n!)^2>0$, 所以 $f_0(x)f_1(x)$ 在 c 附近是递增函数.

对于没有重根的正次数实系数多项式, 有标准的方法构造斯图姆序列, 由辗转相除法稍作变化而得. 确切地说, 序列按如下方式构造:

$$
\begin{aligned}
&f_0(x) = f(x), \quad f_1(x) = f'(x),\\
&f_0(x) = q_1(x)f_1(x) - f_2(x), \quad \deg f_2(x) < \deg f_1(x),\\
&\qquad \cdots\cdots\\
&f_{k-1}(x) = q_k(x)f_k(x) - f_{k+1}(x), \quad \deg f_{k+1}(x) < \deg f_k(x),\\
&\qquad \cdots\cdots\\
&f_{s-2}(x) = q_{s-1}(x)f_{s-1}(x) - f_s(x), \quad \deg f_s(x) < \deg f_{s-1}(x),\\
&f_{s-1}(x) = q_s(x)f_s(x).
\end{aligned}
$$

定理 7.39 对于没有重因子的正次数实系数多项式 $f(x)$, 刚才构造的函数序列

$$f_0(x) = f(x),\ f_1(x) = f'(x),\ \cdots,\ f_s(x)$$

是 $f(x)$ 的斯图姆序列, 称为**标准斯图姆序列**.

证明 由于 $f(x)$ 没有重因子, 根据推论 7.14, $f(x)$ 和 $f'(x)$ 的最大公因子 $f_s(x)$ 是非零常数, 从而定义斯图姆序列的条件 (1) 成立. 条件 (2) 是自然成立的, 或者说, 所考虑的闭区间要求 $f(x)$ 在两个端点处均不为零. 如果 $f_k(c) = 0$, 则 $f_{k-1}(c)f_{k+1}(c) = -f_{k+1}(c)^2 \leqslant 0$. 如果 $f_{k+1}(c) = 0$, 则

$$f_{k-1}(c) = f_k(c) = f_{k+1}(c) = f_{k+2}(c) = \cdots = f_{s-1}(c) = f_s(c) = 0.$$

这与 $f_s(x)$ 是非零常数矛盾. 于是 $f_{k-1}(c)f_{k+1}(c) < 0$, 即条件 (3) 成立.

如果对 $c \in (a,b)$ 有 $f(c) = 0$, 则 $f(x) = (x-c)h(x)$, $h(c) \neq 0$. 于是

$$f_0(x)f_1(x) = (x-c)[h(x)^2 + (x-c)h(x)h'(x)].$$

于是 $(f_0(x)f_1(x))'$ 在点 c 处的值为 $h(c)^2 > 0$. 所以条件 $(4'')$ 成立. □

斯图姆序列的价值体现在如下以斯图姆命名的定理中.

定理 7.40 (斯图姆) 正次数的实系数多项式在开区间 (a,b) 上的根的个数 (不计重数) 等于 $V_a - V_b$, 其中 V_a, V_b(定义见 (7.13)) 对应于任一固定的斯图姆序列 (7.12).

证明 设斯图姆序列 (7.12) 中的多项式在 (a,b) 上的根全体是 $a_1 < a_2 < \cdots < a_{m-1}$. 命 $a_0 = a$, $a_m = b$. 那么在开区间 (a_j, a_{j+1}) 上所有的多项式 f_0, f_1, $\cdots$, f_s 都没有根. 对 $c \in (a_j, a_{j+1})$, 考虑 V_c.

先取 $c \in (a_0, a_1)$. 我们要证明 $V_c = V_{a_0}$. 因为诸 f_i 在 (a_0, c) 上没有根, 由中值定理知对所有的 i 有 $f_i(a_0)f_i(c) \geqslant 0$. 如果所有的 $f_i(a_0)$ 均非零, 那么对一切 i 有 $f_i(a_0)f_i(c) > 0$. 此时显然有 $V_c = V_{a_0}$. 如果对某个 k 有 $f_k(a_0) = 0$, 由斯图姆序列的性质 (1) 和 (2) 知 $k \neq 0$, s. 根据性质 (3) 得 $f_{k-1}(a_0)f_{k+1}(a_0) < 0$. 因为 f_{k-1} 和 f_{k+1} 在 (a_0, a_1) 上都没有根, 由中值定理知 $f_{k-1}(a_0)f_{k-1}(c)$ 和 $f_{k+1}(a_0)f_{k+1}(c)$ 均大于零. 于是 $f_{k-1}(c)f_{k+1}(c) < 0$. 从而计算 V_{a_0} 和 V_c 时可以把 $f_k(a_0)$ 和 $f_k(c)$ 从相应的数列中移出 (引理 7.36). 这个操作可以对所有使得 $f_k(a_0) = 0$ 的 k 进行. 于是 V_c 等于 $V(S)$, 这里 S 是由序列 $f_0(c), \cdots, f_s(c)$ 移出那些对应到 $f_k(a_0) = 0$ 的项 $f_k(c)$ 而得到的序列. 由定义, $V_{a_0} = V(T)$, 其中 T 是序列 $f_0(a_0), \cdots, f_s(a_0)$ 移出那些 $f_k(a_0) = 0$ 的项而得到的序列. 因为 S 和 T 中对应的项 $f_i(c)$, $f_i(a_0)$ 有相同的符号, 所以 $V(S) = V(T)$. 从而 $V_c = V_{a_0}$. 类似可证

$$c \in (a_{m-1}, a_m) \Longrightarrow V_c = V_{a_m}.$$

现在设 $c \in (a_{j-1}, a_j)$, $c' \in (a_j, a_{j+1})$ 是两个相邻开区间中的点, $1 < j < m-1$. 如果 $f_0(a_j) \neq 0$, 上面的讨论表明 $V_c = V_{a_j} = V_{c'}$.

假设 $f_0(a_j) = 0$. 根据斯图姆序列的性质 (4), 有 $f_0(c)f_1(c) < 0$ 且 $f_0(c')f_1(c') > 0$. 于是子序列 $f_0(c)$, $f_1(c)$ 的变号数为 1, 子序列 $f_0(c')$, $f_1(c')$ 的变号数为 0. 当 $1 < k < m-1$ 时, 中值定理表明如果 $f_k(a_j) \neq 0$, 则 $f_k(c)$ 和 $f_k(c')$ 都与 $f_k(a_j)$ 同号. 如果 $f_k(a_j) = 0$, 则 $f_{k-1}(a_j)f_{k+1}(a_j) < 0$; $f_{k-1}(c)f_{k+1}(c) < 0$; $f_{k-1}(c')f_{k+1}(c') < 0$. 所以三个子序列

$$f_{k-1}(c),\ f_k(c),\ f_{k+1}(c);\quad f_{k-1}(a_j),\ f_k(a_j),\ f_{k+1}(a_j);\quad f_{k-1}(c'),\ f_k(c'),\ f_{k+1}(c')$$

的变号数相同. 于是当 $f_0(a_j) = 0$ 时有 $V_c - V_{c'} = 1$.

固定 $c_k \in (a_{k-1}, a_k)$, $1 \leqslant k \leqslant m$, 并写出恒等式

$$V_a - V_b = (V_a - V_{c_1}) + \sum_{k=1}^{m-1} (V_{c_k} - V_{c_{k+1}}) + (V_{c_m} - V_b).$$

已知等式右边的首尾两组括号中的表达式等于零, 且

$$V_{c_k} - V_{c_{k+1}} = \begin{cases} 0, & \text{若 } f(a_k) \neq 0, \\ 1, & \text{若 } f(a_k) = 0. \end{cases}$$

在闭区间 $[a,b]$ 上 $f(x)$ 的根都在数列 $a_1, a_2, \cdots, a_{m-1}$ 中, 所以求和后知 $V_a - V_b$ 就是多项式 $f(x)$ 在开区间 (a,b) 上的根的个数. □

四 注记与例

注记 7.41 对多项式 $f=(x-1)^3$, 序列 $f, 1$ 是其在闭区间 $[0,2]$ 上的斯图姆序列, 相应的 $V_0 - V_2$ 等于 1. 所以斯图姆定理中的差 $V_a - V_b$ 只是闭区间 $[a,b]$ 内不同的根的个数, 没有重数的信息. 如果不考虑重数, 则 f 和 f/d 有相同的根集, 这里 d 是 f 和 f' 的最大公因子. 所以要求出 f 在 $[a,b]$ 中不同的根的个数, 可以用 f/d 代替 f, 此时有标准斯图姆序列. 或如同构造标准斯图姆序列那样构造 f_k, 然后用 $g_k = f_k/f_s$ 代替 f_k, 就得到 f/d 的斯图姆序列了.

注记 7.42 对标准斯图姆序列, 逐项乘以正数 $\lambda_0,\ \lambda_1,\ \cdots,\ \lambda_s$, 得到的多项式序列

$$\lambda_0 f_0(x),\ \lambda_1 f_1(x),\ \cdots,\ \lambda_s f_s(x)$$

也是斯图姆序列, 称为近标准斯图姆序列. 这类斯图姆序列有时能简化计算.

注记 7.43 如果只是想知道实系数多项式的实根个数, 那可以选取充分大的整数 M 使得斯图姆序列中每个多项式 $f_i(x)$ 的根都在开区间 $(-M, M)$ 内且 $f_i(-M)$ 和 $f_i(M)$ 的符号分别与 $f_i(-x)$ 和 $f_i(x)$ 的首项系数的符号一致. 这时 M 的具体值是不重要的, 重要的是 $f_i(-M)$ 和 $f_i(M)$ 的符号很容易计算. 而且, 即便 $f(x)$ 有重根, 通过辗转相除法得到的序列 $f_0, f_1, \cdots, f_s$ 也是可以用于计算 $f(x)$ 的实根个数.

以下 M 总是充分大的正数.

我们看几个例子.

例 7.44 在例 7.34 中考虑了多项式 $f(x) = x^4 - 2x^2 - 3x + 3$ 的根, 当时不能确定它的实根的个数. 现在用斯图姆序列可以解决这个问题. 首先 $f_1(x) = f' = 4x^3 - 4x - 3$. 然后

$$\begin{aligned}
&f(x) = (4x^3 - 4x - 3)\cdot\frac{1}{4}x - x^2 - \frac{9}{4}x + 3, \quad f_2(x) = x^2 + \frac{9}{4}x - 3,\\
&4x^3 - 4x - 3 = \left(x^2 + \frac{9}{4}x - 3\right)(4x - 9) + \frac{113}{4}x - 30, \quad f_3(x) = -\frac{113}{4}x + 30,\\
&x^2 + \frac{9}{4}x + 3 = \left(-\frac{113}{4}x + 30\right)\left(-\frac{4}{113}x - \frac{1497}{113^2}\right) + \frac{6603}{113^2}, \quad f_4(x) = -\frac{6603}{113^2}.
\end{aligned}$$

根据注记 2, $x^4 - 2x^2 - 3x + 3$, $4x^3 - 4x - 3$, $x^2 + \dfrac{9}{4}x + 3$, $-113x + 120$, -1 是

$f(x)$ 的斯图姆序列. 该序列的最高次项的符号表格如下:

	x^4	$4x^3$	x^2	$-113x$	-1
$x=-M$	$+$	$-$	$+$	$+$	$-$
$x=M$	$+$	$+$	$+$	$-$	$-$

于是 $V_{-M}-V_M=2$, 即 $f(x)$ 只有两个实根. 上面的计算表明 $f(x)$ 和 $f'(x)$ 的最大公因子是 1, 所以 $f(x)$ 没有重根.

例 7.45 截断指数函数

$$f(x)=1+x+\frac{x^2}{2!}+\cdots+\frac{x^n}{n!}$$

的系数都是正的, 常数项为 1, 所以不会有非负根.

在闭区间 $[-M,-\delta]$ 上的一个非标准斯图姆序列为

$$f_0(x)=f(x),\ f_1(x)=1+x+\frac{x^2}{2!}+\cdots+\frac{x^{n-1}}{(n-1)!},\ f_2(x)=-\frac{1}{n!}x^n,$$

其中 M 是充分大的正数, δ 是充分小的正数. 从符号表

	f_0	f_1	f_2	V
$-M$	$(-1)^n$	$(-1)^{n-1}$	$(-1)^{n-1}$	1
$-\delta$	$+$	$+$	$(-1)^{n-1}$	$\frac{1+(-1)^n}{2}$

知当 f 的次数为偶数时, $f(x)$ 没有实根; 当次数为奇数时, $f(x)$ 有一个负根, 且易见这个根是单根且随着次数的增加而趋于 $-\infty$.

例 7.46 对实系数多项式 $f=x^2+bx+c$, 如果 $b^2-4c\neq 0$, 那么它的一个近标准斯图姆序列是 $f_0=f$, $f_1=f'=2x+b$, $f_2=b^2-4c$. 对闭区间 $[-M,M]$, 相应的符号表为

	f_0	f_1	f_2
$-M$	$+$	$-$	$\mathrm{sgn} f_2$
M	$+$	$+$	$\mathrm{sgn} f_2$

其中 $\mathrm{sgn} f_2$ 是 f_2 的符号, 如果 $f_2=0$, 则此处约定其符号为 0. 从符号表知当 b^2-4c 为正时, f 有两个实根; 为零时, 有一个实根 (必是重根); 为负时, 没有实根. 于是

实二次方程 $g = ax^2 + bx + c = a^{-1}(x^2 + a^{-1}bx + a^{-1}c)$ 有两个实根的充要条件是 $D = b^2 - 4ac > 0$, 有一个实根的充要条件是 $D = 0$, 没有实根的充要条件是 $D < 0$. D 称为 g 的判别式.

当然, 把斯图姆序列应用到二次方程没有得到任何新的结果, 但把新方法运用到熟知的情况是检验新方法的有效方式, 并带来审视老问题的新视角. 我们其实感兴趣的是把新方法运用到新的情况.

例 7.47　一般的实系数三次方程$ay^3 + by^2 + cy + d = 0$, 可以两边同时除以 a, 于是不妨假设 $a = 1$. 做变量替换$y = x - \dfrac{1}{3}b$, 则方程有形式 $x^3 + px + q = 0$.

对 $f = x^3 + px + q$ $(p \neq 0)$, 一个近标准斯图姆序列是 $f_0 = f$, $f_1 = 3x^2 + p$, $f_2 = -2px - 3q$, $f_3 = -4p^3 - 27q^2$. 最高次项的符号表是:

	x^3	$3x^2$	$-2px$	f_3
$-M$	$-$	$+$	$\mathrm{sgn}p$	$\mathrm{sgn}f_3$
M	$+$	$+$	$-\mathrm{sgn}p$	$\mathrm{sgn}f_3$

容易验证, 当 $f_3 < 0$ 时, f 有一个实根; 当 $f_3 > 0$ 时, f 有三个实根. 注意当 $p > 0$ 时, 必有 $f_3 < 0$.

如果 $f_3 = 0$, 因为假设 $p \neq 0$, 此时有 $p < 0$. 从而 f 有两个实根, 其中一个必为二重根.

对 $p = 0$ 的情形, 如果 $q \neq 0$, 则 f 有一个实根, 重数为 1, 且 $f_3 < 0$; 如果 $q = 0$, 则 f 有三重根 0, 且 $f_3 = 0$.

称 $D(f) = -4p^3 - 27q^2$ 为 f 的判别式. 总结以上的讨论, 得到如下结论:

(1) 如果 $D(f) > 0$, 则 f 有三个相异的实根,

(2) 如果 $D(f) < 0$, 则 f 有一个实根, 两个虚根,

(3) 如果 $D(f) = 0$, 则 f 的根都是实根, 其中一个是重根 (重数为 2 或 3).

五　正根的个数与系数的关系　系数与根的关系总是令人感兴趣的. 韦达公式是一种类型, 下面关于一个实多项式的正根个数的笛卡儿定理则和斯图姆定理有相似之处, 不过看上去更直接简单一些.

定理 7.48 (笛卡儿) 实多项式 $f \in \mathbb{R}[x]$ 的正根个数 (按重数计算) 不超过其系数序列的变号数, 且两者有相同的奇偶性. 如果 f 没有虚根, 则两者相等.

记 f 的正根数 (按重数计算) 为 $m(f)$, 系数序列的变号数为 $W(f)$. 显然, 把 f 乘上 (-1) 后, 这两个数不变, 所以可设 f 的首项系数为正. 如果 0 是 f 的 k 重根, 把 f 用 x^k 除后, 这两个数也不变. 于是可设 f 的常数项不为零.

引理 7.49 $m(f) \equiv W(f) \pmod 2$.

证明 设

$$f = a_0x^n + a_1x^{n-1} + \cdots + a_{n-1}x + a_n \quad (a_0 > 0,\ a_n \neq 0).$$

那么 $f(0) = a_n$, 且存在正数 M 使得 $x \geqslant M$ 时有 $f(x) > 0$. 于是 f 的正根都在开区间 $(0, M)$ 内. 根据引理 7.33, $m(f)$ 是奇数如果 a_n 为负, $m(f)$ 是偶数如果 a_n 为正.

对 n 做归纳法, 很容易证明序列 $a_0, a_1, \cdots, a_{n-1}, a_n$ 的变号数是偶数如果 a_0a_n 为正, 是奇数如果 a_0a_n 为负. 引理得证. □

引理 7.50 $m(f) \leqslant m(f') + 1$.

证明 根据罗尔定理, f' 在 f 的两个根之间有根. 另外, f 的 k 重根是 f' 的 $k-1$ 重根. 于是 $m(f) - 1 \leqslant m(f')$. □

引理 7.51 $W(f') \leqslant W(f)$.

证明 显然. □

多项式 f 的负根的个数等于多项式 $\bar{f} = (-1)^n f(-x)$ 的正根的个数. 两个多项式的系数序列的变号数有如下联系.

引理 7.52 $W(f) + W(\bar{f}) \leqslant n = \deg f$.

证明 多项式 $\bar{f}$ 的系数序列是 $a_0, -a_1, a_2, \cdots, (-1)^{n-1}a_{n-1}, (-1)^n a_n$. 由于 a_i 和 a_{i+1} 符号相反当且仅当 $(-1)^i a_i$ 和 $(-1)^{i+1}a_{i+1}$ 符号相同, 所以, 当所有的系数都不为零时, 有 $W(f) + W(\bar{f}) = n$.

如果系数 $a_0, a_1, \cdots, a_{n-1}, a_n$ 中有些为零, 把那些 0 换成一些任意的非零数, 那么 $W(f)$ 和 $W(\bar{f})$ 不会减少 (一般是增加). 这样替换后, 前面已经证明这时两个变号数的和就是 n, 于是 $W(f) + W(\bar{f}) \leqslant n$. □

定理 7.48 的证明　首先对 $\deg f$ 用归纳法证明不等式 $m(f) \leqslant W(f)$. 如果 $\deg f = 0$, 则 $m(f) = W(f) = 0$. 现设 $\deg f = n > 0$. 则 $\deg f' = n - 1$. 由引理 7.50, 引理 7.51 和归纳假设, 知

$$m(f) \leqslant m(f') + 1 \leqslant W(f') + 1 \leqslant W(f) + 1.$$

由引理 7.49 知 $m(f) = W(f) + 1$ 不可能, 所以 $m(f) \leqslant W(f)$.

现假设 f 没有虚根, 即所有的复数根都是实数. 如同前面所说, 可以假设 0 不是 f 的根. 根据已证的不等式和引理 7.52, 有

$$n = m(f) + m(\bar{f}) \leqslant W(f) + W(\bar{f}) \leqslant n.$$

这迫使

$$m(f) = W(f), \quad m(\bar{f}) = W(\bar{f}).$$ □

推论 7.53　如果实多项式 f 的复数根都是实数 (即没有虚数根), 则其位于左开右闭区间 $(a, b]$ 内的根的个数 (按重数计算) 等于 $W(f_a) - W(f_b)$, 其中

$$f_a(x) = f(x + a) = \sum_{k=0}^{n} \frac{1}{k!} f^{(k)}(a) x^k,$$
$$f_b(x) = f(x + b) = \sum_{k=0}^{n} \frac{1}{k!} f^{(k)}(b) x^k.$$

证明　多项式 f_a 的正根个数等于多项式 f 的大于 a 的根的个数, 对 f_b 的正根个数有类似的表述. 于是多项式 f 在左开右闭区间 $(a, b]$ 内的根的个数 (按重数计算) 等于 $m(f_a) - m(f_b)$. 根据定理 7.45, 这个差值等于 $W(f_a) - W(f_b)$. □

例 7.54　对例 7.34 中的多项式 f, 有 $W(f) = 2$, 于是 f 的正根个数不超过 2. 我们已经说明了正根个数不少于 2, 所以 f 的正根个数是 2.

例 7.55　我们确定多项式 $f(x) = 2x^5 - 17x^4 + 63x^3 - 125x^2 + 128x - 57$ 的实根的上下界. 先用霍纳法计算 f 在 2 处的导数:

	2	−17	63	−125	128	−57
2	2	−13	37	−51	29	1
	2	−9	19	−13	3	
	2	−5	9	5		
	2	−1	7			
	2	3				

可见

$$f(2)=1,\quad f'(2)=3,\quad f''(2)=2\cdot 5=10,\quad f'''(2)=6\cdot 7=42,$$
$$f^{(4)}(2)=24\cdot 3=72,\quad f^{(5)}(2)=120\cdot 2=240.$$

从而 f 在 2 处的泰勒展开的系数都是正的. 于是, f 的实根都小于 2. 接下来考虑多项式

$$\bar{f}(x)=-f(-x)=2x^5+17x^4+63x^3+125x^2+128x-57$$

在 1 处的取值. 还是用霍纳法, 得

	2	17	63	125	128	−57
1	2	19	82	207	335	278

所以 $\bar{f}(1)=278$, 且 $x-1$ 除 $\bar{f}$ 的商的系数都是正的. 于是 $\bar{f}$ 在 1 处的一阶至五阶导数值都是正的, 从而 $\bar{f}$ 的正根都小于 1. 故 f 的实根都在开区间 $(-1,2)$ 内.

六　多项式根的近似计算　假设已经知道在 $f\in\mathbb{R}[x]$ 在给定的一个区间 (a,b) 内仅有一个根 c, 那么有很多的方法求出这个根的任意精确度的近似值. 如果这个根是单根, 最简单的方法应是**等分区间法**. 这时有 $f(a)f(b)<0$. 把区间分成十等份, 如果这十个区间的端点都不是 f 的根, 那么必然有唯一的区间 $(a_1,b_1)\subset(a,b)$ 满足 $f(a_1)f(b_1)<0$. 于是 $c\in(a_1,b_1)$. 再把 (a_1,b_1) 分成十等份, 或者根是某个区间的端点, 或者有唯一的区间 $(a_2,b_2)\subset(a_1,b_1)$ 满足性质 $f(a_2)f(b_2)<0$. 这时有 $c\in(a_2,b_2)$. 这个步骤继续下去, 就可以得到 c 的精确度越来越高的近似值. 如果对精确度要求不高且只有简单的计算工具, 也可以考虑二等分区间进行计算.

例 7.56　已经证明了对多项式 $f(x)=x^4-2x^2-3x+3$ 在开区间 (1,2) 内只有一个根 c, 重数是 1(例 7.34 和例 7.44). 我们计算这个根的近似值, 精确到 0.01. 已知 $f(1)=-1<0$. 计算 $f(x)$ 在 $x=1.1$, 1.2, 1.3, 1.4, 1.5, 1.6, 1.7 处的值, 得

$$f(1.6)<0,\quad f(1.7)>0.$$

计算 $f(x)$ 在 $x=1.61$, 1.62, 1.63, 1.64, 1.65 处的值, 得

$$f(1.64)<0,\quad f(1.65)>0.$$

所以根 c 在开区间 $(1.64,1.65)$ 内.

当然, 有更好的方法求根的近似值如插值法、牛顿法等, 只是那些方法更适宜在计算数学的教材中阐述.

多项式的根毫无疑问是系数的函数. 可以证明这些函数是连续的, 也就是说, 当系数的变化充分小时, 根的变化也是充分小的. 不过, 重根的变化是复杂的: 它可以分裂, 从而在几何上常常具有奇怪的形式. 例如比较多项式 z^n 和 $z^n+\varepsilon$ 当 $\varepsilon\to 0$ 的状态, 就可以看到这种复杂性了, 前者只有重根, 后者只有单根, 虽然这些根充分接近. 又如, x^2-2x+1 和 $x^2-(2+\varepsilon)x+1$, 前者有一个 2 重实根, 后者可以有两个单实根, 也可以没有实根, 不管 $\varepsilon\neq 0$ 多么小.

七　整系数多项式的有理根　有理系数多项式可以写成有理数乘以整系数多项式, 所以有理系数多项式的根的讨论可以归结到整系数多项式的根的讨论. 整系数多项式的有理根有简单的方法确定.

定理 7.57　设有理数 p/q 是多项式

$$f=a_0x^n+a_1x^{n-1}+\cdots+a_{n-1}x+a_n\in\mathbb{Z}[x]$$

的根. 如果 p,q 是互素的整数, 那么 $p\,|\,a_n$, $q\,|\,a_0$.

证明　由假设, 有

$$0=q^nf\left(\frac{p}{q}\right)=a_0p^n+a_1p^{n-1}q+\cdots+a_{n-1}pq^{n-1}+a_nq^n.$$

等式右端除了最后一项均被 p 整除, 所以, 最后一项也被 p 整除. 由于 p,q 互素, 根据推论 6.26(2), p 整除 a_n. 类似可证 q 整除 a_0. □

推论 7.58　首一整系数多项式的有理根一定是整数.

于是, 求整系数多项式的有理根可以采用下述方法: 找出首项系数和最低次项系数的所有因子, 用这些因子组成既约分数, 把这些既约分数代入多项式求值. 求多项式的值可用霍纳法 (参见例 7.2).

假设既约分数 p/q 是多项式 f 的根. 由推论 6.31 知 $f(x)=(qx-p)g(x)$, $g(x)\in\mathbb{Z}[x]$. 于是 $f(1)=(q-p)g(1)$, $f(-1)=(-q-p)g(-1)$. 从而 $q-p$ 整除 $f(1)$, $q+p$ 整除 $f(-1)$. 这个事实对判断 p/q 是否为 f 的根是有用的.

例 7.59　根据定理 7.57, 多项式

$$f=6x^4+19x^3-7x^2-26x+12$$

的有理根只能在下面的数中选取:

$$\pm\frac{1}{6},\quad \pm\frac{1}{3},\quad \pm\frac{1}{2},\quad \pm\frac{2}{3},\quad \pm\frac{4}{3},\quad \pm\frac{3}{2},$$
$$\pm 1,\quad \pm 2,\quad \pm 3,\quad \pm 4,\quad \pm 6,\quad \pm 12.$$

因为 $f(1)=4$, $f(-1)=18$, 所以 f 的有理根只能在 $-1/3$, $1/2$, 2, -3 中选取. 经验算, f 的有理根是 $1/2$ 和 -3.

习 题 7.3

1. 把下列多项式在复数域上分解成线性因子的乘积:

(1) x^4+6; (2) x^6+27; (3) $x^{2n}+x^n+1$.

2. 把下列多项式在实数域上分解成既约多项式的乘积:

(1) x^6+27; (2) $x^{2n}+x^n+1$; (3) x^4-ax^2+1, $|a|<2$;

(4) x^6-x^3+1; (5) $x^{12}+x^8+x^4+1$.

3. 在复数域上把下列分式写成最简分式的和:

(1) $\dfrac{1}{x^6+8}$; (2) $\dfrac{x^2+1}{x^n-1}$, $2<n$.

4. 在实数域上把下列分式写成最简分式的和:

(1) $\dfrac{x^2-2}{x^6+27}$; (2) $\dfrac{x^{2m}}{x^{2n}+1}$, $m<n$.

5. 在域 $\mathbb{Z}_p$ 上把分式 $\dfrac{1}{x^p-x}$ 写成最简分式的和.

6. 证明: 如果 $x-1$ 整除 $f(x^m)$, 那么 x^m-1 整除 $f(x^m)$.

7. 设 $f(x)=x^n+a_1x^{n-1}+\cdots+a_{n-1}x+a_n$ 是实系数多项式. 命

$$M=\max\{1,\ |a_1|+|a_2|+\cdots+|a_n|\}.$$

证明: 如果 $|x|>M$, 则 $|f(x)|>0$. 从而 $f(x)$ 的实根都落在闭区间 $[-M,M]$ 内.

8. 设 $f(x)$ 是 n 次实系数多项式. 证明: 知道了 $f(x)$, $x^nf\left(\dfrac{1}{x}\right)$, $f(-x)$, $x^nf\left(-\dfrac{1}{x}\right)$ 的正根的上界, 就可以确定多项式 $f(x)$ 的正根和负根的下界与上界.

9. 设 $f(x)=a_0x^n+a_1x^{n-1}+\cdots+a_{n-1}x+a_n$ 是 n 次多项式, 首项系数 a_0 为正. 命 m 为使得 $a_m<0$ 的最小指标, A 是负系数的绝对值中的最大者. 证明: 对 $f(x)$ 的任意正实根 c, 有

$$c\leqslant 1+\sqrt[m]{\frac{A}{a_0}}.$$

提示: 当 $x>1$ 时, 有不等式

$$f(x)\geqslant a_0x^n-A\frac{x^{n-m+1}-1}{x-1}>\frac{x^{n-m+1}}{x-1}[a_0x^{m-1}(x-1)-A].$$

10. 用斯图姆定理证明 x^3-7x-7 在开区间 $(-2,-1)$ 内有两个实根. 这个多项式还有一个正根, 用等分区间法求出这个正根的近似值, 要求精确到小数点后第二位.

11. 用斯图姆定理确定 x^4+12x^2+5x-9 的实根个数.

12. 写出下列多项式的斯图姆序列, 并把只含一个根的开区间求出来 (开区间越小越好):

(1) x^3-3x-1;　　(2) $x^4+4x^3-12x+9$.

13. **勒让德多项式** $P_0,\ P_1,\ \cdots,\ P_n,\cdots$ 由递归公式

$$mP_m(x)-(2m-1)xP_{m-1}(x)+(m-1)P_{m-2}(x)=0$$

定义, 其中 $P_0(x)=1,\ P_1(x)=x$. 证明:

(1) $P_n(1)=1,\ \ P_n(-1)=(-1)^n$;

(2) $P_n,\ P_{n-1},\ \cdots,\ P_0$ 是 $P_n(x)$ 在闭区间 $[-1,1]$ 上的斯图姆序列;

(3) $P_n(x)$ 在开区间 $(-1,1)$ 内有 n 个互异的根.

14. 设 $f(x)$ 是实系数多项式, 对一切实数 a 都有 $f(a)\geqslant 0$. 证明: 存在实系数多项式 $g(x)$ 和 $h(x)$ 使得 $f(x)=g(x)^2+h(x)^2$.

15. 求出下列多项式的有理根:

(1) $x^3-6x^2+15x-14$;

(2) $24x^4-42x^3-77x^2+56x+60$;

(3) $10x^4-13x^3+15x^2-18x-24$;

(4) $4x^4-7x^2-5x-1$.

16. 证明: 如果整系数多项式 $f(x)$ 在 0 和 1 处的取值 $f(0)$ 和 $f(1)$ 都是奇数, 那么 $f(x)$ 没有整数根.

17. 设 $f(x)$ 是首一整系数多项式. 证明: 若有三个不同的整数 $a,\ b,\ c$ 使得

$$|f(a)|=|f(b)|=|f(c)|=1,$$

则 $f(x)$ 没有整数根.

7.4 对称多项式

一 定义与例子 韦达公式 (见 7.1 节第二部分) 的一个重要的特征是左边的表达式与根的编号的方式无关, 如果把这些根 c_i 换成未知元 x_i, 韦达公式的左边就成为一类特殊的多项式:

$$\begin{aligned}
s_1(x_1,\cdots,x_n) &= x_1+x_2+\cdots+x_n,\\
s_2(x_1,\cdots,x_n) &= x_1x_2+x_1x_3+\cdots+x_{n-1}x_n,\\
&\cdots\cdots\\
s_k(x_1,\cdots,x_n) &= \sum_{1\leqslant i_1<i_2<\cdots<i_k\leqslant n} x_{i_1}x_{i_2}\cdots x_{i_k},\\
&\cdots\cdots\\
s_n(x_1,\cdots,x_n) &= x_1x_2\cdots x_n.
\end{aligned}$$

这些多项式称为**初等对称多项式**. 一般地, 有如下的定义.

定义 7.60 设 A 是整环. 多项式 $f\in A[x_1,x_2,\cdots,x_n]$ 称为**对称的**如果对于任意的置换 $\sigma\in S_n$ 有

$$f(x_{\sigma(1)},x_{\sigma(2)},\cdots,x_{\sigma(n)})=f(x_1,x_2,\cdots,x_n).$$

例 7.61 初等对称多项式显然是对称的. 多项式 $f(\diamondsuit,\spadesuit)=\diamondsuit+\spadesuit^2$ 不是对称的因为 $f(x_1,x_2)=x_1+x_2^2$ 而 $f(x_2,x_1)=x_2+x_1^2\neq f(x_1,x_2)$.

由于任何置换都是对换的乘积, 所以 f 是对称的当且仅当任意两个未知元交换位置时多项式不变, 即对于任意的 $1\leqslant i<j\leqslant n$, 有

$$f(\cdots,x_i,\cdots,x_j,\cdots)=f(\cdots,x_j,\cdots,x_i,\cdots).$$

显然对称多项式的齐次分量也是对称多项式.

例 7.62 未知元的**等幂和**

$$p_k(x_1,\cdots,x_k)=x_1^k+x_2^k+\cdots+x_n^k$$

是对称多项式.

例 7.63　任意两个未知元交换位置时范德蒙德行列式

$$V(x_1,x_2,\cdots,x_n)=\prod_{n\geqslant i>j\geqslant 1}(x_i-x_j)$$

改变符号, 所以范德蒙德行列式不是对称的, 但它的平方是对称的:

$$V(x_1,x_2,\cdots,x_n)^2=\prod_{n\geqslant i>j\geqslant 1}(x_i-x_j)^2.$$

对 $f\in A[x_1,x_2,\cdots,x_n]$ 和 $\sigma\in S_n$, 命

$$(\sigma\circ f)(x_1,x_2\cdots,x_n)=f(x_{\sigma(1)},x_{\sigma(2)},\cdots,x_{\sigma(n)}).$$

那么 $\sum\limits_{\sigma\in S_n}\sigma\circ f$ 与 $\prod\limits_{\sigma\in S_n}\sigma\circ f$ 都是对称多项式. 由于对任意的 $\sigma\in S_n$ 和 n 元多项式 f, g, 有

$$\sigma\circ(fg)=(\sigma\circ f)(\sigma\circ g),$$
$$\sigma\circ(f+g)=\sigma\circ f+\sigma\circ g.$$

所以有如下命题.

命题 7.64　多项式环 $R=A[x_1,x_2,\cdots,x_n]$ 中的对称多项式全体形成 R 的一个子环. 而且, 对任意的 m 元多项式 $F(y_1,\cdots,y_m)\in A[y_1,y_2,\cdots,y_m]$ 和对称多项式 $f_1,\cdots,f_m\in R$, $F(f_1,\cdots,f_m)$ 是 R 中的对称多项式.

二　对称多项式的基本定理　韦达公式启示对称多项式对一元多项式的根的研究是很有价值的. 把一元多项式方程的根代入一个多元多项式, 得到的值一般依赖根的排列次序, 但如果这个多元多项式是对称的, 那么这个值不依赖根的排列次序. 我们将会看到, 一个代数方程的根的对称的代数表达式 (或说根的对称多项式) 是代数方程的系数的代数表达式 (即系数的多项式), 这背后的原因是如下的对称多项式的基本定理.

定理 7.65　整环 A 上的对称多项式能以唯一的方式表成初等对称多项式的多项式, 即如果 $f\in A[x_1,x_2,\cdots,x_n]$ 是对称多项式, 那么存在唯一的多项式 $g\in A[y_1,y_2,\cdots,y_n]$ 使得

$$f(x_1,x_2,\cdots,x_n)=g(s_1,s_2,\cdots,s_n).$$

证明这个定理之前先看一个例子, 然后做一些准备工作.

例 7.66 $p_2 = x_1^2 + \cdots + x_n^2$ 是对称多项式. 显然有

$$p_2 = s_1^2 - 2s_2.$$

于是代数方程 $x^n + a_1x^{n-1} + \cdots + a_{n-1}x + a_n = 0$ 的根的平方和等于 $a_1^2 - 2a_2$.

引理 7.67 (1) 如果 $f \in A[x_1, x_2, \cdots, x_n]$ 是对称多项式, 那么

$$f^* = f(x_1, \cdots, x_{n-1}, 0) \in A[x_1, x_2, \cdots, x_{n-1}]$$

是 $x_1, \cdots, x_{n-1}$ 的对称多项式.

(2) 命 $s_k^* = s_k(x_1, \cdots, x_{n-1}, 0)$. 那么 $s_1^*, s_2^*, \cdots, s_{n-1}^*$ 是 $x_1, \cdots, x_{n-1}$ 的初等对称多项式.

证明 (1) 对任意的 $\pi \in S_{n-1}$, 定义 $\pi(n) = n$, 那么它也可以看做 S_n 中的元素. 于是

$$\begin{aligned}\pi \circ f^* &= f^*(x_{\pi(1)}, \cdots, x_{\pi(n-1)}) = f(x_{\pi(1)}, \cdots, x_{\pi(n-1)}, 0)\\ &= (\pi \circ f)(x_1, \cdots, x_{n-1}, 0) = f(x_1, \cdots, x_{n-1}, 0) = f^*.\end{aligned}$$

所以 f^* 是 $x_1, \cdots, x_{n-1}$ 的对称多项式.

(2) 对 $1 \leqslant k \leqslant n-1$, 有

$$s_k^* = s_k(x_1, \cdots, x_{n-1}, 0) = \sum_{1 \leqslant i_1 < i_2 < \cdots < i_k \leqslant n-1} x_{i_1}x_{i_2}\cdots x_{i_k}.$$

根据定义, 知 s_k^* 是未知元 $x_1, \cdots, x_{n-1}$ 的 (第 k 个) 初等对称多项式. □

定理 7.65 的证明 对未知元的个数 n 做归纳法. 当 $n = 1$ 时, $s_1 = x_1$, 结论是显然的: 取 $g(y_1) = f(y_1)$ 即可. 假设对 $n-1$ 个未知元的对称多项式结论成立. 那么存在唯一的多项式 $g_1 \in A[y_1, \cdots, y_{n-1}]$ 使得

$$f^* = g_1(s_1^*, \cdots, s_{n-1}^*).$$

不妨假设 f 是齐次对称多项式, 次数为 d. 命

$$Q(x_1, \cdots, x_n) = f(x_1, \cdots, x_n) - g_1(s_1, \cdots, s_{n-1}).$$

那么 Q 是对称多项式. 由于

$$Q(x_1, \cdots, x_{n-1}, 0) = f^* - g_1(s_1^*, \cdots, s_{n-1}^*) = 0,$$

所以 x_n 是 $Q(x_1,\cdots,x_n)$ 的因子. 即 $Q=x_nh_n$, $h_n\in A[x_1,x_2,\cdots,x_n]$. 由于 Q 是对称的, 取 $\sigma=(i\,n)\in S_n$, 则有

$$Q=\sigma\circ Q=(\sigma\circ x_n)(\sigma\circ h_n)=x_i(\sigma\circ h_n).$$

所以 x_i 也是 Q 的因子. 命

$$Q=\sum a_{k_1k_2\cdots k_n}x_1^{k_1}x_2^{k_2}\cdots x_n^{k_n},\quad a_{k_1k_2\cdots k_n}\in A,\quad k_1,\cdots,k_n\in\mathbb{N}.$$

则对任意的 i, 有

$$Q(x_1,\cdots,x_{i-1},0,x_{i+1},\cdots,x_n)=\sum_{k_i=0}a_{k_1k_2\cdots k_n}x_1^{k_1}x_2^{k_2}\cdots x_n^{k_n}=0.$$

可见 $a_{k_1k_2\cdots k_n}\neq 0$时, 全体 k_i 都是正整数 (我们总是约定 $x_i^0=1$). 因而 $s_n=x_1\cdots x_n$ 是 Q 的因子, 即

$$Q=s_nh,\quad h\in A[x_1,\cdots,x_n].$$

由于 Q 是对称的, $A[x_1,\cdots,x_n]$ 是整环, 所以 h 是对称多项式. 如果 $h\neq 0$, 那么它的次数是 $d-n$. 如果 $d\leqslant n$, 则 $h\in A$, 取 $g=g_1+hy_n$, 有 $f=g(s_1,\cdots,s_n)$. 如果 $d\geqslant n$, 对 f 的次数作归纳法, 归纳假设蕴涵 h 是初等对称多项式的多项式, 即存在唯一的 $g_2\in A[y_1,\cdots,y_n]$ 使得 $h=g_2(s_1,\cdots,s_n)$. 命 $g=g_1+y_ng_2$, 则 g 满足要求.

现证 g 是唯一的. 设另有 $p\in A[y_1,\cdots,y_n]$ 使得 $f=p(s_1,\cdots,s_n)$. 存在唯一的 $p_1\in A[y_1,\cdots,y_{n-1}]$ 和 $p_2\in A[y_1,\cdots,y_n]$ 使得 $p=p_1+y_np_2$. 从而

$$f^*=g_1(s_1^*,\cdots,s_{n-1}^*)=p_1(s_1^*,\cdots,s_{n-1}^*).$$

根据归纳假设, $g_1=p_1$. 于是 $s_ng_2(s_1^*,\cdots,s_n^*)=s_np_2(s_1^*,\cdots,s_n^*)$. 这里的多项式环是整环, 所以 $g_2(s_1^*,\cdots,s_n^*)=p_2(s_1^*,\cdots,s_n^*)$. 它们作为 $x_1,\cdots,x_n$ 的多项式, 次数为 $d-n$. 就对称多项式的次数作归纳法知 $g_2=p_2$. 所以 $g=p$. □

推论 7.68　设 $f(x)=x^n+a_1x^{n-1}+\cdots+a_{n-1}x+a_n$ 是域 K 上的多项式, 有 n 个根 $c_1,\cdots,c_n$ (按重数计算). 又设 $p(x_1,\cdots,x_n)\in K[x_1,\cdots,x_n]$ 是对称多项式. 如果 f 和 p 的系数都在 K 的一个子环 A 中, 则 $p(c_1,\cdots,c_n)$ 在 A 中 (注意 f 的根未必 (全) 在 A 中).

证明　根据定理 7.65, 存在多项式 $q(y_1,\cdots,y_n)\in A[y_1,\cdots,y_n]$ 使得

$$p(x_1,\cdots,x_n)=q(s_1(x_1,\cdots,x_n),\cdots,s_n(x_1,\cdots,x_n)).$$

所以 $p(c_1,\cdots,c_n)=q(s_1(c_1,\cdots,c_n),\cdots,s_n(c_1,\cdots,c_n))$. 根据韦达公式, $s_k(c_1,\cdots,c_n)=(-1)^k a_k\in A$, 因此 $p(c_1,\cdots,c_n)\in A$. □

三 待定系数法 把对称多项式写成初等对称多项式的代数表达式的有效方法是待定系数法. 对称多项式的齐次分量仍是对称多项式, 所以仅考虑齐次对称多项式足矣. 设 $f\in A[x_1,x_2,\cdots,x_n]$ 是齐次对称多项式, 次数为 d. 根据定理 7.65, 有

$$f=\sum \alpha_{k_1k_2\cdots k_n}s_1^{k_1}s_2^{k_2}\cdots s_n^{k_n},\quad a_{k_1k_2\cdots k_n}\in A, k_1,\cdots,k_n\in\mathbb{N}.$$

由于 $s_1^{k_1}\cdots s_n^{k_n}$ 的次数是 $k_1+2k_2+\cdots+nk_n$, 所以 $k_1+2k_2+\cdots+nk_n\neq d$ 时必有 $\alpha_{k_1k_2\cdots k_n}=0$. 可以通过诸未知元 x_i 适当取值确定那些非零的系数. 我们用几个例子说明这一点.

例 7.69 对称多项式 $p_3=x_1^3+x_2^3+\cdots+x_n^3$ 的次数是 3. 方程 $k_1+2k_2+\cdots+nk_n=3$ 的非负整数解只有如下三个: $(3,0,\cdots,0),(1,1,0,\cdots,0),(0,0,1,0,\cdots,0)$. 所以 p_3 是 s_1^3, s_1s_2, s_3 的线性组合:

$$p_3=as_1^3+bs_1s_2+cs_3.$$

取 $x_1=1$, $x_2=\cdots=x_n=0$, 有 $p_3=1,\ s_1=1,\ s_2=s_3=0$.

取 $x_1=x_2=1$, $x_3=\cdots=x_n=0$, 有 $p_3=2,\ s_1=2,\ s_2=1,\ s_3=0$.

取 $x_1=x_2=1,\ x_3=-1$, $x_4=\cdots=x_n=0$, 有 $p_3=1,\ s_1=1,\ s_2=-1,\ s_3=-1$.

我们得到方程组

$$\begin{cases}1=a,\\ 2=a\cdot 2^3+b\cdot 2\cdot 1+c\cdot 0,\\ 1=a\cdot 1^3+b\cdot 1\cdot(-1)+c\cdot(-1).\end{cases}$$

解得 $a=1,\ b=-3,\ c=3$. 所以

$$p_3=s_1^3-3s_1s_2+3s_3.$$

结合多元单项式的字典序 (6.2 节第六部分), 待定系数法可以更简便. 首先注意以下事实:

(1) s_k 的首项是 $x_1x_2\cdots x_k$.

(2) 设 $ax_1^{k_1}\cdots x_n^{k_n}$ 是一个对称多项式 f 的首项, 那么 $k_1\geqslant k_2\geqslant\cdots\geqslant k_n$. 这样的单项式称为**单调的**.

断言 (1) 是显然的. 至于断言 (2), 如果 $k_i < k_{i+1}$, 由于 f 是对称的,

$$\xi = ax_1^{k_1} \cdots x_{i-1}^{k_{i-1}} x_i^{k_{i+1}} x_{i+1}^{k_i} x_{i+2}^{k_{i+2}} \cdots x_n^{k_n}$$

也是 f 的项. 可是在字典序下 ξ 大于 $\eta = ax_1^{k_1} \cdots x_n^{k_n}$. 这与 η 是首项的假设矛盾. 所以 $k_1 \geqslant k_2 \geqslant \cdots \geqslant k_n$.

设 $\eta = ax_1^{k_1} \cdots x_n^{k_n}$ 是一个对称多项式 f 的首项. 根据定理 6.16, 对称多项式

$$f - as_1^{k_1-k_2} s_2^{k_2-k_3} \cdots s_{n-1}^{k_{n-1}-k_n} s_n^{k_n}$$

的首项在字典序下小于 η. 于是在待定系数法中只需考虑 f 的首项及更小的单调项对应的对称多项式的单项式. 注意单项式 $ay_1^{k_1-k_2} y_2^{k_2-k_3} \cdots y_{n-1}^{k_{n-1}-k_n} y_n^{k_n}$ 的次数是 k_1, 我们有如下命题.

命题 7.70　设 $f \in A[x_1, \cdots, x_n]$ 是对称多项式, $g \in A[y_1, \cdots, y_n]$ 使得 $f = g(s_1, \cdots, s_n)$, 那么多项式 g 的次数等于 x_1 在 f 的首项中的指数.

例 7.71　四元多项式

$$f = (x_1x_2 + x_3x_4)(x_1x_3 + x_2x_4)(x_1x_4 + x_2x_3)$$

是对称的, 次数为 6. 易见方程 $k_1 + 2k_2 + 3k_3 + 4k_4 = 6$ 的非负整数解有 9 个. 所以直接用待定系数法是较烦琐的. 简单的观察知 f 的首项是 $\xi = x_1^3x_2x_3x_4$. 比 ξ 小的单调项是 $ax_1^2x_2^2x_3^2$ 和 $bx_1^2x_2^2x_3x_4$. 相应的对称多项式的单项式为 $s_1^2s_4$, as_3^2, bs_2s_4. 于是

$$f = s_1^2s_4 + as_3^2 + bs_2s_4.$$

取 $x_1 = x_2 = x_3 = 1$, $x_4 = 0$, 有

$$f = 1, s_1 = 3,\ s_2 = 3,\ s_3 = 1, s_4 = 0.$$

取 $x_1 = x_2 = 1$, $x_3 = x_4 = -1$, 有

$$f = 8, s_1 = 0, s_2 = -2, s_3 = 0, s_4 = 1.$$

我们得到方程组 $1 = a, 8 = -2b$. 解得 $a = 1,\ b = -4$. 所以

$$f = s_1^2s_4 + s_3^2 - 4s_2s_4.$$

四 作为对称多项式和韦达公式的一个应用, 我们把一元四次方程的求根问题化为三次方程的求根问题. 设 c_1, c_2, c_3, c_4 是四次多项式

$$x^4 + px^2 + qx + r = 0 \tag{7.14}$$

的根. 先求出以

$$d_1 = c_1c_2 + c_3c_4, \quad d_2 = c_1c_3 + c_2c_4, \quad d_3 = c_1c_4 + c_2c_3$$

为根的三次方程. 设这个三次方程是

$$y^3 + a_1y^2 + a_2y + a_3 = 0.$$

根据韦达公式, 有

$$a_1 = -(d_1 + d_2 + d_3), \quad a_2 = d_1d_2 + d_1d_3 + d_2d_3, \quad a_3 = -d_1d_2d_3.$$

命

$$h_1 = x_1x_2 + x_3x_4, \quad h_2 = x_1x_3 + x_2x_4, \quad h_3 = x_1x_4 + x_2x_3.$$

那么 $d_i = h_i(c_1, c_2, c_3, c_4)$. 我们有

$$\begin{aligned}
&h_1 + h_2 + h_3 = s_2,\\
&h_1h_2 + h_2h_3 + h_1h_3 = \sum_{i\neq j,k;j<k} x_i^2x_jx_k = s_1s_3 - 4s_4,\\
&h_1h_2h_3 = s_1^2s_4 + s_3^2 - 4s_2s_4.
\end{aligned}$$

(最后一个等式是例 7.71 的结果) 韦达公式给出

$$\begin{aligned}
s_1(c_1, c_2, c_3, c_4) &= 0,\\
s_2(c_1, c_2, c_3, c_4) &= p,\\
s_3(c_1, c_2, c_3, c_4) &= -q,\\
s_4(c_1, c_2, c_3, c_4) &= r.
\end{aligned}$$

所以

$$a_1 = -p, \quad a_2 = -4r, \quad a_3 = 4pr - q^2,$$

即要求的方程为

$$y^3 - py^2 - 4ry + (4pr - q^2) = 0. \tag{7.15}$$

可以证明如下四个等式

$$\begin{aligned}
(c_1 + c_2 - c_3 - c_4)^2 &= 4(d_1 - p),\\
(c_1 - c_2 + c_3 - c_4)^2 &= 4(d_2 - p),\\
(c_1 - c_2 - c_3 + c_4)^2 &= 4(d_3 - p),
\end{aligned} \tag{7.16}$$

$$(c_1+c_2-c_3-c_4)(c_1-c_2+c_3-c_4)(c_1-c_2-c_3+c_4)=-8q. \tag{7.17}$$

利用这些等式, 就可以把求解方程 (7.14) 化为求解方程 (7.15)(假设域 K 的特征不等于 2). 具体说来, 就是解线性方程组

$$\begin{cases} c_1+c_2+c_3+c_4=0, \\ c_1+c_2-c_3-c_4=\pm 2\sqrt{d_1-p}, \\ c_1-c_2+c_3-c_4=\pm 2\sqrt{d_2-p}, \\ c_1-c_2-c_3+c_4=\pm 2\sqrt{d_3-p}, \end{cases}$$

得

$$c_{1,2,3,4}=\frac{1}{2}\left(\pm\sqrt{d_1-p}\pm\sqrt{d_2-p}\pm\sqrt{d_3-p}\right).$$

此处负号的个数必须是 0 或 2, 诸 d_1-p 的平方根的取值要求是它们的乘积等于 $-q$ (参见等式 (7.17)).

方程 (7.15) 称为方程 (7.14) 的三次解消方程.

习　题　7.4

1. 计算如下多项式的所有根的平方和及所有根的乘积:

(1) $3x^3+2x^2-3x-5$;　　(2) x^4+x^2-2x+3.

2. 计算如下多项式的所有根的倒数的和:

(1) $5x^3+2x^2-3$;　　(2) x^4-2x^2-3x+1.

3. 已知多项式 $x^3-7x+\lambda$ 有两个根的比值是 2, 求 λ.

4. 把下面的对称多项式写成初等对称多项式的代数表达式:

(1) $x_1^2x_2+x_1x_2^2+x_1^2x_3+x_1x_3^2+x_2^2x_3+x_2x_3^2$;

(2) $x_1^4+x_2^4+x_3^4-2x_1^2x_2^2-2x_1^2x_3^2-2x_2^2x_3^2$;

(3) $(x_1+x_2-x_3-x_4)(x_1-x_2+x_3-x_4)(x_1-x_2-x_3+x_4)$;

(4) $(x_1+x_2+1)(x_1+x_3+1)(x_2+x_3+1)$;

(5) $(2x_1-x_2-x_3)(2x_2-x_1-x_3)(2x_3-x_1-x_2)$;

(6) $x_1^2x_2+\cdots$;

(7) $x_1^3 + \cdots$;

(8) $x_1^2 x_2^2 + \cdots$;

(9) $x_1^3 x_2 x_3 + \cdots$.

5. 命 $\lambda_t = (1 + x_1 t)(1 + x_2 t) \cdots (1 + x_n t)$. 证明:

(1) $\lambda_t = 1 + s_1 t + s_2 t^2 + \cdots + s_n t^n$;

(2) $\dfrac{\mathrm{d}}{\mathrm{d}t}(\ln \lambda_t) = \sum\limits_{k \geqslant 0} (-1)^k p_{k+1} t^k$.

6. 证明牛顿公式:

$$p_k - s_1 p_{k-1} + s_2 p_{k-2} + \cdots + (-1)^{k-1} s_{k-1} p_1 + (-1)^k s_k k = 0, \quad 1 \leqslant k \leqslant n;$$
$$p_k - s_1 p_{k-1} + s_2 p_{k-2} + \cdots + (-1)^{n-1} s_{n-1} p_{k-n+1} + (-1)^n s_n p_{k-n} = 0, \quad k \geqslant n.$$

(约定: $p_0 = x_1^0 + \cdots + x_n^0 = n$).

7. 利用牛顿公式和克拉默公式证明:

$$p_k = \begin{vmatrix} s_1 & 1 & 0 & 0 & \cdots & 0 \\ 2s_2 & s_1 & 1 & 0 & \cdots & 0 \\ 3s_3 & s_2 & s_1 & 1 & \cdots & 0 \\ \cdots & \cdots & \cdots & \cdots & \cdots & \cdots \\ (k-1)s_{k-1} & s_{k-2} & s_{k-3} & s_{k-4} & \cdots & 1 \\ ks_k & s_{k-1} & s_{k-2} & s_{k-3} & \cdots & s_1 \end{vmatrix},$$

$$s_k = \frac{1}{k!} \begin{vmatrix} p_1 & 1 & 0 & 0 & \cdots & 0 \\ p_2 & p_1 & 2 & 0 & \cdots & 0 \\ p_3 & p_2 & p_1 & 3 & \cdots & 0 \\ \cdots & \cdots & \cdots & \cdots & \cdots & \cdots \\ p_{k-1} & p_{k-2} & p_{k-3} & p_{k-4} & \cdots & k-1 \\ p_k & p_{k-1} & p_{k-2} & p_{k-3} & \cdots & p_1 \end{vmatrix}.$$

8. 假设域 K 的特征不等于 2. 称多项式 $f \in K[x_1, \cdots, x_n]$ 为**斜对称的**(或**交错的**) 如果

$$f(x_{\pi(1)}, \cdots, x_{\pi(n)}) = \varepsilon_\pi f(x_1, \cdots, x_n), \quad \forall \pi \in S_n,$$

其中 ε_π 是 π 的符号. 证明: 如果 $f \in K[x_1, \cdots, x_n]$ 是斜对称的, 那么存在对称多项式 $g \in K[x_1, \cdots, x_n]$ 使得

$$f = g \prod_{n \geqslant i > j \geqslant 1} (x_i - x_j).$$

7.5　三次多项式

一　判别式　二次多项式

$$f = a_0x^2 + a_1x + a_2 \in \mathbb{C}[x]$$

的判别式为

$$D(f) = a_1^2 - 4a_0a_2 = a_0^2\left[\left(\frac{a_1}{a_0}\right)^2 - \frac{4a_2}{a_0}\right] = a_0^2[(c_1+c_2)^2 - 4c_1c_2] = a_0^2(c_1-c_2)^2,$$

其中 c_1, c_2 是方程的根. 当 f 的系数都是实数时, 这个公式清楚地呈现了判别式与根的联系, 有三种情况:

(1) 两个根是不相等的实数, 此时它们的差为非零实数, 判别式大于零;

(2) 两个根是相等的实数, 此时它们的差为零, 判别式等于零;

(3) 两个根是共轭的虚数, 此时它们的差为非零的纯虚数, 判别式小于零,

所以判别式在二次方程的求解过程中有着重要的意义: 判别式为零表明有重根, 在实系数二次方程的情形, 判别式的正负号决定了方程的实数根个数.

更重要的是, 上面判别式的公式启示了如何定义任意多项式

$$f = a_0x^n + a_1x^{n-1} + \cdots + a_{n-1}x + a_n \in K[x], \quad a_0 \neq 0$$

的判别式.

假设 f 有 n 个根 (按重数计算)$c_1, c_2, \cdots, c_n \in K$. 定义 f 的**判别式**为

$$D(f) = a_0^{2n-2}\prod_{i>j}(c_i - c_j)^2. \tag{7.18}$$

(a_0 的指数选取是非本质的, 但稍后就明白为什么选 $2n-2$.)

于是, f 的判别式是 a_0^{2n-2} 与对称多项式

$$\varphi = \prod_{i>j}(x_i - x_j)^2$$

在 f 的根处的取值的乘积. 根据对称多项式的基本定理, 有整系数多项式 $g(y_1, y_2, \cdots, y_n)$ 使得

$$\varphi = g(s_1, s_2, \cdots, s_n).$$

所以

$$D(f) = a_0^{2n-2} g\left(-\frac{a_1}{a_0}, \frac{a_2}{a_0}, \cdots, (-1)^n \frac{a_n}{a_0}\right).$$

根据命题 7.70, 多项式 g 的次数等于 φ 的首项中 x_1 的指数 $2n-2$. 于是上式右端是 $a_0, a_1, \cdots, a_n$ 的齐次多项式 Δ, 次数为 $2n-2$, 系数为整数:

$$D(f) = \Delta(a_0, a_1, \cdots, a_n). \tag{7.19}$$

(二次多项式的判别式是一个例子).

注记 7.72 由于 Δ 是整系数多项式, 当 f 的系数都在 K 的子环 A 中时, $\Delta(f)$ 也在 A 中, 虽然 f 的根可以不在 A 中.

判别式的定义清楚地表明多项式 $f \in K[x]$ 有重根当且仅当 $D(f) = 0$. 所以多项式有重根是特殊情形, 也就是说, 随机选一个多项式, 它有重根的概率是 0.

现在设 f 是三次实系数多项式, 其复数根为 c_1, c_2, c_3. 于是

$$D(f) = a_0^4 (c_1 - c_2)^2 (c_1 - c_3)^2 (c_2 - c_3)^2.$$

有三种情况:

(1) 三个根是互不相等的实数, 此时它们的差均为非零实数, 判别式大于零;

(2) 三个根均是实数, 其中有两个相等 (允许三个都相等), 此时它们的差中至少一个为零, 判别式等于零;

(3) 一个实根, 不妨设为 c_1, 另两个是共轭的虚数, 即 $c_2 = \bar{c}_3 \notin \mathbb{R}$, 此时

$$\begin{aligned} D(f) &= a_0^4 \left[(c_1 - c_2)(c_1 - \bar{c}_2)\right]^2 (c_2 - \bar{c}_2)^2 \\ &= a_0^4 |c_1 - c_2|^4 (c_2 - \bar{c}_2)^2 < 0. \end{aligned}$$

这和二次方程的情形一样: f 的所有的根都是实数当且仅当其判别式 $D(f)$ 非负.

我们看一下三次方程的判别式怎样表成方程的系数的代数式. 例 7.44 表明, 三次方程总可以化成如下形式 $x^3 + px + q = 0$. 于是, 不妨设

$$f = x^3 + px + q. \tag{7.20}$$

这样做能简化计算又不失一般性 (其实只要域的特征不整除 n, 同样的方法可以把任一 n 次方程化成 $y^n + b_2y^{n-2} + \cdots + b_{n-1}y + b_n = 0$ 的形式).

需要把对称多项式

$$\varphi = (x_1 - x_2)^2(x_1 - x_3)^2(x_2 - x_3)^2$$

通过初等对称多项式表达. 它的首项是 $x_1^4x_2^2$. 我们用表格列出这个首项及其在字典序下随后的 (系数为 1 的) 单调单项式和相应的初等对称多项式的单项式:

$x_1^4x_2^2$	$s_1^2s_2^2$
$x_1^4x_2x_3$	$s_1^3s_3$
$x_1^3x_2^3$	s_2^3
$x_1^3x_2^2x_3$	$s_1s_2s_3$
$x_1^2x_2^2x_3^2$	s_3^2

于是

$$\varphi = s_1^2s_2^2 + as_1^3s_3 + bs_2^3 + cs_1s_2s_3 + ds_3^2.$$

为求出 $D(f) = \varphi(c_1, c_2, c_3)$, 需要做代入

$$s_1 = 0, \quad s_2 = p, \quad s_3 = -q.$$

可见求 $D(f)$ 不需要知道系数 a 和 c, 所以不用求出它们. 用表格列出变量 x_i 的一些取值, φ 和初等对称多项式相应的值, 得到的方程:

x_1	x_2	x_3	φ	s_1	s_2	s_3	
1	-1	0	4	0	-1	0	$-b = 4$
2	-1	-1	0	0	-3	2	$-27b + 4d = 0$

从而 $b = -4, d = -27$. 于是有

$$D(f) = -4p^3 - 27q^2. \tag{7.21}$$

(比较例 7.47 得到的结果).

例 7.73 求多项式

$$f = x^3 - 0.6x^2 - 3.8x + 4.7$$

的实根个数.

做变量替换 $y=x-0.2$, 得 (系数可用霍纳法求出, 参见例 7.12).

$$g=y^3-3.92y+3.924.$$

于是

$$D(f)=D(g)=4\cdot 3.92^3-27\cdot 3.924^2=-174.7948<0.$$

所以多项式 f 只有一个实根.

注记 7.74 一般三次多项式 $f=a_0x^3+a_1x^2+a_2x+a_3$ 的判别式为

$$D(f)=a_1^2a_2^2-4a_1^3a_3-4a_0a_2^3+18a_0a_1a_2a_3-27a_0^2a_3^2.$$

二 解三次方程 假设 1 在 K 中有非平凡 (即不等于 1) 的三次根, 记为 ω. 于是 1 的三次根是 1, ω, ω^{-1}. 根据韦达公式, 有

$$\omega+\omega^{-1}=-1. \tag{7.22}$$

考虑线性多项式

$$h_1=x_1+\omega x_2+\omega^{-1}x_3,\quad h_2=x_1+\omega^{-1}x_2+\omega x_3.$$

互换 x_2 和 x_3 带来 h_1 和 h_2 的互换. 互换 x_1 和 x_2, 则 h_1 变成 ωh_2, h_2 变成 $\omega^{-1}h_1$. 所以多项式 $\varphi=h_1^3+h_2^3$ 和 $\psi=h_1h_2$ 是对称的. 写成初等对称多项式的代数式, 得

$$\varphi=2s_1^3-9s_1s_2+27s_3,\quad \psi=s_1^2-3s_2.$$

命 c_1,c_2,c_3 为多项式 (7.20) 的根. 置

$$d_1=c_1+\omega c_2+\omega^{-1}c_3,\quad d_2=c_1+\omega^{-1}c_2+\omega c_3.$$

则有

$$d_1^3+d_2^3=-27q,\quad d_1d_2=-3p.$$

于是 $d_1^3d_2^3=-27p^3$. 从而, d_1^3, d_2^3 是二次方程 $x^2+27qx-27p^3=0$ 的根.

解这个二次方程, 得

$$d_1^3=27\left(-\frac{q}{2}+\sqrt{\frac{p^3}{27}+\frac{q^2}{4}}\right), \tag{7.23}$$

$$d_2^3 = 27\left(-\frac{q}{2} - \sqrt{\frac{p^3}{27} + \frac{q^2}{4}}\right). \tag{7.24}$$

注意根号内的表达式与方程的判别式 (7.21) 仅差一个因子 $-\dfrac{1}{108}$.

下面的等式相加:

$$\begin{aligned} c_1 &\ +c_2 &\ +c_3 &\ = 0, \\ c_1 &\ +\omega c_2 &\ +\omega^{-1} c_3 &\ = d_1, \\ c_1 &\ +\omega^{-1} c_2 &\ +\omega c_3 &\ = d_2, \end{aligned}$$

并利用等式 (7.22), 得

$$c_1 = \frac{1}{3}(d_1 + d_2).$$

根的排序是随意的, 所以这个公式产生了全部的根. 对等式 (7.23) 和 (7.24) 取立方根使得下面的等式 (前面已经得到) 成立

$$d_1 d_2 = -3p,$$

就得到多项式 (7.20) 的根的**卡丹诺公式**

$$c_i = \omega^{i-1}\sqrt[3]{-\frac{q}{2} + \sqrt{\frac{p^3}{27} + \frac{q^2}{4}}} + \omega^{1-i}\sqrt[3]{-\frac{q}{2} - \sqrt{\frac{p^3}{27} + \frac{q^2}{4}}},$$

$i = 1, 2, 3$.

注记 7.75　即便系数和根都是实数, 利用卡丹诺公式求三次方程的根也需要处理复数. 实际上, 当判别式为正时, 多项式 (7.20) 有三个实根, 而卡丹诺公式中有负数的平方根.

习　题　7.5

1. 利用卡丹诺公式求出以下方程的根, 要求精确到 10^{-5}:

(1) $x^3 - 7x - 7$;　　(2) $x^3 - 0.6x^2 - 3.8x + 4.7$.

2. 证明: 一般三次多项式 $f = a_0x^3 + a_1x^2 + a_2x + a_3$ 的判别式为

$$D(f) = a_1^2a_2^2 - 4a_1^3a_3 - 4a_0a_2^3 + 18a_0a_1a_2a_3 - 27a_0^2a_3^2.$$

3. 设 $f(x) = x^4 + qx^2 + rx + s$. 命 $L = 8qs - 2q^3 - 9r^2$, $D(f)$ 是 $f(x)$ 的判别式. 证明:

(1) 如果 $D(f)<0$, 则 f 有两个实根;

(2) 如果 $D(f)>0$, $q<0$, $L>0$, 则 f 有四个相异的实根;

(3) 如果 $D(f)>0$, 且 $q\geqslant 0$ 或 $L\leqslant 0$, 则 f 没有实根.

7.6 结　　式

多项式的判别式为零等价于多项式有重根, 而后者又等价于多项式和它的导数有非平凡的公因子 (即次数为正的公因子). 由于判别式可以通过多项式的系数表达, 所以多项式和它的导数是否有非平凡的公因子可以直接从多项式的系数的一个代数式判定. 进一步的问题是: 任意取两个多项式 $f,g\in K[x]$, 是否可以通过这两个多项式的系数的某个代数式判定它们有非平凡的公因子? 答案是肯定的, 两个多项式的结式可以完成这个任务.

设 n 和 m 是正整数,

$$
\begin{aligned}
f(x)&=a_0x^n+a_1x^{n-1}+\cdots+a_{n-1}x+a_n,\\
g(x)&=b_0x^m+b_1x^{m-1}+\cdots+b_{m-1}x+b_m
\end{aligned}
$$

是域 K 上的多项式, 允许 a_0 和 b_0 为 0.

定义 7.76 多项式 f 和 g 的**结式**定义为

$$
\operatorname{Res}(f,g)=\left|\begin{array}{cccccccccc}
a_0 & a_1 & \cdots & a_n & & & & & & \\
 & a_0 & a_1 & \cdots & a_n & & & & & \\
\cdots & \cdots & \cdots & \cdots & \cdots & \cdots & \cdots & \cdots & \cdots & \cdots \\
 & & & & & a_0 & a_1 & \cdots & a_{n-1} & a_n \\
b_0 & b_1 & \cdots & \cdots & \cdots & b_{m-1} & b_m & & & \\
 & b_0 & b_1 & \cdots & \cdots & \cdots & b_{m-1} & b_m & & \\
\cdots & \cdots & \cdots & \cdots & \cdots & \cdots & \cdots & \cdots & \cdots & \cdots \\
 & & & b_0 & b_1 & \cdots & \cdots & \cdots & b_{m-1} & b_m
\end{array}\right|
\begin{array}{l}
\left.\begin{array}{l}\\ \\ \\ \\ \end{array}\right\} m\text{行}\\
\left.\begin{array}{l}\\ \\ \\ \\ \end{array}\right\} n\text{行}
\end{array}
$$

从行列式的定义 4.2 知, f 和 g 的结式是它们的系数的 $m+n$ 次齐次多项式, 其中, $a_0,\cdots,a_n$ 的 (总) 次数为 m; $b_0,\cdots,b_m$ 的 (总) 次数为 n.

命题 7.77 $\operatorname{Res}(f,g)=0$ 当且仅当 $a_0=0=b_0$ 或 f 和 g 有非平凡的公因子.

证明　首先证明: 条件"$a_0 = 0 = b_0$ 或 f 和 g 有非平凡的公因子"等价于下面的条件: 存在非零多项式 f_1, g_1 使得

$$fg_1 + f_1 g = 0, \quad \deg f_1 < n, \quad \deg g_1 < m. \tag{7.25}$$

事实上, 如果 f 和 g 有非平凡的公因子 h, 则 $f = f_1 h$, $g = -g_1 h$. 于是 $fg_1 + gf_1 = 0$, 且 $\deg f_1 < n$, $\deg g_1 < m$. 当 $a_0 = 0 = b_0$ 时, 取 $f_1 = f$, $g_1 = -g$ 即可.

反之, 设 (7.25) 成立. 如果 f 和 g 互素, 从推论 6.26(2) 知, $fg_1 = -gf_1$ 蕴涵: f 整除 f_1, g 整除 g_1. 于是

$$\deg f \leqslant \deg f_1 < n, \quad \deg g \leqslant \deg g_1 < m,$$

从而 $a_0 = 0 = b_0$.

下面证明条件 (7.25) 与 $\mathrm{Res}(f,g) = 0$ 等价. 命

$$\begin{aligned} f_1 &= c_0 x^{n-1} + c_1 x^{n-2} + \cdots + c_{n-1}, \\ g_1 &= d_0 x^{m-1} + d_1 x^{m-2} + \cdots + d_{m-1}. \end{aligned}$$

多项式 $fg_1 + gf_1$ 为零多项式的充要条件是其系数均为零, 即

$$\begin{array}{lll} a_0 d_0 & + b_0 c_0 & = 0, \\ a_1 d_0 + a_0 d_1 & + b_1 c_0 + b_0 c_1 & = 0, \\ a_2 d_0 + a_1 d_1 + a_0 d_2 & + b_2 c_0 + b_1 c_1 + b_0 c_2 & = 0, \\ \cdots\cdots & & \end{array}$$

这是以 $d_0, d_1, \cdots, d_{m-1}$, $c_0, c_1, \cdots, c_{n-1}$ 为未知元的线性方程组, 系数矩阵的 (转置的) 行列式恰是 $\mathrm{Res}(f,g)$. 于是, 这个方程组有非零解的充要条件是 f, g 的结式为零, 任一个非零解都给出满足条件 (7.25) 的多项式 f_1 和 g_1. □

如果知道 f 和 g 的根, 计算它们的结式是容易的.

命题 7.78　设多项式 $f, g \in K[x]$ 可分解成线性因子的乘积:

$$\begin{aligned} f(x) &= a_0 (x - \alpha_1) \cdots (x - \alpha_n), \\ g(x) &= b_0 (x - \beta_1) \cdots (x - \beta_m), \end{aligned}$$

则

$$\mathrm{Res}(f,g) = a_0^m \prod_{i=1}^{n} g(\alpha_i) = (-1)^{mn} b_0^n \prod_{j=1}^{m} f(\beta_j) = a_0^m b_0^n \prod_{i,j} (\alpha_i - \beta_j).$$

证明　命 P 是 $n+1$ 元多项式环 $K[y,x_1,\cdots,x_n]$ 的分式域, 那么 $K[x]$ 是 $P[x]$ 的子环. 考虑 P 上的多项式

$$F=a_0(x-x_1)\cdots(x-x_n).$$

把 g 也看做 P 上的多项式. 我们证明

$$\operatorname{Res}(F,g)=a_0^m\prod_{i=1}^{n}g(x_i). \tag{7.26}$$

由结式的定义知

$$\operatorname{Res}(F,g-y)=(-1)^n a_0^m y^n+\cdots+\operatorname{Res}(F,g)$$

是 y 的 n 次多项式, 系数在 $K[x_1,\cdots,x_n]$ 中, 首项系数为 $(-1)^n a_0^m$, 常数项为 $\operatorname{Res}(F,g)$. 由于 $F(x)$ 和 $g(x)-g(x_i)$ 有共同的根 x_i, 故它们有非平凡的公因子. 根据命题 7.77, 有 $\operatorname{Res}(F,g-g(x_i))=0$.

由贝祖定理知, y 的多项式 $\operatorname{Res}(F,g-y)$ 被 $g(x_i)-y$ 整除, $1\leqslant i\leqslant n$. 显然诸 $g(x_i)$ 互不相同, 所以

$$\operatorname{Res}(F,g-y)=a_0^m\prod_{i=1}^{n}(g(x_i)-y).$$

取 $y=0$, 即得 (7.26) 式. 再取 $x_i=\alpha_i$, $1\leqslant i\leqslant n$, 从 (7.26) 得

$$\operatorname{Res}(f,g)=a_0^m\prod_{i=1}^{n}g(\alpha_i).$$

由结式的定义知 $\operatorname{Res}(f,g)=(-1)^{mn}\operatorname{Res}(g,f)$, 所以 $\operatorname{Res}(f,g)=(-1)^{mn}b_0^n\prod_{j=1}^{m}f(\beta_j)$.

□

命题 7.79　对多项式 $f\in K[x]$ 有

$$D(f)=(-1)^{\frac{n(n-1)}{2}}a_0^{-1}\operatorname{Res}(f,f').$$

证明　根据命题 7.78, 有

$$\operatorname{Res}(f,f')=a_0^{n-1}\prod_{i=1}^{n}f'(\alpha_i).$$

但 $f = a_0(x-\alpha_1)\cdots(x-\alpha_n)$, 所以

$$f' = a_0\sum_{i=1}^{n}\prod_{j\neq i}(x-\alpha_j),$$

从而

$$f'(\alpha_i) = a_0\prod_{j\neq i}(\alpha_i-\alpha_j).$$

于是

$$\begin{aligned}\mathrm{Res}(f,f') &= a_0^{2n-1}\prod_{i=1}^{n}\prod_{j\neq i}(\alpha_i-\alpha_j) = a_0(-1)^{\frac{n(n-1)}{2}}a_0^{2n-2}\prod_{j<i}(\alpha_i-\alpha_j)^2\\ &= a_0(-1)^{\frac{n(n-1)}{2}}D(f).\end{aligned}$$

□

例 7.80　对 $f = x^3+px+q$ 应用命题 7.79 得

$$D(f) = -4p^3-27q^2.$$

这样, 判别式可以通过斯图姆序列、判别式的定义、结式等三种方法计算. 这也说明判别式的重要. 一般而言, 重要的对象都会在很多不同的地方出现.

习　题　7.6

1. 计算下列多项式对的结式:

(1)$x^3-3x^2+2x+1, 2x^2-x-1$;

(2) $2x^3-3x^2-x+2, x^4-2x^2-3x+4$;

(3) $2x^4-x^3+3, 3x^3-x^2+4$;

(4) $f(x), x-a$.

2. 求 λ 以使下面的方程对有公根:

(1) $x^3-\lambda x+2, x^2+\lambda x+2$;

(2) $x^3+\lambda x^2-9, x^3+\lambda x-3$.

3. 计算下列多项式的判别式:

(1) $x^n + a$;　　(2) $x^n + px + q$;　　(3) $x^4 - x^3 - 3x^2 + x + 1$;

(4) $x^n + ax^{n-1} + ax^{n-2} + \cdots + ax + a$.

4. 假设多项式 f, g, h 都可以分解成线性因子的乘积. 证明

$$\text{Res}(fg, h) = \text{Res}(f, h)\text{Res}(g, h).$$

(注: 以后会证明, 域 K 上的任何多项式都可以在 K 的某个扩域中分解成线性因子的乘积).

5. 证明:

$$D(fg) = D(f)D(g)[\text{Res}(f, g)]^2.$$

6. 计算 $f(x) = x^{n-1} + x^{n-2} + \cdots + x + 1$ 的判别式 (提示: 可以利用 $x^n - 1 = (x-1)f(x)$ 和第 5 题的结论).

7. 运用结式解二元二次方程组:

(1) $4x^2 - 7xy + y^2 + 13x - 2y - 3 = 0, 9x^2 - 14xy + y^2 + 28x - 4y - 5 = 0$;

(2) $x^2 + y^2 - 3x - y = 0, -x^2 - 6xy + y^2 + 7x + 11y - 12 = 0$;

(3) $5x^2 - 6xy + 5y^2 - 16 = 0, 2x^2 - xy + y^2 - x - y - 4 = 0$.

(提示: 先把一个未知元看做常数, 那么方程组中的两个方程的结式是这个未知元的多项式, 如果方程组有解, 这个结式应该为零, 从而可解出这个未知元, 再代入原来的方程, 解出另一个未知元).

附录　简说代数

代数研究加、减、乘、除等运算及其推广的性质. 运算性质的表现形式多种多样, 代数结构是其中一种. 典型的代数对象包括: 多项式、代数式、代数方程、线性空间、线性变换、矩阵、群、环、域、模等. 数理逻辑和组合数学也是有代数风格的数学分支.

一　多项式、代数式、多项式方程与群

在中学刚学代数时, 首先接触到的就是单项式, 多项式, 代数式 (包括分式) 及其运算, 多项式方程. 下面是一些例子. 多项式与代数式:

$$\begin{aligned}
&2+3x-6x^2+5x^3,\\
&x^2+2y^2-xyz+3z^2,\\
&\frac{x^3+2xy-y^5}{3x^2+4xy^2+6y^3},\\
&\sqrt[5]{x^2y^3+z^2\sqrt[3]{1-6zx}}+4yz-2.
\end{aligned}$$

一元多项式方程如下:

$$\begin{aligned}
&ax+b=0,\\
&ax^2+bx+c=0,\\
&ax^3+bx^2+cx+d=0,\\
&ax^4+bx^3+cx^2+dx+e=0,\\
&ax^5+bx^4+cx^3+dx^2+ex+f=0,\\
&\qquad\cdots\cdots
\end{aligned}$$

多项式、分式、解方程最能体现加减乘除的运算性质: 交换性, 结合律, 分配律等.

多项式方程的求解是数学发展的一个永不枯竭的推动力, 既有实际的需要, 也有理论的困难. 求解一元多项式方程的探索过程产生的最有影响的数学是群论. 一

元一次方程是简单的, 现在小学生都会解. 一元二次方程也不难, 四千多年前巴比伦人就会解了, 现在初中生要学的. 直到十五六世纪时, 人们才得到一元三次和四次方程的求解公式, 大家在第 7 章已经看到这些公式, 是相当复杂的, 实用价值不大. 接下来人们想得到更高次方程的根式解, 为此事数学家忙了很长时间, 花了很大的力气, 其中有伟大的数学家拉格朗日 (Lagrange), 但都失败了. 结果出人意料. 1824 年, 挪威数学家阿贝尔 (Abel) 证明了五次和更高次的一元多项式方程一般没有根式解①. 这个结论有时也叫阿贝尔-Ruffini 定理, 因为 Ruffini 在 1799 年几乎证明了这个定理, 不过他的论证有漏洞. 几年后法国数学家伽罗瓦 (Galois) 找到证明这个定理更好的办法, 实际上他的方法导出了更彻底的结果: 给出了一元多项式方程何时有根式解的准则. 伽罗瓦发现一个方程的根的排列关系是非常重要的. 在这里他引出了群的概念, 对每一个一元多项式, 有相应的群, 称为这个多项式的伽罗瓦群. 一个一元多项式方程有根式解当且仅当相应的伽罗瓦群可解. 伽罗瓦发现对一般的 n 次一元多项式, 相应的群就是我们在第 2 章中介绍的对称群 S_n. 而当 n 大于等于 5 的时候, 这个对称群是不可解的. 正是这个不可解性导致了方程的根式不可解. 结论可以表述如下.

定理　(1) 一元多项式方程有解当且仅当这个多项式的伽罗瓦群可解. 一般的 n 次一元多项式的伽罗瓦群是对称群 S_n (Galois).

(2) 如果 $n \geqslant 5$, 对称群 S_n 不可解 (Galois).

(2) 五次或更高次的一元多项式方程一般没有根式解 (阿贝尔 -Ruffini).

伽罗瓦的工作影响是非常深远的, 群论由此诞生. 今天群论已发展成庞大深刻的理论, 是研究对称的基本工具, 在数学、物理、化学中有广泛的应用, 甚至在矿物学和音乐中也有应用. 在拓扑和 (代数) 几何中重要的的群包括同调群、基本群、同伦群、Picard 群; 在数论和算术几何中重要的群包括类群、椭圆曲线、阿贝尔簇. 在物理中出现的群有庞加莱群、洛伦兹群、李群等. 群在规范场论和标准模型中都起重要的作用. 把拓扑群与分析结合在一起形成了群上调和分析.

1872 年, 在著名的 Erlangen 纲领中, F. Klein 提出用群的观点统一看待几何: 几何研究的是变换群下不变的性质, 不同的群给出不同的几何. 这一观点对后来几何学的发展影响非常大. 上个世纪六十年代, R. Langlands 提出用代数群 (或说李群) 的表示研究数论, 现在已经发展成 Langlands 纲领. 该纲领主要研究简约群 (一般线性群、正交群、辛群等都是简约群) 的自守表示及其 L 函数, 中心问题是函子

① N.-H. Abel, Mémoire sur les équations algébriques oú on démontre l'impossibilité de la résolurion de l'équation générale du cinquième degré. Christiania: Groendahl, 1824, 7 pages.

性猜想, Langlands 对应猜想. L. Lafforgue 证明了函数域上一般线性群的 Langlands 对应, 于 2002 年获菲尔兹奖; 吴宝珠证明了该纲领中的基本引理, 2010 年获菲尔兹奖. Langlands 纲领是目前特别受关注的研究方向, 其中的函子性猜想看上去离解决还遥远得很.

上世纪一项伟大的数学成就是对有限单群的分类. J. G. Thompson 因其在单群分类中的杰出工作于 1974 年获菲尔兹奖. 他最出名的工作是与 W. Feit 合作证明了伯恩赛德猜想: 非交换的有限单群的阶是偶数. 论文发表于 1963 年, 占了《太平洋数学杂志》整个一期. M. Aschbacher 因其在有限单群分类的杰出工作 2012 年获沃尔夫奖.

在有限单群中有一个非常大的单群, 称为魔群, 其中元素的个数大约是 8×10^{53}, 与数学中的 "月光猜想" 密切相关. 1992 年 R. Borcherds 证明了这个猜想, 为此他引进了广义 Kac-Moody 代数, 与他人一起引进了顶点算子代数. 现在, 这些代数都是重要的研究对象. 主要因为这项工作, Borcherds 于 1998 年获菲尔兹奖.

如果把所有整系数的一元多项式方程的根放在一起, 我们得到一个域, 记做 $\bar{\mathbb{Q}}$, 称为有理数域的代数闭包. 有理数域的代数闭包的所有域自同构形成一个群, 称为有理数域的绝对伽罗瓦群. 这个群及其表示的研究是现代数学尤其是数论中极其重要的研究课题.

如果一个数不是任何整系数一元多项式的根, 则称这个数是超越数, 圆周率 π 和微积分中的常数 e 都是超越数. 超越数的研究也是数论的重要组成部分, A. Baker 曾因对超越数的研究获得 1970 年的菲尔兹奖. 一些自然产生的数如某些无穷级数的和与某些函数的值等是否为超越数是人们特别感兴趣的.

在群论中, 李群和代数群的理论与其他数学分支的联系十分广泛和深刻. 群表示论, 尤其是李群和代数群的表示论是现在非常活跃的分支. 李群和代数群的离散子群特别有意思, 与数论和遍历论等分支的联系极为密切, G. Margulis 因其在半单李群的离散子群上的深刻工作获 1978 年的菲尔兹奖.

二　线性方程组、向量空间、线性变换、矩阵群

我们已经看到域 K 上一般的线性方程组形式如下:

$$\begin{cases} a_{11}x_1 + a_{12}x_2 + \cdots + a_{1n}x_n = b_1, \\ a_{21}x_1 + a_{22}x_2 + \cdots + a_{2n}x_n = b_2, \\ \qquad\cdots\cdots \\ a_{m1}x_1 + a_{m2}x_2 + \cdots + a_{mn}x_n = b_m. \end{cases}$$

在解线性方程组的过程中我们引出了矩阵、向量空间等概念, 进而有向量空间的线性变换, 矩阵的运算. 矩阵的应用十分广泛, 其中矩阵的运算起了特别重要的作用.

一个 $m \times n$ 矩阵有如下的形式

$$\begin{pmatrix} a_{11} & a_{12} & \cdots & a_{1n} \\ a_{21} & a_{22} & \cdots & a_{2n} \\ \vdots & \vdots & & \vdots \\ a_{m1} & a_{m2} & \cdots & a_{mn} \end{pmatrix}$$

当 $m = n$ 时它就是 n 阶方阵. 方阵的特殊价值在于同阶方阵之间可以相加与相乘, 和与积仍是相同阶的方阵. 于是域 K 上的 n 阶方阵成为一个环, 记做 $M_n(K)$.

环 $M_n(K)$ 中的 (乘法) 可逆方阵全体是一个群, 记做 $GL_n(K)$, 称为 (域 K) 上的一般线性群. 这是一个特别重要的群, 有很多特别有意思的子群, 如特殊线性群 (即行列式为 1 的方阵全体), 辛群, 正交群等等. 一般线性群, 特殊线性群, 辛群和正交群都是简约群的例子, 其实, 它们构成了简约群最主要的成分, 剩下的成分是例外型的单代数群, 有 G_2, F_4, E_6, E_7, E_8 型等五类.

如果把 $M_n(K)$ 看做加法群, 引进新的二元运算

$$[A, B] = AB - BA.$$

这个运算有个显然的性质, $[A, B] = -[B, A]$, 还满足 Jacobi 等式

$$[[A, B], C] + [[B, C], A] + [[C, A], B] = 0.$$

于是 $M_n(K)$ 就被赋予一个新的代数结构, 成为一般线性李代数, 并用记号 $gl_n(K)$ 表示. 李代数 $gl_n(K)$ 是群 $GL_n(K)$ 在单位矩阵处的切空间. 如同一般线性群, 一般线性李代数有很多特别有意思的子李代数, 如特殊线性李代数 (即迹为 0 的方阵全体), 辛李代数, 正交李代数等. 这些李代数是单李代数的主要组成部分, 其余的单李代数有 G_2, F_4, E_6, E_7, E_8 型等五类. 同样, 单李代数的理论十分深刻, 应用极其广泛, 也是研究简约群的必不可少的工具. (半) 单李代数理论可以推广至无限维的情形, 那就是 Kac-Moody 代数.

这些群和李代数在代数、几何、分析、物理中都有重要的应用, 有很多的问题是现在研究的前沿.

三　不定方程

一个多元整系数方程称为不定方程, 也称为丢番图 (古希腊数学家) 方程, 是代数数论研究的主题. 最常见的一个方程可能是

$$x^2 + y^2 = z^2.$$

我们知道这个方程跟圆有关系, 一个有趣的问题是方程的整数解. 勾股定理的一个特例 "勾 3 股 4 弦 5" 给出了一个整数解. 一般解的公式也很容易给出:

$$x = 2uv, \quad y = u^2 - v^2, \quad z = u^2 + v^2,$$

其中, u, v 是整数. (x 与 y 可以互换.)

高次的情形就是费马方程 (其中 $n \geqslant 3$)

$$x^n + y^n = z^n.$$

费马研究这个方程, 认为没有平凡的整数解, 即如果 x, y, z 是整数解, 则一定有 $xyz = 0$. 他对 $n = 4$ 的情形证明了这个结论, 对一般的情形, 他在一本书的边页上写到"我找到了一个奇妙的证明, 但空白太窄, 无法写下". 人们以后一直尝试找到费马的证明, 不过都失败了. 欧拉则证明了 $n = 3$ 时, 费马方程无平凡整数解. 费马方程的研究对数论的发展影响很大, 实际上, 代数数论就是这样诞生的. 德国曾经为这个问题设立一个奖, 奖金十万马克. 希尔伯特, 当时非常伟大的数学家, 被人问到为什么不去解决这个问题. 他的回答很有意思: 这是一个会下金蛋的鸡. 现在代数数论是非常主流的分支, 与代数几何、李群表示论联系密切.

费马方程的问题最后在 1995 年被 A. Wiles 解决, 他证明了方程无平凡整数解. 这是上世纪一项伟大的数学成就, 他也获得了那十万马克的奖金 (时值五万美元).

另一类著名的不定方程是 $y^2 = x^3 + ax + b$, 其中 $4a^3 + 27b^2 \neq 0$. 这类方程称为椭圆曲线. 从第七章的内容我们知道 $4a^3 + 27b^2 \neq 0$ 等价于方程 $x^3 + ax + b = 0$ 没有重根. 椭圆曲线的复数解全体的几何图形是环面, 形如汽车轮胎, 其上自然有一个群结构. 关于这个群结构, 有著名的 BSD 猜想:

椭圆曲线的有理点群的秩与椭圆曲线的 L 函数在 1 处的阶相等.

Clay 数学研究所为此问题的解答提供的奖金是一百万美元. 该猜想与有千余年历史的同余数 (亦称和谐数) 问题有关. 同余数问题:

什么样的正整数成为边长都是有理数的直角三角形的面积?

例　5 是这样的整数, 因为 3/2, 20/3, 41/6 是一个直角三角形的三个边长, 其面积是 5. 下面的例子表明判断一个数是否为同余数是很不容易的. 157 是同余数,

以 157 为面积的" 最简单" 的有理直角三角形的三边长是:

$$a=\frac{411340519227716149383203}{21666555693714761309610},\qquad b=\frac{6803298487826435051217540}{411340519227716149383203},$$

$$c=\frac{224403517704336969924557513090674863160948472041}{8912332268928859588025535178967163570016480830}.$$

如果 BSD 猜想成立, 有可行的算法判定一个数是否为同余数.

四 多项式方程组和代数几何

前面关于一元多项式方程、线性方程组、不定方程的叙说表明多项式方程的求解是极其不简单的事情. 多元多项式方程组的求解显然是非常困难的, 甚至一般说来是毫无希望的. 这时需要换一个角度, 把一组多项式方程的零点集看作一个整体, 就会得到一个几何空间, 称为簇. 研究簇的数学分支就是代数几何, 一个庞大深刻又极富活力的分支. 我们读中学时就知道, 一个二元一次方程和直线是一回事, $x^2+y^2=1$ 则是单位元圆周的方程. 代数几何的踪迹可以追溯到公元前, 17 世纪笛卡尔建立的解析几何可以看作是代数几何的先声.

代数几何的中心问题是对代数簇分类. 但这个问题太大太难, 现阶段尚无希望完全解决, 人们只能从不同的角度考虑更弱的问题.

一维的情形是代数曲线, 其分类很容易, 在 19 世纪就知道光滑的射影曲线可以用它们的亏格来分类, 这时还有著名的黎曼—洛赫定理.

大约在 1885 − 1935 年期间, 代数几何史上著名的意大利学派对二维的情形研究了分类, 也得到了二维情形的黎曼—洛赫定理. 意大利学派的特点是几何直观思想丰富深刻, 后期的工作严格性不足. 后来, 上个世纪四五十年代韦伊和查里斯基用新的语言严格表述代数几何的基础. K. Kodaira(小平邦彦) 和 I. R. Shafarevich 及其学生在上个世纪 60 年代重新整理了代数曲面的分类. 小平邦彦在代数几何和复流形上的工作十分有影响, 早在 1954 年, 他就获得菲尔兹奖, Shafarevich 在代数数论和代数几何上都做出重要的贡献, 有著名的沙法列维奇猜想, 至今未解决. D. Mumford 和 E. Bombieri 在上个世纪六七十年大利学派对曲面的分类工作做到了特征 p 域上. Mumford 在代数几何方面的贡献是多方面的, 构造了给定亏格的曲线的模空间、几何不变量的研究等, 因为这些贡献, 他于 1974 年获菲尔兹奖. Bombieri 则因其在解析数论、代数几何和分析数学上的杰出工作于 1974 年获菲尔兹奖. 三维情形的分类直到上个世纪 80 年代才由日本数学家 S. Mori(森重文) 完成, 他因此于 1990 年获菲尔兹奖. 如何把这些分类的工作推广到高维的情形是非常活跃的研究方向.

代数几何中一个未解决的主要问题是 Hodge 猜想, 它断言 Hodge 类都是一些代数圈类的有理线性组合, 这也是 Clay 数学研究所的提供一百万美元求解答的问题.

代数几何现在不仅自身充满活力, 而且在数论、表示论、数学物理等方向都有非常深刻的应用. 2010 年获菲尔兹奖的工作“基本引理”的证明中代数几何是至关重要的.

如果一个代数簇有奇点, 那么很多对研究无奇点代数簇有效的工具就失效了. 对于一个方程 $f(x_1,\cdots,x_n)=0$ 定义的代数簇, 其上的一个点 $(a_1,\cdots,a_n)$ 是奇点当且仅当所有的偏导数值为 0, 即对所有的 i 有 $\partial f/\partial x_i(a_1,\cdots,a_n)=0$. 对特征为零的代数闭域上的代数簇, 1964 年 H. Hironaka(广中平佑) 找到一个办法解消奇点, 为此他于 1970 年获得菲尔兹奖. 几何中的奇点很有意思, 常常蕴含丰富的信息, 与其他的分支有出人意料的联系, 如 Schubert 簇的奇点和李代数的表示的联系就是一个例子.

在我们熟悉的矩阵中, 域 K 上的 n 阶幂零方阵全体形成一个代数簇 $\mathcal{N}$. 这个簇就有奇点. 例如, 在 $n=2$ 时 $\begin{pmatrix} a & b \\ c & d \end{pmatrix}$ 幂零当且仅当

$$a^2+bc=0,\ ab+bd=0,\ ca+dc=0,\ cb+d^2=0.$$

其中的四个多项式对 a,b,c,d 的偏导数在零矩阵处的值都为 0, 所以零矩阵是奇点. 簇 $\mathcal{N}$ 有一个自然的奇点解消, 就是一个旗簇的余切丛, 称为 Springer 解消. 这个解消是过去几十年很受关注的解消, 具有丰富的内容. 吴宝珠对基本引理的证明中用到的仿射 Springer 纤维和这个解消是有密切联系的.

Springer 解消中的旗簇 $\mathcal{B}$ 的构造是简单的. 命 $V=K^n$, 这是一个 n 维线性空间. 所有如下的子空间链 $0\subset V_1\subset V_2\subset\cdots\subset V_n=V$, 其中 V_i 的维数是 i, 形成的集合就是 $\mathcal{B}$, 其上有一个非常好的光滑几何结构. Schubert 簇是 $\mathcal{B}$ 的一些子簇, 构造如下.

设 $\sigma=i_1i_2\cdots i_n$ 是 $12\cdots n$ 的排列, 命 $\xi_\sigma=(a_{rs})_{1\leqslant r,s\leqslant n}\in GL_n(K)$, 其中

$$a_{rs}=\begin{cases} 1, & \text{如果} s=i_r, \\ 0, & \text{否则}. \end{cases}$$

命 B 为 $G=GL_n(K)$ 中的上三角矩阵全体, 这是 G 的子群. 我们有

定理　$G = \bigcup_{\sigma \in S_n} B\xi_\sigma B.$

定理中的等式称为 Bruhat 分解. 由于 $\mathcal{B} \cong G/B$, 于是 Bruhat 分解带来旗簇的一些子簇：$\mathcal{B}_\sigma = B\xi_\sigma B/B$, $\sigma \in S_n$. Scubert 簇就是这些子簇的闭包 $\bar{\mathcal{B}}_\sigma$. 这些 Schubert 簇一般有奇点, 奇点的几何性质与对称群 S_n 和李代数 $gl_n(K)$ 的表示性质有深刻的联系. 更一般的框架需要代数群中的简约群理论.

五　群和李代数的表示理论

很多时候, 群和李代数是通过它们的表示从而应用到其他分支和领域. 所谓群的一个表示其实就是一个群同态

$$\text{群} \xrightarrow{\text{群同态}} \{\text{某个线性空间的可逆线性变换}\}$$

李代数的表示就是一个李代数同态

$$\text{李代数} \xrightarrow{\text{李代数同态}} \{\text{某个线性空间的线性变换}\}$$

为方便起见, 常常也称这个线性空间为 (群或李代数的) 表示. 表示在数学中间是随处可见的, 比如说我们熟悉的多项式环, 分析里面的平方可积函数空间, 拓扑里面的上同调群和 K- 群等等, 就有丰富的表示结构. 在物理和化学中也很常见, 例如在单粒子模型中, 单电子的轨道波函数生成三阶正交群的表示, 自旋波函数生成二阶酉群的表示. 上个世纪 60 年代 M. Gell-Mann 用三阶酉群的十维表示预言了 Ω 粒子的存在, 后来很快被实验证实. (Gell-Mann 因在基本粒子理论上的工作 1969 年获诺贝尔奖.)

群表示理论是一个庞大而且非常活跃的研究领域, 在数学和物理中应用广泛. 李群和代数群在单位元处的切空间是李代数, 可以看做李群和代数群的线性化. 李代数和相关的代数如顶点算子代数等及其表示同样在数学和物理中应用广泛. 有限群的表示可以通过其群代数的模来研究. 过去几十年, 代数的表示论有很大的发展, 尤其是 C. M. Ringel 发现代数表示论与量子群的联系之后. I.M. Gelfand 似乎对表示论这个领域有独特的感受, 曾经说“所有的数学就是某类表示论”(All of mathematics is some kind of representation theory). 他是伟大的数学家, 从研究的广度和深度来说, 上个世纪后半叶能和他相提并论的数学家是非常少的, 他对表示论做出的贡献广泛深刻.

表示论的基本的思想有两点：一是对称, 二是线性化. 这个领域关心的主要问题有：最基本的表示的性质, 如分类、维数、特征标等；一般的表示如何从最基本

的表示构建；如何构造最基本的表示；一些自然得到的表示的性质；等等. 大致说来表示论就是要弄清楚这些事情.

表示论一直吸引着最优秀的数学家, 早期如 S. Lie, E. Cartan(陈省身先生的老师), H. Weyl, 后来有 I.M. Gelfand, Harish-Chandra, A. Selberg 等, 现在有 R. Langlands, D. Kazhdan, V. Drinfels, L. Lafforgue, G. Lusztig, 吴宝珠, 等等. A. Okounkov 的工作揭示了概率论、表示论和代数几何之间的一些深刻联系, 并因此获 2006 年菲尔兹奖.

表示论过去几十年的发展可能给人印象最深的是几何方法在代数群和量子群表示理论中的运用并由此产生的几何表示论、用表示论研究数论的 Langlands 纲领和一个平行的几何 Langlands 纲领、李 (超) 代数及其表示的发展与在理论物理和数学物理中的应用 (包括标准模型), 还有近 20 年的一股范畴化潮流, 解决了一些其他方法没能解决的问题. 另外, 传统的李群表示理论、代数表示论和有限群的模表示理论也是很活跃的. 这些依然是表示论的主要研究方向.

几何中的相交上同调、反常层理论和 K 理论在表示论中的运用给表示论带来巨大的进展, 很多困难的问题得到解决, 也带来了很多新的研究课题. 这个方向的一个代表性人物是 G. Lusztig. 正是用几何的方法, 他建立了有限李型群的特征标理论, 或许这是目前有限群表示理论中最为深入的部分.

与群和李代数表示密切相关的还有顶点算子代数与量子群的表示.

顶点算子代数起源于共形场论, 是证明 “月光猜想” 的主要工具, 是研究共形场论的重要工具. 重要的顶点算子代数有魔顶点代数、格顶点算子代数、仿射李代数表示给出的顶点算子代数、Virasoro 顶点算子代数.

量子群量子反散射方法, 上个世纪 80 年代由 V. Drinfeld 和 M. Jimbo 引进. 利用量子群的表示可以得到 Yang-Baxter 方程的一些解, 解在量子完全可积系统中起重要作用. Drinfeld 主要因为他在量子群上的工作和数论上的工作于 1990 年获得菲尔兹奖. 他们利用量子群的构造三维流形的不变量和扭结不变量 (与 Jones 多项式有关), 发现了代数表示论与量子群的联系. 利用量子群与代数表示论的联系, Lusztig 发现了量子群的典范基, 利用量子群与数学物理的联系, M. Kashiwara 发现了量子群的晶体基. 这些基有非常好的性质, 与几何有深刻的联系. Lusztig 发现量子群的表示与仿射李代数的表示、特征 p 上的代数群的表示有联系, 这一发现引起人们的极大兴趣, 并导致 Lusztig 关于特征 p 上的代数群的表示的一个猜想在 p 充分大时得到证实. 尽管如此, 这个猜想到现在还没有被完全证明.

在第一部分提到的有理数域的绝对伽罗瓦群常记作 $\mathrm{Gal}(\bar{\mathbb{Q}}/\mathbb{Q})$. 这个群及其表示的研究是代数数论的一个中心课题. 对于一个表示

$$\rho:\ \mathrm{Gal}(\bar{\mathbb{Q}}/\mathbb{Q}) \to GL_n(\mathbb{C})$$

有相应的 Artin L 函数. 黎曼 ζ 函数, Dirichlet L 函数都是 Artin L 函数的特殊情形. 关于 Artin L 函数, 有如下的猜想.

Artin 猜想 如果表示 ρ 是不可约的, 非平凡的, 则相应的 Artin L 函数是整个复平面的全纯函数.

已解决的情况：ρ 的像是可解的 (Langlands 和 J. Tunnell, 1980s), 某些 $n=2$ 的情形 (C. Khare 和 J.-P. Wintenberger, 2009).

未解决的问题：$n=2$ 的其他情形, $n \geqslant 3$ 情形.

六 计数、集合论、数理逻辑、组合数学 计算物品的数量是我们日常生活经常要做的事情. 对有限集合, 确定其中元素的个数理论上不是问题, 一个一个地数就行了. 组合数学的一部分就是研究计数, 和数论密切相关. 但对无限集合, 事情显然并不简单. 无限集合的计数理论是德国人 G. Cantor 在 19 世纪后半叶建立的, 称为集合论. 其中一个核心的概念是等势：如果两个集合之间能一一对应, 则称为等势. 有意思的是, 自然数集合和有理数集合等势, 但与实数集合不等势. 1874 年, Cantor 提出有名的连续统假设：实数集合的任何无穷子集要么与实数集合等势, 要么与自然数集合等势. 1940 年哥德尔证明了这个假设与现有的公理体系不矛盾. 上世纪 60 年代, P. J. Cohen 建立了强有力的力迫法, 证明了连续统假设之否与现有的公理体系不矛盾, 他因此获得了 1966 年的菲尔兹奖.

现代数学是建立在集合论上的, 集合论也是数理逻辑的重要组成部分. 数理逻辑研究数学推理, 即前提与结论之间的形式关系, 大致分为四部分：集合论、递归理论、模型论、证明论. 数理逻辑和计算机科学密切相关, 理论计算机科学提出的最有名的数学问题是是 P 和 NP 问题, 这是 Clay 数学研究所的千禧年问题之一 (即提供一百万美元求解答的问题). 简单说, P 和 NP 本质上问的是如下问题：给了一些整数, 能否有很快捷的方法 (即多项式时间算法) 判断这些整数的某一部分的和为零. 模型论是数理逻辑的一个分支, 在代数和代数几何有深刻的应用, 有些代数几何结果是最先用模型论发现并证明的. 1996 年 E. Khrushchevski 用模型论证明了函数域上的 Mordell-Lang 猜想, 引起很大的反响.

组合数学研究离散的结构, 在计算机科学和网络研究中发挥着越来越突出的作用, 与数学其他分支的联系也比以前紧密的多. L. Lovász 运用来自几何与拓扑的方法解决了组合数学中几个困难的问题. 组合数学包括计数理论, 代数组合, 图论等方向. 在数论、代数、几何、概率论、计算机科学、现实生活中都有大量的组合数学的问题. 划分、对称函数、杨图、有限几何、偏序集和等都是组合论研究的对象.

七 代数是什么?

要把 “代数” 说清楚似乎不是一件容易的事情. 翻开 Shafarevich 写的《代数基本概念》第一节, 就会看到对代数的含义的探讨. 代数是一个数学分支? 数学方法? 思维结构和方式? 应该都是, 又都不完全是. 数学是一个整体, 有独特的问题、思维方式和逻辑体系. 基础数学大致分为代数、几何、分析三部分. 代数、几何、分析三部分相互之间联系深刻, 很多时候密不可分. 但有些分支和方向会某个方面 (或代数、或几何、或分析) 的特点更突出一些, 有时甚至是有支配性或独具性的.

H. Weyl 认为代数是一种坐标化 (coordinatisation), I. Shafarevich 认为是一种量度 (measurement). Weyl 把“代数”比作“魔鬼”, 1939 年他说:

In these days **the angel** of topology and **the devil of abstract algebra** fight for the soul of each individual mathematical domain. (见 [W, p.500])

M. Atiyah 也持同样的观点 (2004):

Algebra is the offer made by the devil to the mathematician. The devil says: I will give you this powerful machine, it will answer any question you like. All you need to do is give me your soul: give up geometry and you will have this marvelous machine. (见 [A, paper 160, p.7].)

经验表明, 魔鬼的诱惑胜过天使的召唤. 在伊甸园时代, 是在魔鬼的帮助下, 人类开启了智慧和认识世界的眼睛与心灵, 魔鬼也常在危难时帮助人类. 或许 Weyl 和 Atiyah 都在说, 代数能给我们带来智慧和光明. 妙哉.

参 考 文 献

(俄罗斯) 沙法列维奇, 2014. 代数学基本概念. 李福安, 译, 北京: 高等教育出版社.

席南华, 2012. 基础数学的一些过去与现状. 中国科学院院刊, 27(2): 134-144.

Atiyah M, 2004. Michael Atiyah Collected Works. Volume 6: 1987-2002. Oxford: Oxford University Press.

Weyl H, 1939. Invariants. Duke Mathematical Journal, 5(3): 489-502.

索　　引

(按拼音排序)